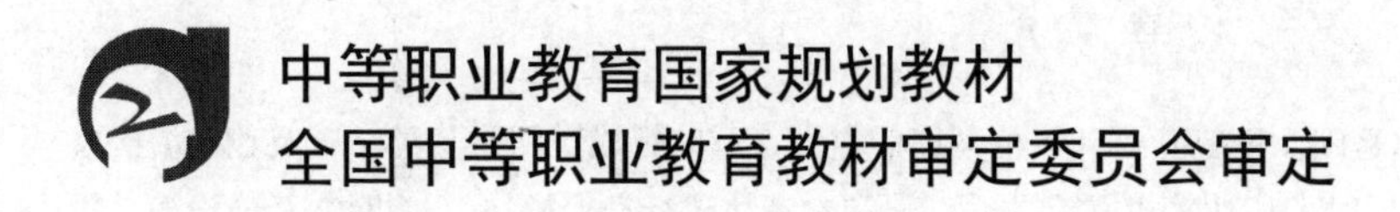

计算机网络技术

（第5版）

主　编　裴有柱

副主编　陈　红　刘　通

電子工業出版社
Publishing House of Electronics Industry
北京 · BEIJING

内容简介

本书分为 6 个模块。模块 1 为网络技术基础，主要介绍计算机网络的定义、系统组成、网络分类，以及数据编码技术、数据传输方式与交换技术的基本概念，同时了解计算机网络体系结构和参考协议标准。模块 2 为网络互连设备，主要介绍网卡、交换机、路由器的定义、功能及使用方法。模块 3 为局域网技术，主要介绍局域网的特点、传输介质和分类，介质访问控制方法的工作原理，典型局域网（以太网、交换式局域网、虚拟局域网、无线局域网、蓝牙技术）的工作原理和特点。模块 4 为网络管理技术，主要介绍网络操作系统的定义、作用、服务功能、分类及各自的特征。模块 5 为因特网技术，主要介绍因特网常用术语、各种接入方式、信息传递方式及 WWW 服务。模块 6 为网络安全技术，主要介绍网络安全的概念，网络攻击的常见类型、概念和防御方法，以及防火墙的体系结构。作为教材，本书每个模块后同时配有实训（书后配有实训报告标准样张），并附有小结和习题。

本书可作为中职学校计算机网络课程教材，也可供培训学校使用。

图书在版编目（CIP）数据

计算机网络技术 / 裴有柱主编. —5 版. —北京：电子工业出版社，2022.12

ISBN 978-7-121-43825-7

I. ①计… II. ①裴… III. ①计算机网络—中等专业学校—教材 IV. ①TP393

中国版本图书馆 CIP 数据核字（2022）第 111645 号

责任编辑：关雅莉　　　　文字编辑：张志鹏
印　　刷：河北鑫兆源印刷有限公司
装　　订：河北鑫兆源印刷有限公司
出版发行：电子工业出版社
　　　　　北京市海淀区万寿路 173 信箱　邮编　100036
开　　本：880×1 230　1/16　印张：12.5　字数：288 千字
版　　次：2004 年 2 月第 1 版
　　　　　2022 年 12 月第 5 版
印　　次：2024 年 8 月第 4 次印刷
定　　价：32.10 元

凡所购买电子工业出版社图书有缺损问题，请向购买书店调换。若书店售缺，请与本社发行部联系，联系及邮购电话：（010）88254888，88258888。

质量投诉请发邮件至 zlts@phei.com.cn，盗版侵权举报请发邮件至 dbqq@phei.com.cn。

本书咨询联系方式：（010）88254576，zhangzhp@phei.com.cn。

前　言

本书遵循高技能人才培养的特点和规律，参照计算机网络技术人员的职业岗位要求，从工程实际出发，改革传统编写模式，采用模块管理、技能实训模式安排内容，简明实用、层次分明。以最新计算机网络理论为基础，深入浅出地介绍了网络的必备知识和实用技能，结合目前职业教育实训教学条件，强调“讲得清、做得了”，将理论与实训紧密结合，通过实训环节培养学生的工程意识、工程习惯，满足实际工作的需要。本书融实用性、先进性、启发性、知识性、可操作性于一体；循序渐进，将知识介绍与实训紧密相连，符合中职学校对学生的培养目标及要求。本书可作为中职学校计算机网络课程教材，也可供培训学校使用。

本书分为 6 个模块。模块 1 为网络技术基础，主要介绍计算机网络的定义、系统组成、网络分类，以及数据编码技术、数据传输方式与交换技术的基本概念，同时了解计算机网络体系结构和参考协议标准。模块 2 为网络互连设备，主要介绍网卡、交换机、路由器的定义、功能及使用方法。模块 3 为局域网技术，主要介绍局域网的特点、传输介质和分类，介质访问控制方法的工作原理，典型局域网（以太网、交换式局域网、虚拟局域网、无线局域网、蓝牙技术）的工作原理和特点。模块 4 为网络管理技术，主要介绍网络操作系统的定义、作用、服务功能、分类及各自的特征。模块 5 为因特网技术，主要介绍因特网常用术语、各种接入方式、信息传递方式及 WWW 服务。模块 6 为网络安全技术，主要介绍网络安全的概念，网络攻击的常见类型、概念和防御方法，以及防火墙的体系结构。作为教材，本书每个模块后同时配有实训（书后配有实训报告标准样张），并附有小结和习题。

由于编者水平有限，书中难免存在疏漏和不足之处，请读者指正，并提出宝贵意见。

编　者

目　录

模块 1　网络技术基础

知识目标

◆ 掌握计算机网络的定义；理解计算机网络的系统组成；掌握计算机网络的分类；熟悉网络拓扑结构的含义与画法。

◆ 了解数据编码技术、数据传输方式及交换技术的基本概念；掌握数据通信中数据、信号、传输及传输速率的基本概念。

◆ 了解计算机网络体系结构，掌握 OSI、TCP/IP 参考模型分层方法，理解 IEEE 802 局域网参考标准。

能力目标

能够根据网络分类方法，画出网络拓扑结构图；能够根据 OSI、TCP/IP 参考模型画出分层图。

1.1　计算机网络概述

计算机网络是现代通信技术与计算机技术紧密结合的产物。掌握网络知识和网络操作技能是时代发展的需要，是社会进步的必然要求，是中职学生职业技能的重要体现。

1. 网络

计算机网络是将地理上分散的且具有独立功能的多个计算机系统，通过通信线路和设备相互连接起来，在软件支持下实现数据通信和资源（包括硬件、软件等）共享的系统。

对于此概念可从以下几个方面进行理解。

1）计算机网络是多台计算机的集成系统。网络中的计算机最少是两台，大型网络可容纳几千台甚至几万台计算机。目前，世界上最复杂、最庞大的网络是国际互联网，即因特网（Internet）。这些计算机可处于不同的地理位置，小到一个房间，大到全球范围。网络中的计算机具有独立功能，即没有主从关系，一台计算机的启动、运行和停止不受其他计算机的控制。

2）网络中的计算机进行相互通信，需要一条通道，即网络传输介质。网络传输介质可以是有线的（如双绞线、同轴电缆和光纤等），也可以是无线的（如激光、微波和通信卫星等）。通信设备是在计算机与通信线路之间按照通信协议传输数据的设备。网络内的计算机通过一定的互连设备和通信技术连接在一起，通信技术为计算机之间的数据传递和交换提供了必要的手段。

3）网络中的计算机之间交换信息和资源共享必须在完善的网络协议和软件支持下才能实现。

4）资源共享是指网络中的计算机都可以使用其他计算机系统提供的资源，包括硬件、软件和数据信息等。

2. 网络的基本组成

计算机网络是现代通信技术与计算机技术紧密结合的产物；另外，计算机网络的组成不仅有计算机和通信设备硬件系统，还有网络软件系统。

从计算机网络的基本组成来说，一个计算机网络主要分成计算机系统、数据通信系统、网络软件及协议三大部分；而从系统功能来说，一个计算机网络又可分为资源子网和通信子网两大部分。

（1）计算机系统

计算机系统是网络的基本模块，主要完成数据信息的收集、存储、处理和输出，并提供各种网络资源。

计算机系统根据其在网络中的用途可分为服务器和客户机。

1）服务器（Server）：服务器负责数据处理和网络控制，并提供网络资源。它主要由大型机、中小型机和高档微机组成，网络软件和网络的应用服务程序主要安装在服务器中。

2）客户机（Client）：客户机是网络中数量大、分布广的设备，是用户进行网络操作、实现人机对话的工具，是网络资源的受用者。

在因特网中，有些计算机作为信息的提供者，即服务器；有些计算机作为信息的使用者，即客户机。

（2）数据通信系统

数据通信系统是连接网络基本模块的桥梁，提供了各种连接技术和信息交换技术，主要由通信控制设备、传输介质和网络连接设备等组成。

1）通信控制设备：通信控制设备主要负责服务器与网络的信息传输控制，主要功能是线路传输控制、差错检测与恢复、代码转换、数据帧的装配与拆装等。这些设备构成了网络的通信子网。需要说明的是，在以交互式应用为主的局域网中，一般不需要配备通信控制设备，但需要安装网络适配器，用来承担通信部分的功能。它是一个可插入微机扩展槽中的网络接口卡（又称网卡）。

2）传输介质：传输介质是传输数据信号的物理通道，将网络中各种设备连接起来。网络中的传输介质是多种多样的，可分为有线传输介质和无线传输介质。常用的有线传输介质有双绞线、同轴电缆、光纤等，无线传输介质有无线电微波信号、卫星通信等。

3）网络连接设备：网络连接设备用来实现网络中各计算机之间的连接、网与网之间的互连、数据信号的变换及路由选择等功能，主要包括中继器（Repeater）、集线器（Hub）、调制解调器（MODEM）、网桥（Bridge）、路由器（Router）、网关（Gateway）和交换机（Switch）等。

（3）网络软件

网络软件是计算机网络中不可或缺的重要部分。正像计算机在软件的控制下完成工作一样，网络的工作也需要网络软件的控制。网络软件一方面授权用户对网络资源的访问，帮助用户方便、安全地使用网络；另一方面管理和调度网络资源，提供网络通信和用户所需的各种网络服务。网络软件一般包括网络操作系统、网络协议、通信软件、管理和服务软件等。

（4）通信子网和资源子网

从计算机网络的功能来看，其主要完成两种功能，即网络通信和资源共享。把计算机网络中实现网络通信功能的设备及其软件的集合称为通信子网，而把网络中实现资源共享功能的设备及其软件的集合称为资源子网。这样，一个计算机网络可分为资源子网和通信子网两大部分，如图 1.1 所示。

通信子网主要负责全网的数据通信，为网络用户提供数据传输、转接、加工和变换等通信处理工作，它主要包括通信线路（传输介质）、网络连接设备（网络接口设备、通信控制设备、网桥、路由器、交换机、网关、调制解调器、卫星地面接收站等）、网络通信协议、通信控制软件等。

资源子网主要负责全网的信息处理，为网络用户提供网络服务和资源共享等功能，它主要包括网络中所有的主计算机、I/O 设备、终端、各种网络协议、网络软件和数据库等。

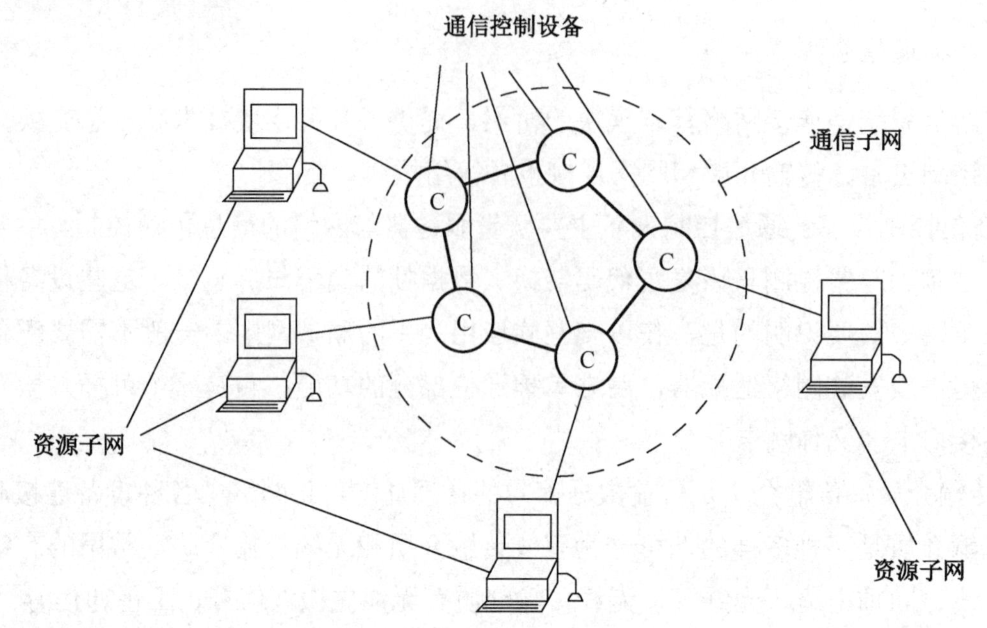

图 1.1　资源子网和通信子网

3．网络的类型

计算机网络分类的方法有很多，按照计算机网络覆盖的地理范围进行分类，一般可分为局域网、城域网、广域网和互联网。各类计算机网络的特征参数见表 1.1。

表 1.1　各类计算机网络的特征参数

网 络 分 类	缩　　写	分 布 距 离	计算机位于同一	传输速率范围
局域网	LAN	10m	房间	4Mbit/s～2Gbit/s
		100m	建筑物	
		1km	校园	
城域网	MAN	10km	城市	50Mbit/s～100Mbit/s
广域网	WAN	100km	国家（或地区）	9.6kbit/s～45Mbit/s
互联网	Internet	1000km	全球	

从表 1.1 可以看出，分布距离越长，传输速率越低。局域网的分布距离最短，传输速率最高。传输速率是计算机网络的关键指标之一，也是网络硬件技术的研究重点。由于距离上的巨大差异，局域网和广域网采用不同的传输方式和通信技术。随着网络传输介质和通信技术的发展，计算机网络的传输速率也在不断提高。

（1）*局域网*

局域网（Local Area Network，LAN）的覆盖范围一般为几千米以内，属于一个部门、单位或学校组建的小范围网络。通信线路一般采用有线传输介质，如光纤、同轴电缆和双绞线。其主要特点是信号的传输速率快、误码率低，网络的建造周期短、使用灵活。局域网可以专为一个企业、学校或公司服务，即被某个组织完全拥有。局域网一般无须租用电话线，而使用专门建立的数据通信线路。局域网易于建立、管理方便，可以随时扩充，因此发展很快，得到了广泛的应用。

（2）城域网

城域网（Metropolitan Area Network，MAN）处于局域网和广域网之间，覆盖范围为几千米至几十千米，可作为多个单位或一个城市组建的计算机高速网络，因此称为城域网。城域网的主要功能是为连入网络的企业、机关、公司和社会单位提供通信、数据传输，以及声音、图像的集成服务。

（3）广域网

广域网（Wide Area Network，WAN）又称远程网，是一种远距离的计算机网络，其覆盖范围远大于局域网和城域网，可以从几十千米到几千千米。由于距离遥远，信道的建设费用很高，因此它很少像局域网一样铺设自己的专用信道，而是租用电信部门的通信线路，如长途电话线、光缆通道、微波与卫星通道等。

（4）国际互联网

世界上最大的广域网是国际互联网，即因特网，是一个跨越全球的计算机互联网络。它以开放的连接方式将各个国家、各个地区、各个机构，以及分布在世界每个角落的各种局域网、城域网和广域网连接起来，组成全球最大的计算机通信网络。它遵守 TCP/IP 网络协议以实现相互通信、资源共享。

4．网络的功能

计算机网络发展迅猛，具有许多单机无法实现的功能，归纳如下。

（1）数据通信

数据通信是计算机网络的基本功能，它使得网络中计算机与计算机之间能相互传输各种信息，对分布在不同地理位置的部门进行集中管理与控制。

（2）资源共享

资源共享是指网络上的用户都可以在权限范围内共享网络中各计算机所提供的资源，包括软件（如程序、数据和文档）、硬件设备；这种共享不受实际地理位置的限制。资源共享使得网络中分散的资源能够互通有无，大大提高了资源的利用率。它是组建计算机网络的重要目的之一。

（3）均衡使用网络资源

在计算机网络中，如果某台计算机的处理任务过重，即太“忙”，可通过网络将部分工作转交给较“空闲”的计算机来完成，均衡使用网络资源。

（4）分布处理

当处理较大型的综合性问题时，可按一定的算法将任务分配给网络中不同计算机进行分布处理，提高处理速度，有效利用设备。采用分布处理技术，往往能够将多台性能不一定很高的计算机连成具有高性能的计算机网络，使解决大型复杂问题的费用大大降低。

（5）数据信息的综合处理

通过计算机网络可将分散在各地的数据信息进行集中或分级管理，通过综合分析处理后得到有价值的数据信息资料。

（6）提高计算机的安全可靠性

一旦计算机网络中某台计算机出现故障，其任务即可由其他计算机来完成，不会出现因单机故障使整个系统瘫痪的现象，增加了计算机的安全可靠性。

5. 发展过程

随着计算机的广泛使用，计算机之间联网成为计算机发展的必然趋势，计算机网络从形成、发展到广泛应用大致经历了以下几个阶段。

第一阶段：远程终端联机阶段。由于科研工作的要求，产生了一个称为“多重线路控制器”的硬件设备，它可以使一台中心计算机通过通信线路和许多终端相连接，即很多用户可以通过通信线路共享一台计算机。这种远程终端联机的主要目标是使用户利用终端把自己的请求传给中心计算机，而中心计算机把所有用户的任务处理后返回各个用户。这种简单的计算机互连形成了计算机网络的雏形。

第二阶段：计算机网络阶段。由于计算机价格的降低，计算机的应用逐渐得到普及，并产生了将分布在不同地区的多台计算机连接起来彼此交流信息、共享资源的要求。1968年，美国国防部高级研究计划局（ARPA）提出研制 ARPAnet 的计划，建成了有 4 个节点的实验网。此后，ARPAnet 迅速发展，覆盖地理范围也越来越广。ARPAnet 是世界上第一个实现了以资源共享为目的的计算机网络，一般认为，ARPAnet 是现代计算机网络诞生的标志。

第三阶段：计算机网络互连阶段。这一阶段主要解决计算机网络互连的标准化问题。1984 年，国际标准化组织公布了开放系统互连（OSI）参考模型，使各种不同的网络之间互连成为现实，同时实现了更大范围内的计算机资源共享。在此阶段，以 ARPAnet 为主干发展起来的国际互联网，其覆盖范围已遍及全世界。

第四阶段：信息高速公路阶段。这一阶段的主要标志是 Internet 的广泛应用和高速网络技术的发展。一方面，因特网成为当今世界上信息资源最丰富的互联网络；另一方面，随着 Internet 的不断发展，用户的不断增加，多媒体技术的应用，Internet 的传输速度问题提上议事日程，这一实际问题推动了高速网络技术的研究和发展。未来的信息高速公路，将是以光纤为传输介质，传输速率极高，集电话、数据、电报、有线电视、计算机网络等所有网络为一体的网络。

6．拓扑结构

网络的拓扑结构是指网络中计算机及其他设备的连接关系。拓扑结构隐去了网络的具体物理特性（如距离、位置等）而抽象出节点之间的关系加以研究。4 种主要的拓扑结构为星形、总线型、环形、网格形，下面分别加以介绍。

（1）星形拓扑结构

星形拓扑结构以中央节点为中心，用单独的线路使中央节点与其他各节点直接相连，如图 1.2 所示。

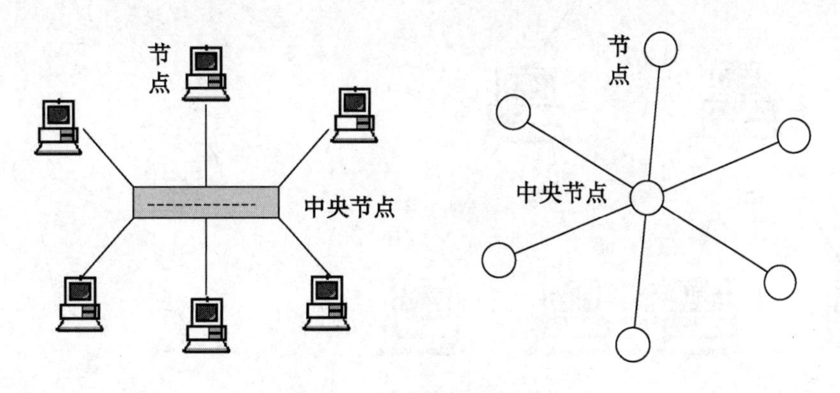

图 1.2　星形拓扑结构

各节点间的通信都要通过中央节点，中央节点执行集中式通信控制策略。一个站要传送数据首先向中央节点发出请求，要求与目的站建立连接，连接建立后，该站才向目的站发送数据，这种拓扑采用集中式通信控制策略，所有的通信均由中央节点控制，中央节点必须建立和维持许多并行数据通路。因此，中央节点的结构显得非常复杂，而每个站的通信处理负担很小，只需满足点到点链路简单的通信要求即可，结构很简单。

1）星形拓扑结构的优点。

① 配置方便。中央节点有一批集中点，可方便地提供服务和网络重新配置。

② 每个连接点只连接一个设备。在网络中，连接点往往容易产生故障，在星形拓扑中，单个连接点的故障只影响一个设备，不会影响全网。

③ 集中控制和故障诊断容易。由于每个站点直接连接到中央节点，因此，容易检测和隔离故障，可方便地将有故障的节点从系统中删除。

④ 简单的访问协议。在星形网中，任何一个连接只涉及中央节点和一个站点，因此，控制介质访问的方法较为简单，访问协议也十分简单。

2）星形拓扑结构的缺点。

① 电缆较长，安装费用高。因为每个站点直接和中央节点相连，这种拓扑结构需要大量电缆。电缆维护、安装等会产生一系列问题，因而增加的费用相当可观。

② 扩展困难。要增加新的站点，就要增加到中央节点的连接，这就需要在初始安装时放置大量冗余的电缆，要配置更多的连接点。

③ 依赖于中央节点。若中央节点产生故障，则全网不能工作，所以中央节点的可靠性和冗余度要求很高。

（2）树形拓扑结构

树形拓扑是星形拓扑的发展和补充，网络节点呈树状排列，整体看来就像一棵朝上的树，因而得名。树形拓扑如图 1.3 所示。

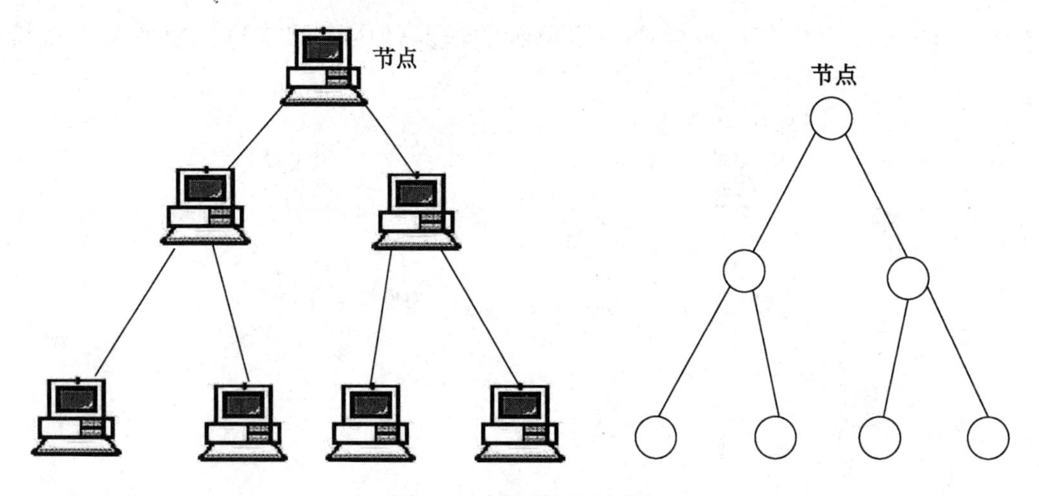

图 1.3　树形拓扑结构

树形拓扑为分层结构，具有根节点和各分支节点，适用于分支管理和控制的系统。这种拓扑结构的网络一般采用光纤作为网络主干，用于政府机构等上下级界限相当严格和层次分明的网络结构。

1）树形拓扑优点。

①易于扩展。可以延伸出很多分支和子分支，因而容易在网络中加入新的分支或新的节点。

②易于隔离故障。如果某一线路或某一分支节点出现故障，它主要影响局部区域，因而能比较容易地将故障部位跟整个系统隔离开。

2）树形拓扑缺点。

树形拓扑的缺点与星形拓扑类似，若根节点出现故障，就会引起全网不能正常工作。

（3）总线型拓扑结构

总线型拓扑结构采用单根传输线作为传输介质，也就是说，所有的计算机都连接在一条公共总线上。任何一个站点发送的信号都可以沿着介质双向传播，以广播方式被其他站接收，如图 1.4 所示。

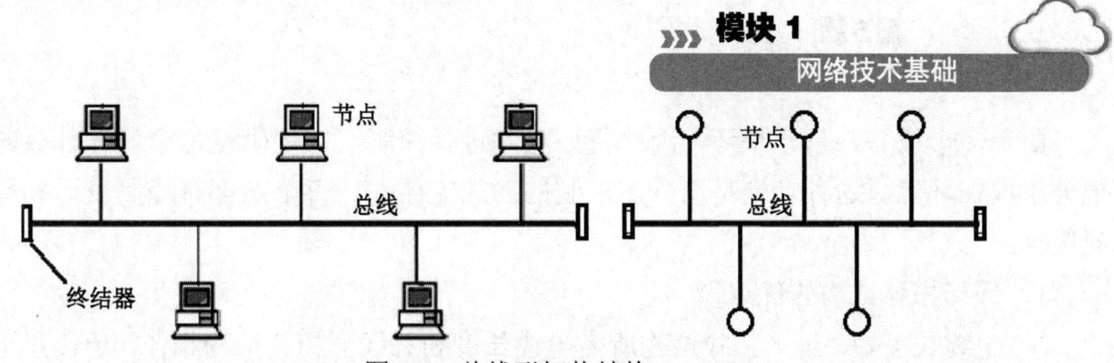

图 1.4　总线形拓扑结构

在总线型拓扑结构中，由于每次只能有一个设备传输信号，因此需要有一种访问控制策略，来决定下一次由哪个站点发送信号，通常采取分布式控制策略。

发送信号时，发送站将报文分成组，然后依次发送这些分组，有时要与其他站发送的分组交替地在介质上进行传输。当分组经过各站时，目的站将识别分组的地址，然后复制这些分组的内容。这种拓扑结构减轻了网络的通信处理负担，因为通信处理分布在各站点进行。

1）总线形拓扑结构的优点。

① 电缆长度短，容易布线。因为所有的站点都接在一个公共数据通路上，因此，只需很短的电缆长度，减少了安装费用，易于布线和维护。

② 可靠性高。总线的结构简单，又是无源元件，从硬件的观点来看，十分可靠。

③ 易于扩充。增加新的站点，只需在总线的任何节点处接入，如需增加长度，可通过中继器扩展一个附加段。

2）总线形拓扑结构的缺点。

① 故障诊断困难。虽然总线形拓扑结构简单，可靠性高，但故障检测却不容易，因为总线形拓扑结构不是集中控制的，故障检测需要在网上各个站点进行。

② 故障隔离困难。对于总线形拓扑结构而言，如果故障发生在站点，则只需将该站点从总线上去掉即可；如果传输介质有故障，则此段总线要切断。

（4）环形拓扑结构

环形拓扑结构的特点是计算机相互连接而形成一个环。实际上，参与连接的不是计算机本身而是环接口，计算机连接环接口，环接口又逐段连接起来而形成环，如图 1.5 所示。

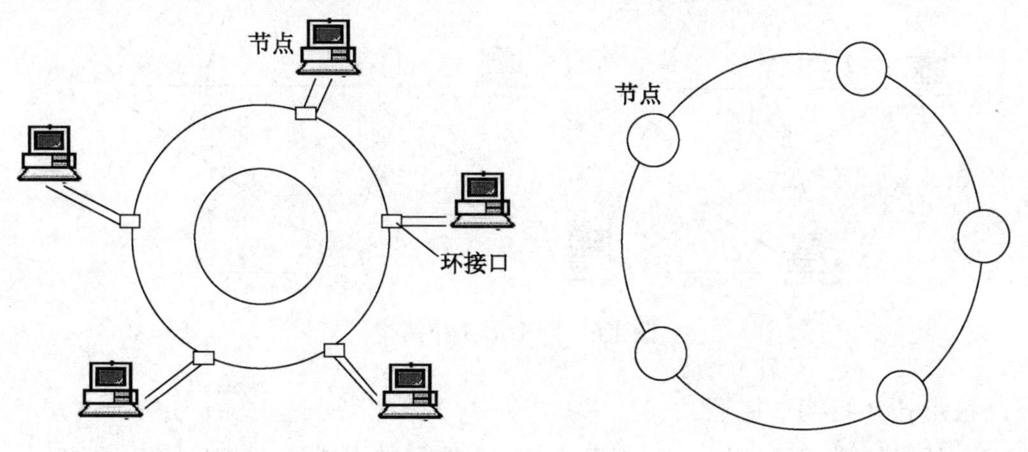

图 1.5　环形拓扑结构

由于多个设备共享一个环，因此需要对此进行控制，以便确定每个站在什么时候可以把分组放在环上。这种功能是用分布控制的形式完成的，每个站都有控制发送和接收的访问逻辑。

1）环形拓扑结构的优点。

① 电缆长度短。环形拓扑结构所需电缆长度和总线形拓扑结构相似，但比星形拓扑结构要短得多。

② 可用光纤。光纤传输速率快，环形拓扑结构是单方向传输的，光纤传输介质十分适用。因为环形拓扑结构是点到点的连接，所以可以在网上使用各种传输介质。

③ 无须接线盒。因为环形拓扑结构是点到点连接的，所以无须像星形拓扑结构那样配置接线盒。

2）环形拓扑结构的缺点。

① 节点故障引起全网故障。在环上的数据要通过接在环上的每个节点，如果环中某个节点发生故障，则会引起全网故障。

② 诊断故障困难。因为某个节点出现故障会使全网不能工作，因此难以诊断故障，需要对每个节点进行检测。

③ 不易重新配置网络，扩充环的配置较困难。同理，关掉一部分已接入网的站点也不容易。

④ 拓扑结构影响访问协议。环上每个站点接到数据后，要负责将它发送到环上，这意味着要同时考虑访问控制协议。站点发送数据前，必须事先知道其可用的传输介质。

（5）网格形拓扑结构

真正的网格形拓扑结构使用单独的电缆将网络上的设备两两相接，从而提供了直接的通信途径，不采用路由，报文直接从发送端送到接收端，如图 1.6 所示。

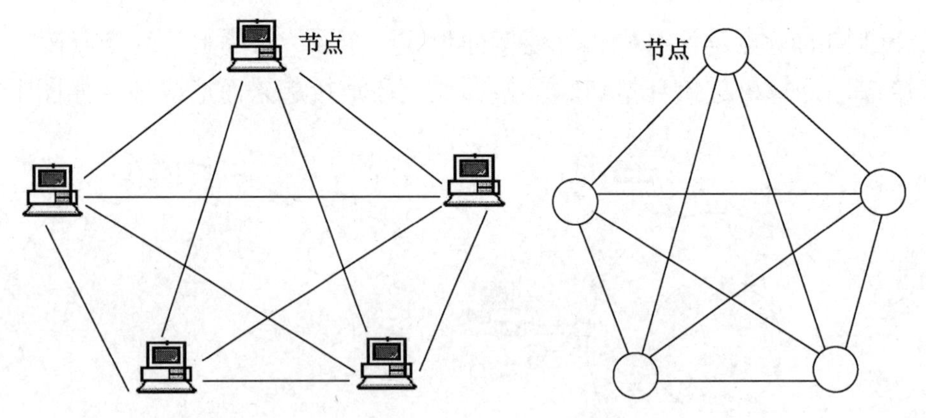

图 1.6 网格形拓扑结构

1）网格形拓扑结构的优点。

① 冗余的链路增强了容错能力。冗余的链路使得某电缆的中断只影响连接到该电缆的两台设备。

② 易于诊断故障。网格形拓扑结构中的每个系统之间都有专用的链路，诊断电缆故障比较容易。如果两台设备不能进行通信，则根本无须猜测哪一条电缆损坏，只要检查连接这两台设备的电缆即可。

2）网格形拓扑结构的缺点。

① 安装和维护困难。大量的电缆和冗余的链路给安装和维护增加了难度。

② 提供了冗余链路，增加了成本。

7．网络标准化组织

为了确立计算机网络领域行业规范，使计算机网络结构体系有公共遵循的标准，使不同厂家生产的设备能相互兼容，国际上部分标准化组织机构为此开展相关工作，制订了相关的标准，促进了计算机通信网络的发展。

（1）国际标准化组织

国际标准化组织（International Organization for Standardization，ISO）是世界上最著名的国际标准组织之一，它主要由美国国家标准协会和其他国家的标准组织代表组成。ISO在网络标准方面的最主要的贡献是建立了 OSI 七层参考模型：在开放系统中，任意两台终端可以进行通信，而不必理会不同的体系结构。有些人曾一度相信 OSI 将成为未来所有通信的标准模型，但随着因特网的飞速发展，这个想法显得越来越不实际。然而，作为一个分层协议的典型代表，OSI 仍然是人们学习和研究的重点对象。

（2）电气电子工程师学会

电气电子工程师学会（Institute of Electrical and Electronics Engineers，IEEE）是世界上最大的专业组织之一，由计算机和工程学专业人士组成。它创办了许多刊物，定期举行研讨会，还有一个专门负责制订标准的下属机构。IEEE 在通信领域最著名的研究成果之一是 802 协议簇的定义，802 协议簇主要用于定义局域网标准，其中比较著名的有 802.3 的 CSMA/CD 与 802.5 的 Token Ring。

（3）美国国家标准学会

美国国家标准学会（American National Standards Institute，ANSI）是一个非政府部门的私人机构，其成员包括制造商、用户和其他相关企业。它有将近一千个会员，本身也是国际标准化组织的一个成员。ANSI 标准广泛存在于各个领域，如光纤分布式数据结构（Fiber Distributed Data Interface，FDDI）就是一个适用于局域网光纤通信的 ANSI 标准；美国信息交换标准代码（American Standard Code for Information Interchange，ASCII）则被用来规范计算机内的信息存储。

（4）国际电信联盟

国际电信联盟（International Telecommunications Union，ITU）的前身是国际电报电话咨询委员会。ITU 是一家联合机构，共分为 3 个部门。ITU-R 负责无线电通信，ITU-D 是发展部门，ITU-T 负责电信。ITU 的成员包括各种各样的研究机构、工业组织、电信组织、电话通信方面的权威人士，包括 ISO。ITU 标准主要用于国与国之间的互连，而在各个国家内部可以有自己的标准。

（5）电子工业协会

电子工业协会（Electronic Industries Association，EIA）的成员包括电子公司和电信设备制造商。它也是 ANSI 的成员。EIA 主要定义了设备间的电气连接和数据的物理传输，即常用的网络连接线缆的标准。例如，最广为人知的标准是 RS-232（或称 EIA-232），它已成为大多数计算机与调制解调器或打印机等设备通信的规范。

（6）因特网工程任务组

因特网工程任务组（Internet Engineering Task Force，IETF）是一个国际性团体，其成员包括网络设计者、制造商、研究人员，以及所有对因特网的正常运转和持续发展感兴趣的个人或组织。它分为几个工作组，分别处理因特网的应用、实施、管理、路由、安全和传输服务等方面的技术问题。这些工作组同时也承担着对各种规范加以改进发展，使之成为因特网标准的任务。

（7）国际电工委员会

国际电工委员会（International Electrotechnical Commission，IEC）是一个为办公设备的互连、安全及数据处理制订标准的非政府机构。该委员会参与了图像专家联合组织，为图像压缩制订了标准。

1.2 数据通信基础

1. 基本概念

数据通信是指两个实体间数据的传输和交换。数据传输是传播处理信号的数据通信，将源站的数据编码成信号，沿传输介质传播至目的站。数据传输的品质取决于被传输信号的品质和传输介质的特性。

数据通信模型和实例如图 1.7 所示。

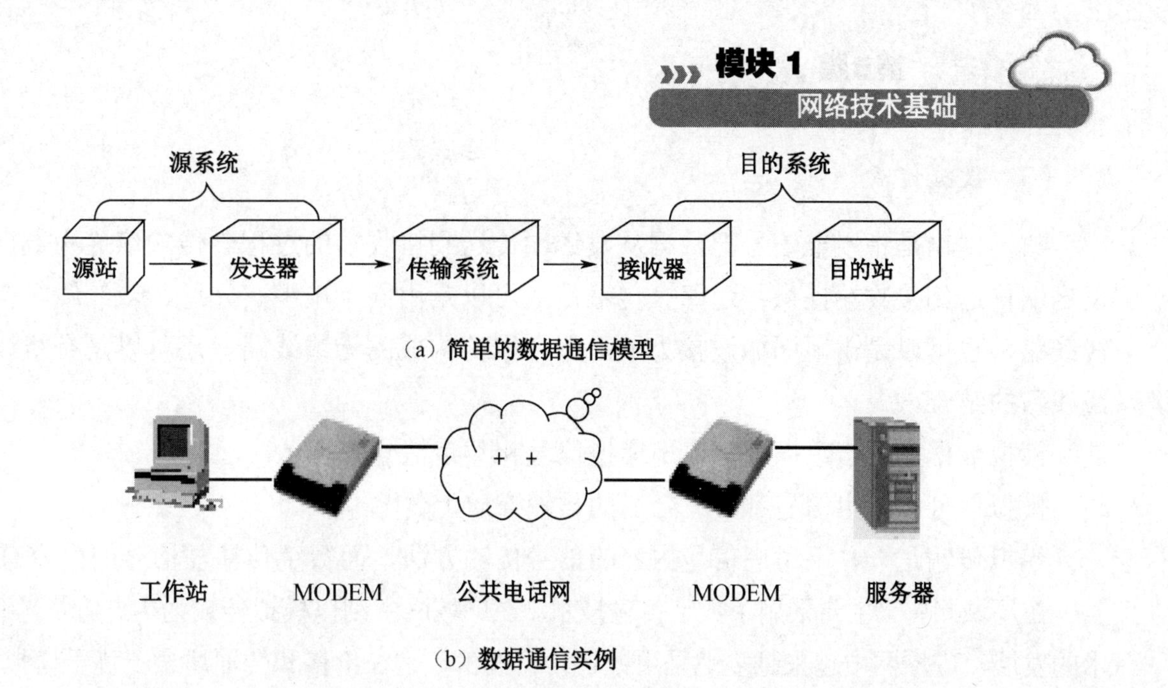

图 1.7　数据通信模型和实例

图 1.7（a）是简单的数据通信模型，展示了如何在两个实体间交换数据。图 1.7（b）是数据通信实例，工作站通过公共电话网和服务器实现通信。

1）源站：产生要发送的数据的设备。

2）发送器：对信号进行转换或编码以产生能在特定传输系统中传输的电磁信号。

3）传输系统：连接源站和目的站的传输线或复杂的网络。

4）接收器：从传输系统接收信号并转换成目的站设备能处理的信号。

5）目的站：从接收器中输入数据的设备。

数据通信的过程中涉及的基本概念如下。

（1）数据

模拟数据是指在某个区间产生的连续的值，如声音、视频、温度和压力等。

数字数据是指在某个区间产生的离散的值，如文本信息和整数。

（2）信号

信号是数据的表示形式，或称数据的电磁编码、电子编码。它使数据能以适当的形式在通信介质上传输。

信号有模拟信号和数字信号两种基本形式。

模拟信号是在一定的数值范围内可以连续取值的信号，是一种连续变化的电信号。这种电信号可以按照不同频率在各种通信介质上传输。

数字信号是一种离散的脉冲序列。它用恒定的正电压和负电压来表示二进制的 0 和 1，这种脉冲序列可以按照不同的速率在通信介质上传输。

（3）数据传输

数据传输是指用电信号把数据从发送端传送到接收端的过程。传输信道为数据信号从发送端传送到接收端提供了通路。传输信道可以是由同轴电缆、光纤、双绞线等构成的有线线路，也可以是由地面微波接力或卫星中继等构成的无线线路，还可以是有线线路和无线线路的结合。

模拟数据和数字数据都可以用模拟信号和数字信号来表示。

模拟信号和数字信号都可在合适的传输介质上传输。

模拟传输是一种不考虑信号内容的信号传输方法，而数字传输与信号的内容有关。

在局域网中，主要采用了数字传输技术。在广域网中则以模拟传输为主。随着光纤通信技术的发展，广域网中越来越多地采用数字传输技术，它在价格和传输质量上优于模拟传输。

（4）传输速率

数据传输速率指每秒能传输的位数，可用 b/s（比特/秒）来表示，它可按下式计算：

$$S=(1/T)\log_2 n$$

其中，T 为脉冲宽度或脉冲重复周期；n 是一个脉冲表示的有效状态，即调制电平数。

对于在数据传输系统中普遍采用的单位脉冲，只有两个有效状态，即 $n=2$。此时，其传输速率如下：

$$S=(1/T)\log_2 2=1/T$$

该式表示每秒位数等于单位脉冲的重复频率。

另一种度量传输速率的单位是波特，也称调制速率。它反映了数据经过调制后的传输速率，即数据在调制过程中调制状态的每秒转换次数。调制速率为 $B=1/T$。

该式与传输速率的关系如下：

$$S= B\log_2 n$$

在二元制调制方式中，$S= B= 1/T$。习惯上两者可以通用。在多元制调制方式中，S 与 B 是有区别的。

2．数据编码技术

编码就是将模拟数据或数字数据变换成数字信号，以便于数据的传输和处理的。信号必须进行编码，使其与传输介质相适应。

解码是在接收端，将数字信号变换成原来的形式。

在数据传输系统中，主要采用如下 3 种数据编码技术：数字数据的模拟信号编码、数字数据的数字信号编码、模拟数据的数字信号编码。

（1）数字数据的模拟信号编码

这种编码方式是将数字数据调制成模拟信号进行传输。通常调制数字数据用 3 种载波特性（振幅、频率和相位）之一来表示，并由此产生 3 种基本调制方式，如图 1.8 所示。

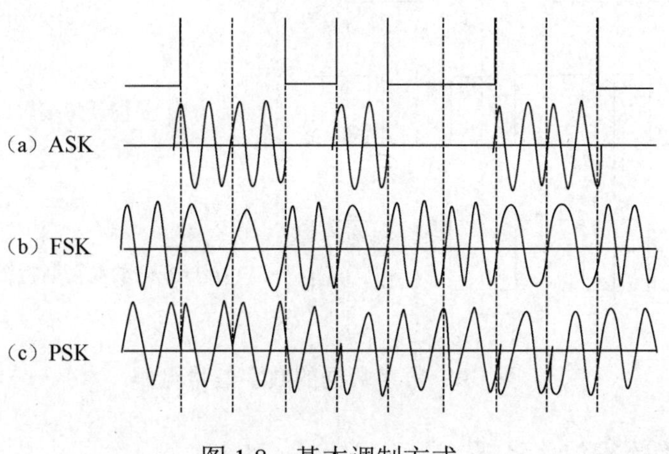

图 1.8　基本调制方式

1）移幅键控法（Amplitude Shift Keying，ASK）：用载波频率的两个不同振幅来表示两个二进制值。在有些情况下，用振幅恒定载波的存在与否来表示两个二进制值。

2）移频键控法（Frequency Shift Keying，FSK）：用载波频率附近的两个不同频率来表示两个二进制值。这种调制方式不易受干扰的影响，比 ASK 方式的编码效率高。

3）移相键控法（Phase Shift Keying，PSK）：用载波信号的相位移动来表示二进制数据。在图 1.8（c）中，信号相位与前面信号串同相位的信号表示 0，信号相位与前面信号串反相位的信号表示 1。PSK 方式也可以用于多相反调制。例如，在四相调制中可把每个信号串编码为两位。PSK 方式具有较强的抗干扰能力，而且比 FSK 方式的编码效率更高。

（2）数字数据的数字信号编码

传输数字信号最普遍、最容易的办法是用两个电压电平来表示两个二进制数字。例如，无电压（即无电流）常用来表示 0，而恒定的正电压用来表示 1。数字数据的数字信号编码。使用正电压（高）表示 1 也是很普遍的，称为不归零制（Non-Return to Zero，NRZ）编码，如图 1.9（a）所示。

不归零制编码传输也有若干缺点，它难以决定一位的结束和另一位的开始，需要有某种方法来使发送器和接收器进行定时或同步。

克服上述缺点的另一个编码方案是曼彻斯特编码，如图 1.9（b）所示，这种编码通常用于局部网络传输。在曼彻斯特编码方式中，每位的中间都有一个跳变。位中间的跳变既作为时钟，又作为数据；从高到低的跳变表示 1，从低到高的跳变表示 0。还有一种编码称为差动曼彻斯特编码，如图 1.9（c）所示，在这种情况下，位中间的跳变仅提供时钟定时，用每位周期开始时有无跳变来表示 0 或 1 的编码。

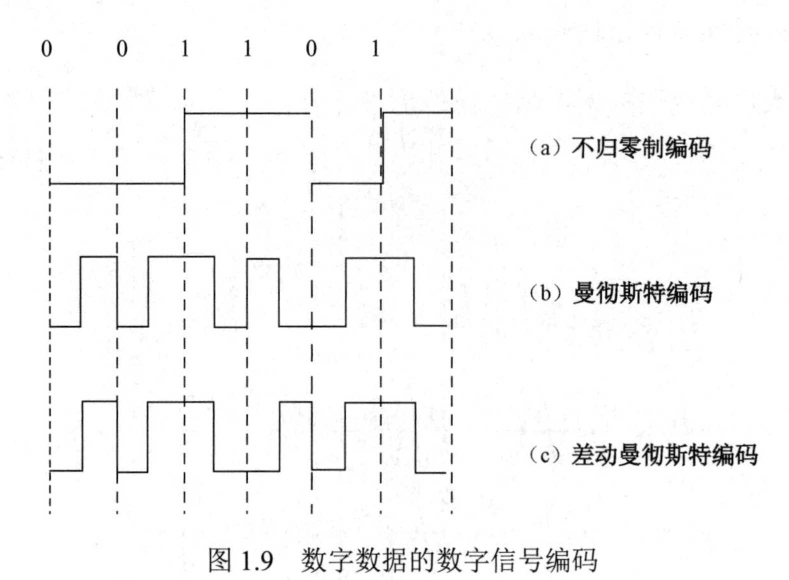

图 1.9 数字数据的数字信号编码

（3）模拟数据的数字信号编码

利用数字信号来对模拟数据进行编码的最常见的例子是脉冲代码调制（Pulse Code Modulation，PCM），它常用于对声音信号进行编码。脉冲代码调制是以采样定理为基础的。采样定理指出：如果在规则的时间间隔内，以高于两倍最高有效信号频率的速率对信号 $f(t)$ 进行采样，那么，这些采样值就包含了原始信号的全部信息。利用低通滤波器可以从这些采样中重新构造出函数 $f(t)$。

如果声音数据限于 4000Hz 以下的频率，那么每秒 8000 次的采样可以完整地表示声音信号的特征。然而，值得注意的是，这只是模拟采样。为了转换成数字采样，必须给每个模拟采样值都指定一个二进制代码。

3. 数据传输类型

在数据传输过程中，可以使用数字信号和模拟信号两种方式进行传输。因此，数据在信道中也分为基带传输和频带传输。

（1）基带传输

在数据通信中，表示二进制数据的信号是典型的矩形脉冲。我们把矩形脉冲信号的固有频带称为基本频带（简称基带），矩形脉冲信号称为基带信号，在通道上直接传输基带的方法称为基带传输。

在发送端基带传输的信源数据经过编码器变换，变为直接传输的基带信号。在接收端由解码器恢复成与发送端相同的数据。基带传输是一种最基本的数据传输方式。

（2）频带传输

频带传输是指利用模拟通信信道传输数字信号的方法。由于电话网是用于传输语音信号的模拟通信信道，并且是目前覆盖面最广的一种通信方式，为利用电话交换网实现计算机之间的数字信号传输，必须将数字信号转换成模拟信号。为此，要在发送端选取音频范围的某一频率的正（余）弦模拟信号作为载波，用它运载所要传输的信号，通过电话信道将其送到另一端；在接收端再将数字信号从载波上取出来，恢复为原来的信号波形。其中，由发送端将数字数据信号转换成模拟数据信号的过程称为“调制”，相应的调制设备称为“调制器”；在接收端把模拟数据信号还原为数字数据信号的过程称为“解调”，相应的解调设备称为“解调器”。同时具备调制和解调功能的设备称为“调制解调器”。

4．数据传输方式

在数字数据通信中，一个最基本的要求是发送端和接收端之间以某种方式保持同步，接收端必须知道它所接收的数据流每位的开始时间和结束时间，以确保数据接收的正确性。为此，通信双方必须遵循同一通信规程，使用相同的同步方式进行数据传输。根据通信规程定义的同步方式，可分为异步传输和同步传输两大类，数据格式如图 1.10 所示。

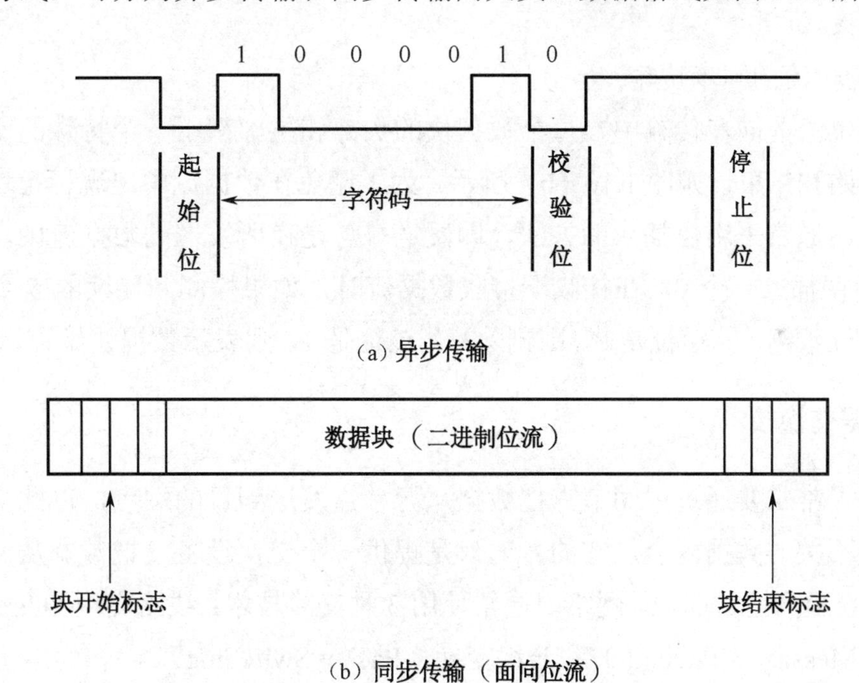

图 1.10　异步传输和同步传输的数据格式

（1）异步传输

异步传输是以字符为单位的数据传输，其数据格式如图 1.10（a）所示。每个字符都要附加 1 位起始位和 1 位停止位，以标记字符的开始和结束。此外，还要附加 1 位奇偶校验位，可以选择奇校验方式或偶校验方式对该字符进行简单的差错控制。起始位对应二进制值 0，以低电平表示，占用 1 位的宽度。停止位对应二进制值 1，以高电平表示，占用 1～2 位宽度。一个字符占用 5～8 位，具体取决于数据所采用的字符集。例如，电报码字符为 5 位，ASCII 码字符为 7 位，汉字码则为 8 位。起始位和停止位结合起来，便可实现字符的同步。

异步传输的优点是简单、可靠，常用于面向字符传输的、低速的异步通信场合。例如，主计算机与终端之间的交互式通信通常采用这种方式。

（2）同步传输

同步传输是以数据块为单位的数据传输。每个数据的头部和尾部都要附加一个特殊的字符或比特序列，标记一个数据块的开始和结束。同步传输又分为面向字符的同步传输和面向位流的同步传输。

1）面向字符的同步传输。

在面向字符的同步传输中，每个数据块的头部用一个或多个同步字符来标记数据块的开始；尾部用另一个唯一的字符来标记数据块的结束。其中，这些特殊字符的位模式与传输的任何普通字符都有显著的差别。典型的面向字符的同步通信规程是 IBM 公司的二进制同步通信协议。

2）面向位流的同步传输。

在面向位流的同步传输中，每个数据块的头部和尾部都用一个特殊的比特序列来标记数据块的开始和结束，如图 1.10（b）所示。为了避免在数据流中出现标记块开始和结束的特殊位模式，通常采用位插入的方法，即发送端总是在所发送的数据流中，每当出现连续的 5 个 1 后便插入一个 0，在接收端接收数据流时，如果检测到连续的 5 个 1 序列，则检查其后的一位数据，若该位是 0，则删除；若该位是 1，则表示数据块结束，转入结束处理。

5. 数据交换技术

在网络中常常要通过中间节点把数据从源站点发送到目的站点，以此实现通信。这些中间节点并不关心数据内容，它的目的只是提供一个交换设备，把数据从一个节点传向另一个节点，直至到达目的地。网络中通常使用 3 种交换技术：线路交换（Circuit Switching）、报文交换（Message Switching）和分组交换（Packet Switching）。

（1）线路交换

在线路交换中，通过网络节点在两个工作站之间建立一条专用的通信线路。最典型的例子是电话交换系统。采用这种方式通信时，两个工作站之间应具有实际的物理连接，这种连接是由节点之间的各段线路组成的，每段线路都为此连接提供了一条通道。线路交换方式的通信过程分为如下 3 个阶段。

1）线路建立阶段：开始传送数据之前，必须建立端对端的线路。首先，源站把和目的站建立连接的请求发送给一个交换节点，交换节点在通向目的站的路由选择表中找出下一条路由，并为该条线路分配一个未用信道；然后，把连接请求传送到下一个节点。这样通过各个中间交换节点的分段连接，在源站和目的站之间建立起一条现实的物理连接。

2）数据传送阶段：一旦线路连接建立起来后，可以通过这条专用的线路来传输数据。数据可以是数字的，也可以是模拟的。传输的信号形式可以采用数字信号，也可以采用模拟信号。这种连接通常是全双工方式，数据可以双向传输。

3）线路拆除阶段：当数据传输结束后，应拆除连接，以释放该连接占用的专用资源。两个工作站中的任意一个工作站都可以发出拆除连接的请求。

由于在数据传输开始之前必须建立连接通路，因此通路中的每对节点之间的信道容量必须是可用的，且在连接期间是专用的，即使没有数据传送，其他人也不能使用。所以线路交换的效率是很低的。就网络性能而论，在线路建立阶段会有延迟。而在数据传输阶段除了线路的传播延时，不再有其他的延迟，因此实时传输性能比较好。

（2）报文交换

报文交换是网络通信的另一种完全不同的方式。在这种交换方式中，两个工作站之间无须建立专用的通路。相反，如果一个工作站想要发送报文，会把目的地址添加在报文中一起发送出去。该报文将在网络中从一个节点被传送到另一个节点。在每个节点中，要接收整个报文并进行暂时存储，然后经过路由选择再发送到下一个节点。

报文交换方式中的节点一般是小型通用计算机，报文输入时，它有足够的存储空间用于缓冲报文的接收。报文在一个节点的延迟时间等于接收全部报文信息的时间加上排队等待发送到下一个节点的时间。这种方式也称为存储-转发报文方式。在某种情况下，与工作站相连的节点和某些中央节点还可以将报文存档，生成永久记录。

（3）分组交换

分组交换与报文交换十分相似。形式上的主要区别在于：在分组交换网络中，要限制传输的数据单位的长度，典型的长度限制范围为一千到数千比特；而报文交换网络中的报文长度则要长得多。此外，从工作站的情况来看，超过最大长度的报文必须分成较小的传输单元方可发送，每次只能发送一个单元。为了区别这两种交换技术，分组交换中的数据单元称为分组。在每个分组中都包含数据和目的地址，其传输过程与报文交换方式类似，只是分组一般不存档，暂存的副本主要作用是纠错。从表面上看，分组交换与报文交换相比没有什么特别的优点。但事实上，限制数据单元的最大长度对改善网络性能将产生显著的效果。在分组交换网中，通常采用数据报和虚电路两种方式来管理这些分组流。

1）数据报（Datagram）：在这种方式中，每个分组都独立地进行处理，如同报文交换中每个报文独立地处理一样。但由于网络的中间节点对每个分组可能选择不同的路由，因而到达目的地时，这些分组可能不是按发送的顺序到达的，因此目的站必须将它们按顺序重新排列。在这种技术中，将独立处理的每个分组都称为“数据报”。

2）虚电路（Virtual Circuit）：在这种方式中，在发送任何分组之前，需要先建立一条逻辑连接，即在源站点和目的站点之间的各个节点上事先选定一条网络路由，两个站点便可以在这条逻辑连接上（虚电路上）交换数据。每个分组除了包含数据，还包含一个虚电路标识符。在预先建立好的路由上每个节点都必须按照既定的路由传输这些分组，无须重新选择路由。当数据传输完毕后，由其中的任意一个站点发出拆除连接的请示分组，终止本地连接。虚电路方式的传输过程与线路交换方式类似，也是分成3个阶段进行的。但无论何时，每个站点都能与任意站点建立多个虚电路，也能同时和多个工作站建立虚电路。

因此，虚电路方式的主要特点是在传输数据之前建立工作站之间的路由。应当注意，这并不像线路交换那样有一条专用的通路。分组信息还要暂存于每个节点进行排队，等待转发。它与数据报方式的不同之处在于，节点无须为每个分组进行路由选择，每个连接只需进行一次路由选择。

（4）3种数据交换技术的对比

线路交换：在数据传送开始之前必须建立一条完全的通路；在线路释放之前，该通路将被一对用户完全占用，对于猝发式通信线路的利用率不高。

报文交换：报文从源站点传送到目的地采用存储-转发方式。在传送报文时，同一时刻只占一段通道；在交换节点中需要缓冲存储，报文需要排队。因此，报文交换不能满足实时通信的要求。

分组交换：报文被分成分组进行传输，并规定了最大的分组长度。在数据报方式中，目的站需要重新组装报文。分组交换技术是网络中最广泛使用的一种交换技术。局域网采用的是分组交换技术。

6. 多路复用技术

多路复用技术是指为充分利用传输介质，在一条物理线路上建立多条通信信道的技术。常用技术包括频分多路复用和时分多路复用。

（1）频分多路复用

频分多路复用以信道频带作为分割对象，在发送端把要传输的多路信号用互不重叠的频率分割开，用不同中心频率调制不同的信号，发送时在各自的信道中被传送到接收端，由解调器恢复成原来的波形。为防止相互干扰，各信道之间由保护频带隔开。

（2）时分多路复用

时分多路复用以信道传输时间作为分割对象，通过为多个信道分配互不重叠的时间片的方法来实现多路复用，每个用户都分得一个时间片。时分多路复用通信是各路信号在同一信道上占有不同时间片进行通信的。

7. 差错与控制

（1）基本概念

1）差错：在数据通信中，接收端接收到的数据与发送端实际发出的数据出现不一致的现象。

2）热噪声：在导体中因带电粒子热骚动而产生的随机噪声，是物理信道固有的。

3）差错产生的原因：噪声是引起数据信号畸变产生差错的主要原因。噪声会在数据信道上叠加高次谐波，从而引起接收端判断错误。

4）差错类型有如下两种。

① 随机差错：由信道的热噪声引起的数据信号差错。

② 突发差错：由冲击噪声引起的数据信号差错，是数据信号在传输过程中产生差错的主要原因。

（2）差错控制的基本方式

差错控制方式基本上分为两类：一类称为反馈纠错，另一类称为前向纠错。在这两类的基础上又派生出一种差错控制方式，称为混合纠错。

1）反馈纠错：这种方式在发送端采用某种能在一定程度上发现传输差错的简单编码方法对所传信息进行编码，加入少量监督码元，在接收端则根据编码规则对收到的编码信号进行检查，一旦检测出错码，即向发送端发出询问的信号，要求重发。发送端收到询问信号时，立即重发已发生传输差错的那部分信息，直到正确收到为止。所谓发现差错是指在若干接收码元中知道有一个或一些是错的，但不一定知道错误的准确位置。

2）前向纠错：这种方式在发送端采用某种在解码时能纠正一定程度上传输差错的较复杂的编码方法，使接收端在收到信码时不仅能发现错码，还能够纠正错码。采用前向纠错方式时，不需要反馈信道，也无须反复重发而延误传输时间，对实时传输有利，但是纠错设备比较复杂。

3）混合纠错：混合纠错的方式是少量差错在接收端自动纠正；差错较严重，超出自动纠正能力时，就向发送端发出询问信号，要求重发。因此，混合纠错是前向纠错及反馈纠错两种方式的混合。

反馈纠错可用于双向数据通信；前向纠错则用于单向数字信号的传输，如广播数字电视系统，因为这种系统没有反馈通道。对于不同类型的信道，应采用不同的差错控制技术，否则会事倍功半。

1.3 网络体系结构

1. 协议与分层

协议与分层在计算机网络中是非常重要的内容，主要包括如下概念。

（1）协议

网络中包含多种计算机系统，要实现它们之间的相互通信，必须有一套通信管理机制，即计算机通信双方事先约定的一种规则，这就是协议。协议是指实现计算机网络中数据通信和资源共享的规则的集合，它包括语义、语法和交换规则 3 个要素。

语义确定协议元素的类型，即规定通信双方要发出何种控制信息、完成何种动作及做出何种应答。语法确定协议元素的格式，即规定数据与控制信息的结构和格式。交换规则规定事件实现顺序的详细说明，即确定通信过程中通信状态的变化，如通信双方的应答关系。

（2）实体

在网络分层体系结构中，每层都由一些实体组成，这些实体抽象地表示了通信时的软件元素和硬件元素。换句话说，实体是通信时能发送和接收信息的任何软、硬件设施。不同机器上同一层的实体称为对等实体。

（3）分层

两个系统中实体间的通信是一个十分复杂的过程，为了减少协议设计和调试过程的复杂性，大多数网络的实现都按层次的方式来组织，每层都完成一定的功能，每层又都建立在它的下层之上，层间接口向上一层提供一定的服务，而把这种服务是如何实现的等细节对上层加以屏蔽。层次结构中的层间接口清晰，层间传递的信息量少，便于模块划分和分工协作开发，且服务与实现无关，允许具体模块变动而不影响层间关系。

（4）服务

实体完成一定的任务，称为该层功能。上层利用下层提供的功能，即下层为上层提供服务。

（5）接口

上下层之间交换信息的装置称为接口。一般使上下层之间传输的信息量尽可能少，这样使得两层之间保持其功能的相对独立。

（6）体系结构

层和协议的集合被称为网络体系结构。换句话说，体系结构就是用分层研究方法定义的计算机网络各层的功能、各层协议和接口的集合。体系结构的描述必须包含足够的信息，使实现者可以用来为每层编写程序和设计硬件，并使之符合有关协议。

（7）服务与协议的关系

服务是各层向其上层提供的一组操作。尽管服务定义了该层能够代表它的上层完成的操作，但丝毫未涉及这些操作是如何完成的。服务定义了两层之间的接口，上层是服务用户，下层是服务提供者。

协议是定义同层对等实体之间交换的帧、分组和报文的格式及意义的一组规则。实体利用协议来实现它们的服务定义。只要不改变提供给用户的服务，实体可以任意改变它们的协议。这样，服务和协议就被完全分离开来。

2. OSI 模型

1984 年，国际标准化组织公布了一个作为未来网络协议指南的模型，该模型被称为开放系统互连模型，又称为 OSI 参考模型（Open System Interconnection Reference Model）。这里的“开放”表示任何两个遵守 OSI 参考模型的系统都可以互连，当一个系统能按照 OSI 参考模型与另一个系统进行通信时，就称该系统为互连系统。

OSI 参考模型并不是一个具体的网络，它将整个网络的功能划分为 7 个层次，分别为物理层、数据链路层、网络层、传输层、会话层、表示层和应用层，如图 1.11 所示。

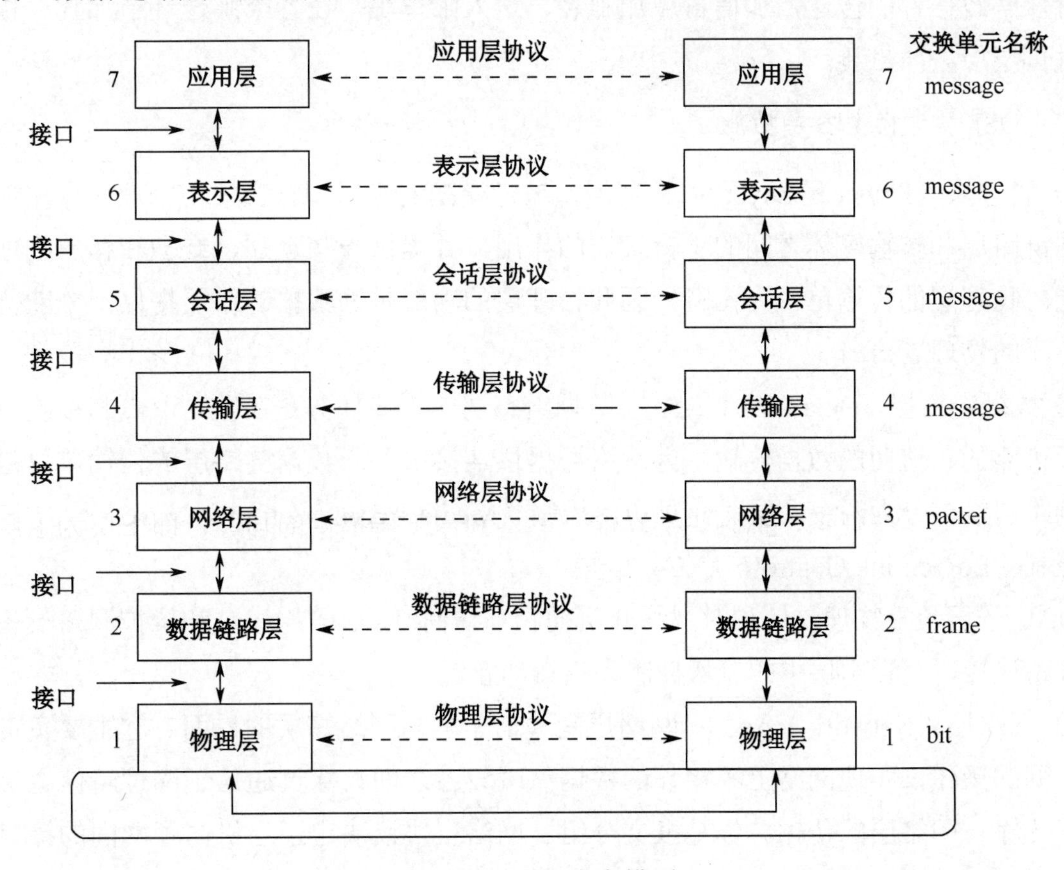

图 1.11　OSI 参考模型

（1）OSI 参考模型的主要特性

1）OSI 参考模型是一种将异构系统互连起来的分层结构，提供了控制互连系统交互规则的标准框架，定义抽象结构，并非具体实现的描述。

2）对等层之间的虚通信必须遵循相应层的协议，如应用层协议、传输层协议、数据链路层协议等。

3）相邻层间接口定义了基本（原语）操作和低层向上层提供的服务。

4）所有提供的公共服务都是面向连接的或无连接的数据通信服务。

（2）OSI 参考模型的信息流动

在 OSI 参考模型中，系统 A 的用户向系统 B 的用户传送数据时，首先，系统 A 的用户把需要传输的信息告诉系统 A 的应用层，并发布命令；最后，由应用层加上应用层的头信息送到表示层，表示层再加上表示层的控制信息送往会话层；会话层再加上会话层的控制信息送往传输层。以此类推，最后送往物理层，物理层不考虑信息的实际含义，以比特流（0、1 代码）传送到物理信道，再到达系统 B 的物理层；最后，把系统 B 的物理层所接收的比特流送往网络层，以此向上层传送，直到传送到应用层，告诉系统 B 的用户。这样看起来好像是对方应用层直接发送来的信息，但实际上相应层之间的通信是虚通信，这个过程就像邮政信件的传送，加信封、加邮袋、送入邮车等，在各个邮送环节加封、传送，收件时再层层去掉封装。

（3）OSI 参考模型各层功能

1）物理层（Physical Layer）：物理层是参考模型的底层。它直接与物理信道相连，起到数据链路层和传输媒体之间的逻辑接口的作用，并提供一些建立、维护和释放物理连接的功能。物理层的传输单位为比特，因此物理层的功能是为数据链路层提供一个能传输原始比特流的物理连接。

2）数据链路层（Data Link Layer）：数据链路层的主要任务是在发送节点和接收节点之间进行可靠的、透明的数据传输，为网络层提供连接服务。数据链路层的传输单位是帧。数据链路层又被分为两个子层：介质访问控制（Media Access Control，MAC）子层和逻辑链路控制（Logic Link Control，LLC）子层。

MAC 子层负责物理寻址和对网络介质的物理访问。LLC 子层建立和维护网络设备间的数据链路连接，负责本层中的流量控制和错误纠正。

3）网络层（Network Layer）：网络层是通信子网与网络高层的界面。它主要负责控制通信子网的操作，实现网络上不相邻的数据终端设备之间在穿过通信子网逻辑信道上的准确数据传输。网络层的传输单位是报文分组。网络层协议决定了主机与子网间的接口，并向传输层提供两种类型的服务，即数据报服务和虚电路服务，以及从源节点出发选择一条通路通过中间的节点，将报文分组传输到目的节点。其中涉及路由选择、流量控制和拥挤控制等。

① 虚电路。在虚电路服务中，网络层向传输层提供一条无差错且按顺序传输的较理想的信道，两个端系统之间可以传送数据，数据由网络层拆分成若干个分组送给通信子网，由通信子网将分组传送到数据接收方。虚电路服务很像公共电话系统，用户通话时必须先拨号（建立虚电路），然后通话（传送数据），最后挂断电话（释放虚电路）。

② 数据报。在数据报服务中，网络层接到传输层发送来的信息后，将该信息分成一个个报文分组并作为孤立的信息单元独立传输至目的节点，再递交给目的主机。传输过程中，主机传输层必须进行差错的检测和恢复，并对收到的报文分组进行再排序。数据报服务没有建立连接和释放连接的过程，报文分组仍采用存储-转发传输方式。表 1.2 给出了虚电路和数据报的特点。

表 1.2　虚电路和数据报的特点

比较项目	虚电路	数据报
目的地址	开始建立时需要	每个信息包都要
错误处理	对主机透明（由通信子网负责）	由主机负责
端-端流量控制	由通信子网负责	不由通信子网负责
报文分组顺序	按发送顺序递交主机	按到达顺序（与发送顺序无关）交给主机
建立和释放连接	需要	不需要
其他	若节点损坏，则虚电路被破坏，适合传送较长信息	节点的影响小，适合传送较短的信息

4）传输层（Transport Layer）：传输层是资源子网与通信子网的界面和桥梁，负责完成资源子网中两节点间的直接逻辑通信，实现通信子网端到端的可靠运输。传输层的下面 3 层（物理层、数据链路层和网络层）属于通信子网，完成有关的通信处理，向传输层提供网络服务；传输层的上面 3 层完成面向数据处理的功能。传输层在 7 层网络模型中起到承上启下的作用，是整个网络体系结构中的关键部分。传输层有两种主要的协议：一种是面向连接的协议 TCP，另一种是无连接的协议。

① 传输控制协议（Transmission Control Protocol，TCP）是专门设计用于在不可靠的因特网上提供可靠的、端到端的字节流通信的协议。因特网不同于一个单独的网络，不同部分可能具有不同的拓扑结构、带宽、延迟、分组大小及其他特性。TCP 能动态地满足互联网的要求，并且能面对多种出错。

② 用户数据报协议（User Datagram Protocol，UDP）是在传输层上与 TCP 并行的一个独立协议，它是一个不可靠的无连接协议。

5）会话层（Session Layer）：会话层利用传输层提供的端到端的服务，向表示层或会话用户提供会话服务。在 ISO/OSI 环境中，所谓一次会话，就是两个用户进程之间完成一次完整的数据交换的过程，包括建立、维护和结束会话连接。为了提供这种会话服务，会话协议的主要目的就是提供一个面向用户的连接服务，并对会话活动提供有效的组织和同步所必需的手段，对数据传送提供控制和管理。

6）表示层（Presentation Layer）：表示层以下的各层只关心可靠地传输比特流，而表示层关心的是所传输的信息的语法和语义。表示层主体是标准的例行程序，该层涉及的主要问题是数据的格式和结构。表示层完成数据格式转换，确保一个主机系统应用层发送的信息能被另外一个系统的应用层识别，也负责文件的加密和压缩。

7）应用层（Application Layer）：应用层是 OSI 参考模型的最高层，是直接面向用户的一层，是计算机网络与最终用户间的界面，包含系统管理员管理网络服务涉及的所有基本功能。应用层在其下 6 层提供的数据传输和数据表示等各种服务的基础上，为网络用户或应用程序提供完成特定网络服务功能所需的各种应用协议。应用层包含两类不同性质的协议。第一类是一般用户能直接调用或使用的协议，如远程登录协议 Telnet、文件传输协议（File Transfer Protocol，FTP）和简单邮件传输协议（Simple Mail Transfer Protocol，SMTP）；第二类是为系统本身服务的协议，如域名系统（Domain Name System，DNS）协议等。

以上介绍了 OSI 参考模型的 7 层结构，下面用一个两设备间连接的例子说明这 7 层的工作过程。

假设一位用户在计算机上运行某聊天程序，该程序使其能够与另一个用户的计算机相连，并通过网络与该用户聊天。图 1.12 为使用的协议栈，用户将消息“Good morning”输入聊天程序，应用层将该数据从用户的应用程序传递至表示层，在表示层数据被转换并加密，数据被传递至会话层，在这一层建立一个全双工通信方式的对话。传输层将数据分割成数据段；接收设备的名称被解析成相应的 IP 地址；添加校验和，以进行差错校验。

网络层将数据打包成数据报。在检查完 IP 地址后，发现目的设备在远程网络中，中间设备的 IP 地址作为下一个目的设备被添加。数据被传递至数据链路层，在这一层数据被打包成帧格式。设备的物理地址在这一层被解析。

数据被传递到物理层，在本层数据被打包成位，并通过传输介质从网络适配器发送出去。中间设备在物理层读取网络介质上传送的位。数据链路层将数据打包成帧。目的设备的物理地址被解析成它的 IP 地址。网络层将数据打包成数据报。可以确定数据到达了其最终目的地，在那里数据会以正确的顺序被记录下来。

数据被传递到传输层。数据被编译成数据段，并进行差错检验。比较校验和以确定数据是否有错误。会话层确认已接收到数据。在表示层数据被转换和解密。应用层将数据由表示层传递至用户的聊天应用程序中，消息“Good morning”即可出现在接收用户的屏幕上。

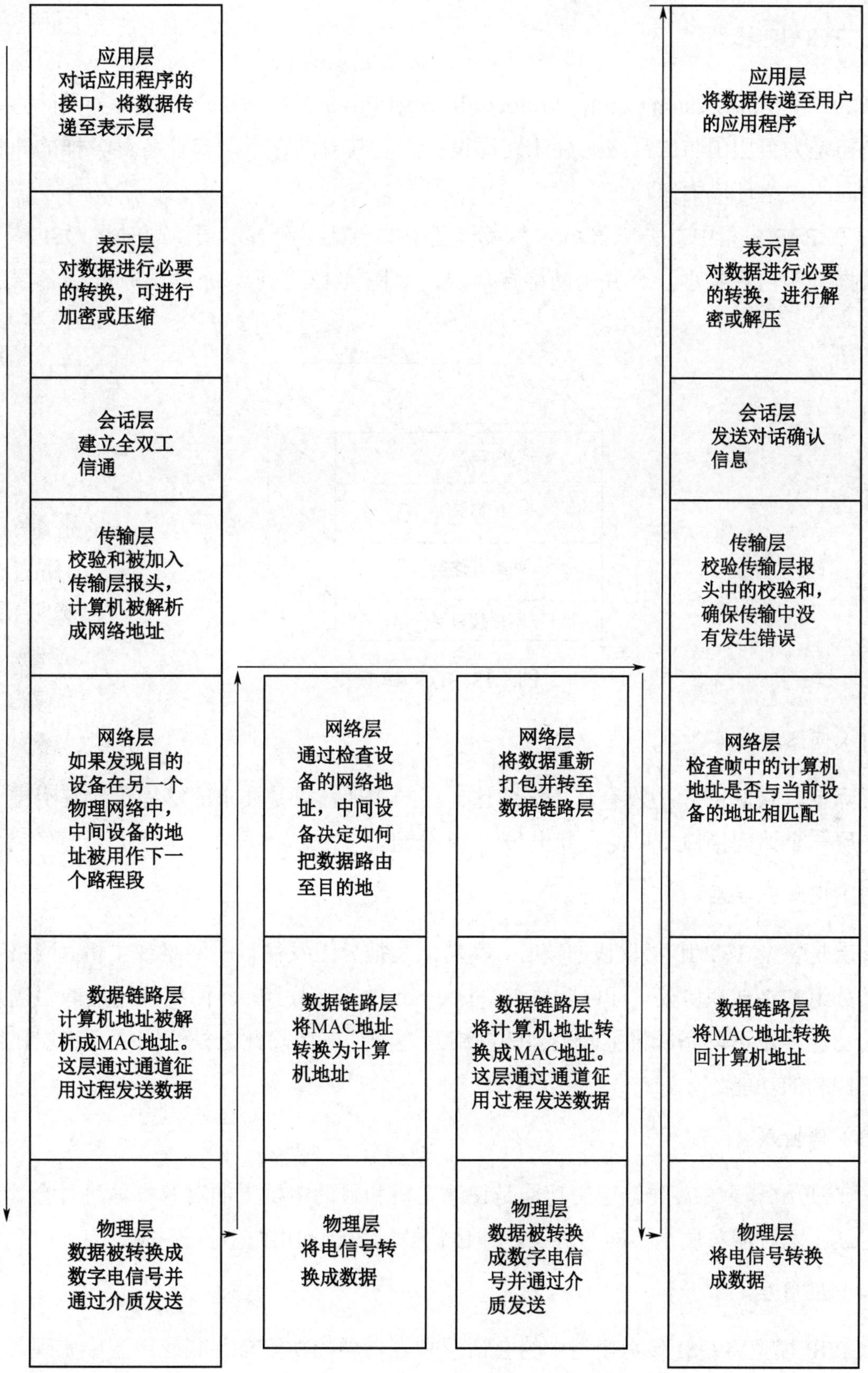

应用层
对话应用程序的接口，将数据传递至表示层
表示层
对数据进行必要的转换，可进行加密或压缩
会话层
建立全双工信通
传输层
校验和被加入传输层报头，计算机被解析成网络地址
网络层
如果发现目的设备在另一个物理网络中，中间设备的地址被用作下一个路程段
数据链路层
计算机地址被解析成MAC地址。这层通过通道征用过程发送数据
物理层
数据被转换成数字电信号并通过介质发送
网络层
通过检查设备的网络地址，中间设备决定如何把数据路由至目的地
数据链路层
将MAC地址转换为计算机地址
物理层
将电信号转换成数据
网络层
将数据重新打包并转至数据链路层
数据链路层
将计算机地址转换成MAC地址。这层通过通道征用过程发送数据
物理层
数据被转换成数字电信号并通过介质发送
应用层
将数据传递至用户的应用程序
表示层
对数据进行必要的转换，进行解密或解压
会话层
发送对话确认信息
传输层
校验传输层报头中的校验和，确保传输中没有发生错误
网络层
检查帧中的计算机地址是否与当前设备的地址相匹配
数据链路层
将MAC地址转换回计算机地址
物理层
将电信号转换成数据

图 1.12　协议栈

3. TCP/IP 模型

TCP/IP（Transmission Control Protocol/Internet Protocol）是传输控制协议/网际协议的缩写，当初是为美国国防部高级研究计划局设计的，其目的在于能够让各种各样的计算机在一个共同的网络环境中运行。

在 TCP/IP 模型中，去掉了 OSI 参考模型中的会话层和表示层，同时将 OSI 参考模型中的数据链路层和物理层合并为网络接口层，如图 1.13 所示。下面分别介绍各层的主要功能。

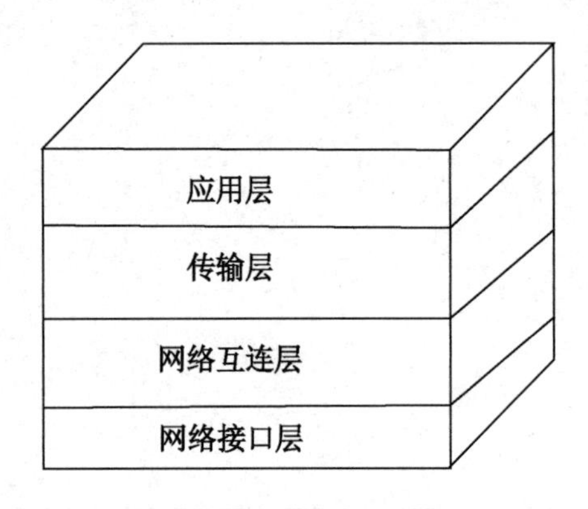

图 1.13　TCP/IP 模型

（1）网络接口层

实际上，TCP/IP 模型没有真正描述这一层的实现，只是要求能够提供给其上层——网络互连层一个访问接口，以便在其上传递 IP 分组。

（2）网络互连层

该层是整个 TCP/IP 协议栈的核心，其功能是把分组发往目的网络或主机。网络互连层定义了分组的格式和协议，即网际协议（Internet Protocol，IP）。网络互连层除了需要完成路由的功能，也可以完成将不同类型的网络互连的任务。除此之外，网络互连层还需要完成拥塞控制的功能。

（3）传输层

在 TCP/IP 模型中，传输层的功能是使源主机和目的主机上的对等实体进行会话。在传输层定义了两种服务质量不同的协议，即传输控制协议和用户数据报协议。

（4）应用层

TCP/IP 模型将 OSI 参考模型中的会话层和表示层的功能合并到应用层中实现。

4．TCP/IP 协议簇工作原理

TCP/IP 协议簇由许多协议组成，而不只是 TCP 和 IP，由于其具有大量的开放标准协议，故拥有广泛的特性集。这些年来，协议中的各个组件已经发展为几乎能够处理网络用户可能具有的任何需要。

TCP/IP 也经过了多年的演变，现在已成为全球性因特网所采用的主要协议。它是可路由的，这使得用户可以将多个局域网连成一个大型互联网络。

（1）IP 地址

为了能把多个物理网络在逻辑上抽象成一个互联网，在互联网上允许任何一台主机与任何其他主机进行通信，TCP/IP 为每台主机都分配了一个唯一的地址。IP 就是使用这个地址在主机之间传递信息的，这是 Internet 能够运行的基础。众所周知，在电话通信中，电话用户是靠电话号码来识别的。同样，在网络中为了区分不同的计算机，也需要给计算机指定一个号码，这个号码就是“IP 地址”。IP 地址对于互联网通信的作用与电话号码在电话通话中的作用是相同的。所以说 IP 地址对于互联网通信是必不可少的。

IP 本身是一个协议，也就是一个规则，这个规则规定了互联网通信的方式，IP 地址则是 IP 在具体应用中的体现。目前，广泛使用的 IP 版本是第 4 版，在这个版本中，IP 地址的长度是 32 位的，IP 地址每位都用二进制数表示。也就是说，IP 地址由 32 位的二进制数组成，每一位的取值只能是 0 或者 1。要求人们记忆 32 位的二进制数是一件很不容易的事情，为了简化记忆，也为了能够很容易地读出 IP 地址，将 32 位的 IP 地址每 8 位（一个字节）划分成一个组，然后将每个组的二进制数转换成十进制数，各个组之间用一个“.”来连接，这样 32 位的 IP 地址即可变成 4 组十进制数，这种表示方法称为“点分十进制”。其换算过程如图 1.14 所示。

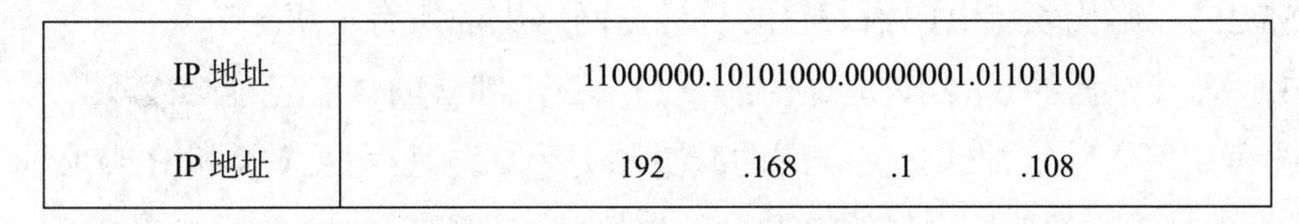

IP 地址	11000000.10101000.00000001.01101100
IP 地址	192 .168 .1 .108

图 1.14　IP 地址点分十进制换算

IP 地址的 32 位二进制数通常被分成两个部分，左边部分表示网络，右边部分表示这个网络中的计算机。只有 IP 地址处于相同网络中的计算机才能够通信，不同网络中的计算机不能通信（借助路由器等其他设备可以通信），根据网络部分位数的不同，IP 地址可以分为 A～E 共 5 类。

A 类：A 类 IP 地址的网络部分为一个字节，其余 3 个字节表示计算机部分。其中，网络部分的第一位要求是 0，即 A 类 IP 地址的网络号是 00000001～01111111，对应的十进制数是 1～127，所以 A 类地址最多只能表示 127 个不同的网络；其余的 3 个字节表示计算机，去掉表示网络地址的全 0 和用于表示广播地址的全 1，一个 A 类网络中可以容纳 $2^{24}-2$ 台计算机，即 16777214 台。

B 类：B 类地址的网络部分为两个字节，其余两个字节是计算机部分。其中，网络部分的前两位必须是 10，即 B 类地址的第一个字节是 10000000～10111111，对应的十进制数是 128～191。由于 B 类地址的网络部分是两个字节，其中前两位已经固定，所以网络号的数目是 2^{14} 个，即 16384 个。计算机部分也是两个字节，同样去掉全 0 和全 1，所以 B 类网络的计算机数目是 $2^{16}-2$ 台，即 65534 台。

C 类：C 类地址的网络部分为 3 个字节，计算机部分为一个字节。其中，网络部分的前 3 位必须是 110，即 C 类地址的第一个字节是 11000000～11011111，对应的十进制数是 192～223。由于 C 类地址的网络部分是三个字节，其中前 3 位已经固定，所以网络号的数目是 2^{21} 个，即 2097152 个，计算机部分是一个字节，同样去掉全 0 和全 1，所以 C 类网络的计算机数目是 $2^{8}-2$ 台，即 254 台。

D 类地址的范围是 224.0.0.1～239.255.255.254。D 类地址被应用于组播。组播不同于单播和广播。单播就是点对点传播；广播就是无限制地向所有节点传播；组播是先将需求相同的计算机划分到相同的组中，在组内实施广播。D 类地址并不代表特定的网络。

E 类地址的范围是 240.0.0.1～255.255.255.254。E 类地址是为将来保留的地址，目前只做实验用。

主机号不能全为 0 或 255。全 0 的主机号代表本网络。例如，210.31.233.0 代表网络号为 210.31.233 的 C 类网络。全 1 的主机号代表对本网络的广播。例如，210.31.233.255 代表对 C 类网络 210.31.233.0 的广播，称为直接广播。如果一个数据包的目的地址是一个广播地址，它要求该网段中的所有主机必须接收此数据包。如果 IP 地址的 32 位全为 1，即 255.255.255.255，则代表有限广播，它的目标是网络中的所有主机。

表 1.3 是需要掌握的 3 类 IP 地址中的一些参数，细心的读者可能会发现，A 类地址和 B 类地址的可用网络数目都比上文介绍的减少了一个。这是因为 A 类和 B 类地址中都有一个特殊的 IP 地址。A 类地址中以 127 开头的地址被称为环回地址，用于测试网络协议是否工作正常，如使用“ping 127.0.0.1”，可以测试本机 TCP/IP 是否正确安装。B 类地址中的 169.254 开头的地址被 Windows 操作系统保留分配，当网络设置为自动获取 IP 的时候，如果能够被 DHCP 服务器分配地址，那么将获得一个正常的地址；如果不能由 DHCP 服务器分配地址，那么 Windows 会自动地为计算机分配一个以 169.254 开头的地址。

表 1.3　IP 地址分类

类　　别	十进制起始范围	可用网络数目	可用计算机数目
A	1～127	126	16777214
B	128～191	16383	65534
C	192～223	2097152	254

除上述两种特殊地址外，每一类中还有一些地址被用于局域网连接，这些地址不能被互联网访问。其中，A 类地址以 10（十进制）开头，B 类地址以 172.16～172.31 开头，C 类地址以 192.168.0～192.168.255 开头，都被用于私有地址。用于局域网连接的 IP 地址范围见表 1.4。

表 1.4　用于局域网连接的 IP 地址范围

类　　别	起 始 地 址	终 止 地 址
A	10.0.0.1	10.255.255.254
B	172.16.0.1	172.31.255.254
C	192.168.0.1	192.168.255.254

（2）子网掩码

在设置网络参数的时候，在 IP 地址下面的项是子网掩码。子网掩码也是 32 位的二进制数，为了便于表示，也常用十进制数表示。它不能单独存在，必须与 IP 地址结合使用才有意义。它的作用是与其对应的 IP 地址进行按位“与”操作，所得到的结果就是此 IP 地址所处的网络号。为了更清楚地理解这部分的内容，下面举例说明。

例如，两台计算机 A 和 B 的网络配置见表 1.5，请问它们之间是否能够进行通信？

表 1.5　配置要求

计算机	A	B
IP 地址	192.168.1.100	192.168.1.200
子网掩码	255.255.255.0	255.255.255.0

配置方法如下。

在硬件连接好的基础上，判断两台计算机能否互相通信，主要是判断两台计算机是否处于同一网络中。判断的方法如下：将计算机的 IP 地址和子网掩码进行按位“与”操作，所得的结果就是网络号。所以，只需要判断计算机的网络号是否相同，即需要求得 IP 地址和子网掩码按位“与”操作的结果。

计算机 A 的 IP 地址和子网掩码如下。

IP 地址：11000000.10101000.00000001.01100100。

子网掩码：11111111.11111111.11111111.00000000。

按位“与”结果：11000000.10110100.00000001.00000000。

计算机 B 的 IP 地址和子网掩码如下。

IP 址：11000000.10101000.00000001.11001000。

子网掩码：11111111.11111111.11111111.00000000。

按位“与”结果：11000000.10101000.00000001.00000000。

可见，两者“与”操作的结果相同，换算成十进制时都是 192.168.1.0，所以两者网络号相同，能够互相通信。

将表 1.5 子网掩码做一些改动，改动后的结果见表 1.6，再次进行判断。

表 1.6　配置要求

计算机	A	B
IP 地址	192.168.1.100	192.168.1.200
子网掩码	255.255.255.224	255.255.255.224

更改后的子网掩码换算成二进制是 11111111.11111111.11111111.11100000，只有第 4 个字节发生了变化，其他 3 个字节不变，所以两个 IP 地址与其进行按位“与”操作时只关注最后一个字节的变化。两个 IP 地址第 4 个字节与子网掩码第 4 个字节按位“与”操作的结果，一个是 96，另一个是 192，即计算机 A 的 IP 子网掩码按位“与”后的结果是 192.168.1.96，计算机 B 的 IP 地址与子网掩码按位“与”操作后的结果是 192.168.1.192，可见，两者“与”操作的结果不同，说明它们不在同一个网络中，从而得出结论：它们不能通信。

IPv4 规定了 A 类、B 类、C 类的标准子网掩码，分别为 255.0.0.0、255.255.0.0、255.255.255.0。

（3）TCP/IP 协议簇的内容

除了 TCP 和 IP 协议，互联网协议中还包括很多其他协议，以下介绍几个 TCP/IP 协议簇中的主要协议。

1）网际协议（IP）：它是一种无连接协议，处于 OSI 参考模型的网络层。IP 协议的任务是对数据包进行相应的寻址和路由，使之通过网络。IP 协议的另一项工作是分段和重组那些在传输层被分割的数据报。

2）互联网控制报文协议（Internet Control Message Protocol，ICMP）：它为 IP 协议提供差错报告。由于 IP 是无连接的，且不进行差错检验，当网络上发生错误时它不能检测错误。

向发送 IP 数据报的主机汇报错误就是 ICMP 的责任。ICMP 能够报告的一些普通错误类型有：目标无法到达、阻塞、回波请求和回波应答。

3）路由信息协议（Routing Information Protocol，RIP）和开放最短路径优先（Open Shortest Path First，OSPF）：它们是互联网协议簇中的两个路由协议。

4）传输控制协议（TCP）：它是一种面向连接的协议，对应于 OSI 参考模型的传输层。TCP 打开并维护网络上两个通信主机间的连接。当在两者之间传送 IP 数据报时，一个包含流量控制、排序和差错校验的 TCP 报头被附加在数据报上。到主机的每个虚拟连接皆被赋予一个端口号，使发送至主机的数据报能够传送至正确的虚拟连接。

5）用户数据报协议（UDP）：它是一种无连接传输协议，负责传输数据报。类似于 TCP，UDP 也使用端口号，但不需要对应一个虚拟连接。例如，一个数据报可能被送至远端主机的 53 号端口。由于 UDP 是无连接的，无须建立虚拟连接，但是在远端主机确实存在一个进程，在 53 号端口进行“监听”。

6）地址解析协议（Address Resolution Protocol，ARP）：它是当有一台计算机需要与网络上的另一台计算机进行通信，源计算机有了目的计算机的 IP 地址，但不是在 OSI 参考模型的物理层通信所需的 MAC 地址时，通过发出一个发现数据报来处理这种地址转换。ARP 的对立面是反向地址解析协议（Reverse Address Resolution Protocol，RARP）。

7）域名系统（DNS）：它是一种将用户使用的易于理解的名称（如网址）转换成正确的 IP 地址的系统。DNS 是一个分布式数据库，由不同的组织分层维护。在每个组织中都有许多主 DNS 服务器，它们将客户机指向更具体的服务器。

8）文件传输协议（FTP）：它是 TCP/IP 环境中最常用的文件共享协议。这个协议允许用户从远端登录至网络中的其他计算机上，并浏览、下载和上载文件。

9）简单邮件传输协议（SMTP）：它负责保证交付邮件。SMTP 仅处理邮件至服务器和服务器之间的交付。它不处理将邮件交付至电子邮件的最终客户应用程序。

10）动态主机配置协议（Dynamic Host Configuration Protocol，DHCP）：它接管了网络中动态分配地址和配置计算机的工作。系统管理员在 DHCP 服务器上一次为整个网络进行配置，而无须手工配置每台设备。DHCP 被指定一个 IP 地址范围，并将这些地址分发给网络设备。

5. OSI 参考模型与 TCP/IP 模型的比较

如图 1.15 所示为 OSI 参考模型与 TCP/IP 模型对比。

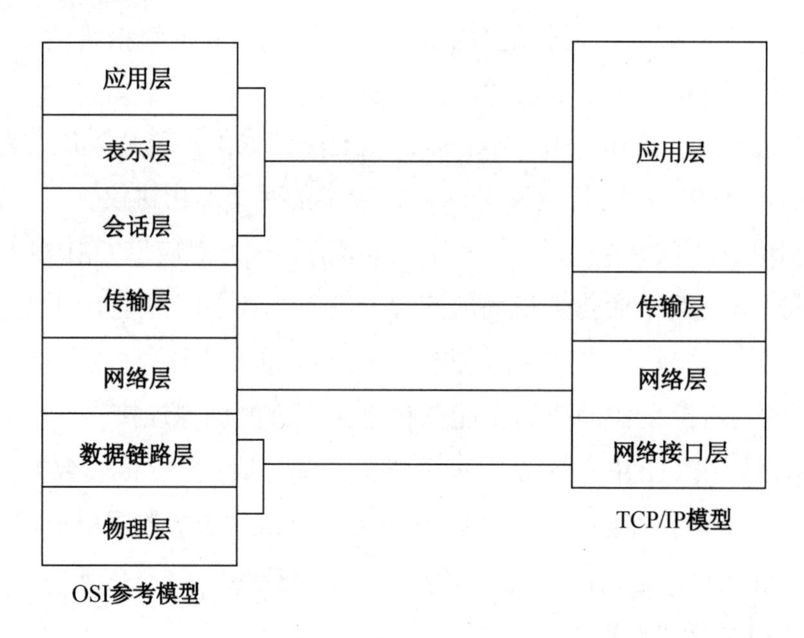

图 1.15　OSI 参考模型与 TCP/IP 模型对比

（1）结构的比较

OSI 参考模型有 7 层，而 TCP/IP 模型只有 4 层。两者都有网络层、传输层和应用层，但其他层是不同的。两者的另一个差别是有关服务类型。OSI 参考模型的网络层提供面向连接和无连接两种服务，而传输层只提供面向连接服务。TCP/IP 模型在网络层只提供无连接服务，但在传输层却提供了两种服务。

（2）对两种模型的评价

OSI 参考模型层次数量与内容选择不是很好，会话层很少用到，表示层几乎是空的；寻址、流量控制与差错控制在每一层都重复出现，降低了系统效率；数据安全性、加密与网络管理在模型设计初期被忽略了；模型的设计更多是被通信的思想所支配，不适用于计算机与软件的工作方式。

TCP/IP 模型在服务、接口与协议上的区别不是很清楚；没有划分出物理层与数据链路层，这个划分是有必要的。

6．IEEE 802 局域网参考标准

1980 年 2 月，IEEE 成立了 IEEE 802 委员会，专门研究局域网的体系结构和相关标准，在此基础上产生了局域网的参考模型。

IEEE 802 局域网参考模型如图 1.16 所示，它说明了局域网的体系结构，以及与 OSI 参考模型的关系。IEEE 802 参考模型主要涉及 OSI 模型的物理层和数据链路层。

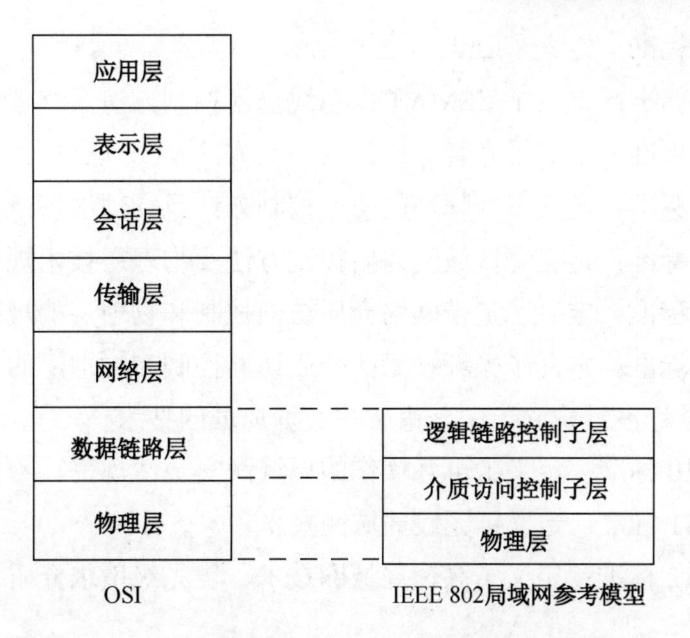

图 1.16　OSI 参考模型与 IEEE 802 局域网参考模型对比

和 OSI 参考模型相比，IEEE 802 局域网参考模型只相当于 OSI 参考模型的最低两层。

（1）物理层主要功能

物理层主要提供物理连接及按位在媒体上传输数据。

（2）数据链路层主要功能

与接入各种传输媒体有关的问题都放在 MAC 子层，MAC 子层的主要功能如下。

1）将上层递交的数据封装成帧进行发送。

2）实现和维护 MAC 协议。

3）位差错检测。

4）寻址。

数据链路层中与媒体接入无关的部分都集中在 LLC 子层。LLC 子层的主要功能如下。

1）建立和释放数据链路层的逻辑连接。

2）提供与高层的接口。

3）差错控制。

4）给帧加上序号。

所有的高层协议要和各种局域网的 MAC 子层交换信息时，必须通过一个同样的 LLC 子层。

（3）IEEE 802 标准

1）IEEE 802.1A 标准：定义了系统结构。

2）IEEE 802.1B 标准：定义了网络管理和网际互连。

3）IEEE 802.2 标准：定义了 LLC 子层的协议。

4）IEEE 802.3 标准：定义了 CSMA/CD 总线访问控制方法及物理层技术规范。

5）IEEE 802.4 标准：定义了令牌总线访问控制方法及物理层技术规范。

6）IEEE 802.5 标准：定义了令牌环网访问控制方法及物理层规范。

7）IEEE 802.6 标准：定义了城域网访问控制方法及物理层技术规范

8）IEEE 802.7 标准：定义了宽带网络介质访问控制和物理层的规范。

9）IEEE 802.8 标准：定义了光纤技术的介质访问控制和物理层的规范。

10）IEEE 802.9 标准：定义了综合语音与数据局域网技术。

11）IEEE 802.10 标准：定义了可互操作的局域网安全性规范。

12）IEEE 802.11 标准：定义了无线局域网技术。

13）IEEE 802.12 标准：定义了高速局域网技术、优先级请求介质访问控制。

1.4 技能实训

实训 1 绘制校园网络拓扑结构图

（1）实训题目

绘制校园网络拓扑结构图。

（2）实训目的

根据校园网的实际情况，熟悉各连接节点的物理位置与逻辑连接方式，掌握校园网络拓扑结构图的绘制方法。

（3）实训内容

勘查校园网络实际现场，确定各节点的位置与连接方式，绘制完成校园网络拓扑结构图。

（4）实训方法

1）了解网络的规模、结构和任务需求。

2）确定节点的位置与连接方式。

3）确定连接设备名称和连接线型（双绞线和光纤）。

4）绘制网络拓扑结构图。

（5）实训总结

根据所给报告样式写出实训报告（详见附录）。

实训 2 绘制 OSI 参考模型图和 TCP/IP 模型图

（1）实训题目

绘制 OSI 参考模型图和 TCP/IP 模型图。

（2）实训目的

根据本书介绍的内容，理解各参考模型层的意义和作用，掌握 OSI、TCP/IP 参考模型图的绘制方法。

（3）实训内容

分析 OSI、TCP/IP 参考模型的设计思想，确定各层的意义和作用，分别绘制 OSI 参考模型图和 TCP/IP 模型图。

（4）实训方法

1）理解 OSI、TCP/IP 模型的分层方式，找出相同点与不同点。

2）确定各层的名称与作用。

3）绘制 OSI 参考模型图和 TCP/IP 模型图。

4）比较两种模型的相同点与不同点。

（5）实训总结

根据所给报告样式写出实训报告。

小　结

(1) 计算机网络的定义

计算机网络是把地理上分散的且具有独立功能的多个计算机系统通过通信线路和设备相互连接起来，在软件支持下实现的数据通信和资源共享的系统。

(2) 计算机网络的组成

计算机网络的基本组成包括 3 部分：计算机系统、数据通信系统、网络软件与协议。如果按网络的逻辑功能分类，计算机网络又可分为通信子网和资源子网。通信子网主要完成网络的数据通信；资源子网主要负责网络的信息处理，为网络用户提供资源共享和网络服务。

(3) 计算机网络的功能和分类

网络的主要功能是通信和资源共享，即完成用户之间的信息交换和硬件、软件及信息资源的共享。网络按覆盖范围可分为局域网、城域网、广域网和国际互联网。

（4）计算机网络的发展历史

计算机网络的发展经历了从简单到复杂的过程，大体上可分为远程终端联机阶段、计算机网络阶段、网络互连阶段和信息高速公路阶段。

（5）数据通信的基本概念

数据通信指两个实体间数据的传输和交换，通信系统的作用是在两个实体间交换数据。数据传输中要有数据源系统、传输系统和目的系统，因此要理解数据、信号、传输和传输速率等基本概念。

（6）数据编码技术

编码是将模拟数据或数字数据变换成数字信号，以便于数据的传输和处理的。数据要传输必须要编码，数据要接收必须要解码。数据编码分为数字数据的模拟信号编码和数字数据的数字信号编码。

（7）数据传输类型

在数据传输过程中，可以用数字信号和模拟信号两种方式进行。因此，数据在信道中也分为基带传输和频带传输。

（8）数据传输方式

数据传输时发送端和接收端必须密切配合，必须遵循同一通信规程，常用的数据传输方式有异步传输和同步传输两大类。

（9）数据交换技术

交换技术只是把数据从源站点发送到目的站点，中间节点不关心数据内容。网络中常使用的交换技术是线路交换、报文交换和分组交换。

（10）多路复用技术

多路复用技术是为了充分利用传输介质，在一条物理线路上建立多条通信信道的技术，常用方法有频分多路复用和时分多路复用。

（11）网络体系结构

协议是指实现计算机网络中数据通信和资源共享的规则的集合，它包括语义、语法和交换规则三要素。

大多数网络的实现都按层次的方式来组织，每层都完成一定的功能，每层又都建立在其下层之上。

分层结构和协议的集合被称为网络体系结构。

（12）OSI 参考模型

OSI 参考模型将整个网络的功能划分为 7 个层次，从低到高分别为物理层、数据链路层、网络层、传输层、会话层、表示层和应用层。

（13）TCP/IP 模型

其设计目的在于让各种各样的计算机可以在一个共同的网络环境中运行。其分为 4 层，从低到高分别为网络接口层、网络层、传输层和应用层。

（14）IP 地址

IP 地址是一个逻辑地址。IPv4 是一个 4 字节的二进制数字，由网络号和主机号两部分组成。IP 地址可分成 5 类，即 A 类、B 类、C 类、D 类和 E 类。使用 A 类、B 类或 C 类 IP 地址的单位可以把它们的网络划分成几个部分，每个部分称为一个子网。

（15）TCP/IP 协议簇

其主要包括以下协议：网际协议（IP）、互联网控制报文协议（ICMP）、路由信息协议（RIP）、开放最短路径优先（OSPF）协议、传输控制协议（TCP）、地址解析协议（ARP）、域名系统（DNS）、文件传输协议（FTP）、简单邮件传输协议（SMTP）、动态主机配置协议（DHCP）等。

（16）IEEE 802 局域网参考模型

该模型分为物理层、介质访问控制子层和逻辑链路控制子层。

习　题

1．名词解释

数据　　信号　　传输

2．填空题

（1）编码是将模拟数据或数字数据变换成__________，以便于数据的传输和处理的。信号必须进行__________，使其与传输介质相适应。

（2）在数据传输系统中，主要采用如下 3 种数据编码技术：__________、__________、__________。

（3）在数字数据通信中，一个最基本的要求是____________________以某种方式保持同步，接收端必须知道它所接收的数据流每一位的开始时间和结束时间，以确保数据接收的正确性。

（4）网络中通常使用 3 种交换技术：__________、__________和__________。

3．简答题

（1）什么是计算机网络？

（2）为什么要建立计算机网络？它有哪些基本功能？

（3）计算机网络由哪几部分组成？各有什么功能？

（4）按覆盖范围来分类，计算机网络可划分为哪几种？

（5）计算机网络的发展可划分为哪几个阶段？每个阶段各有什么特点？

模块 2　网络互连设备

知识目标

◆ 掌握网卡的定义、功能及安装步骤；了解网卡按照不同的标准划分的种类；熟悉选购网卡时的注意事项。

◆ 掌握交换机的定义、工作原理；理解二层交换和三层交换的含义；了解交换机的种类及选购标准。

◆ 掌握路由器的定义、功能；了解路由器的选购标准。

◆ 了解网桥和网关的含义、功能及适用场合。

能力目标

能够根据网络设备的外形特征辨别出设备的名称、类型，并能说出该设备的用途。

2.1　网卡

网卡（Network Interface Card，NIC）又称为网络接口卡或网络适配器，是局域网组网的核心设备之一，提供接入 LAN 的电缆接口，每台接入 LAN 的工作站和服务器都必须使用一个网卡连入网络。

1．网卡的功能

网卡的功能是将工作站或服务器连接到网络上，实现网络资源共享和相互通信。

具体来说，网卡作用于 LAN 的物理层和数据链路层的介质访问控制子层。一方面，网卡要完成计算机与电缆系统的物理连接；另一方面，它根据采用的 MAC 协议实现数据帧的封装和拆封，并进行相应的差错校验和数据通信管理。另外，每块网卡都有一个网卡地址（MAC 地址），这个地址将作为局域网工作站的地址。以太网网卡的地址是 12 位十六进制数，这个地址在国际上统一分配，不会重复。

2．网卡的种类

根据接入网络的计算机类型及网络拓扑结构的不同，网卡可分为以下种类。

（1）按总线接口类型划分

按网卡的总线接口类型划分，一般可分为早期的 ISA 接口网卡、PCI 接口网卡。目前，服务器上 PCI-X 总线接口类型的网卡也开始得到应用，笔记本式计算机使用的网卡属于 PCMCIA 接口类型。

1）ISA 总线网卡：这是早期的一种接口类型的网卡，20 世纪 80 年代末、90 年代初期几乎所有内置板卡都采用了 ISA 总线接口类型，一直到 20 世纪 90 年代末期，还有一部分这种类型的网卡。当然，这种接口不仅用于网卡，像现在的 PCI 接口一样，当时它也普遍应用于包括网卡、显卡、声卡等在内的所有内置板卡。ISA 总线接口由于 I/O 速度较慢，随着 20 世纪 90 年代初 PCI 总线技术的出现，很快就被淘汰了。目前，在市面上已基本上看不到 ISA 总线类型的网卡。如图 2.1 所示为一款 ISA 总线网卡。从图中可以看出它的金手指比较长，与 PCI 接口一样只有一个缺口位，但这一缺口位离两端的距离比 PCI 接口金手指缺口位要长得多。

图 2.1　ISA 总线网卡

2）PCI 总线网卡：这种总线类型的网卡在当前的台式机上相当普遍，也是目前最主流的一种网卡接口类型。因为它的 I/O 速度远比 ISA 总线网卡快（ISA 最高仅为 33Mbit/s，而目前的 PCI 2.2 标准 32 位的 PCI 接口数据传输速率最高可达 133Mbit/s），所以这种总线技术出现后很快替代了原来老式的 ISA 总线。它通过网卡所带的两个指示灯颜色初步判断网卡的工作状态。目前，主流的 PCI 规范有 PCI 2.0、PCI 2.1 和 PCI 2.2 三种，PC 上使用的是

32 位 PCI 网卡。3 种接口规范的 PCI 网卡外观基本上相同，如图 2.2 所示。服务器上使用的是 64 位 PCI 网卡，其外观与 32 位的网卡有较大差别，如图 2.3 所示。

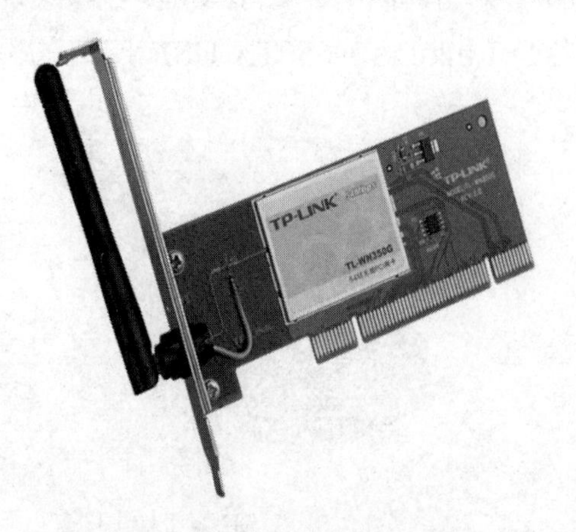

图 2.2　32 位 PCI 总线网卡

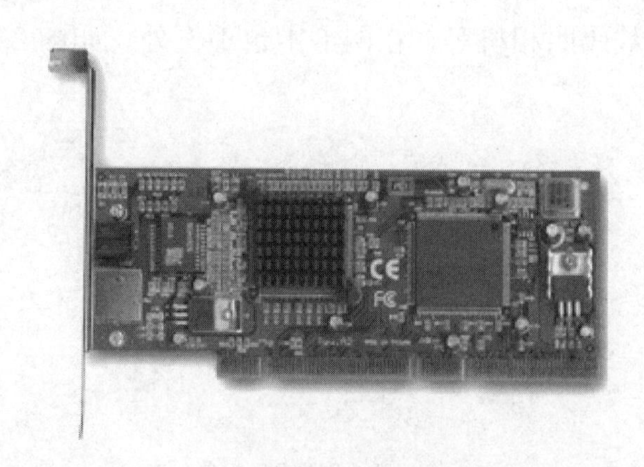

图 2.3　64 位 PCI 总线网卡

3）PCMCIA 总线网卡：这种类型的网卡是笔记本式计算机专用的，它受笔记本式计算机的空间限制，体积远不像 PCI 接口网卡那么大。随着笔记本式计算机的日益普及，这种总线类型的网卡目前在市面上较为常见，很容易找到，而且现在生产这种总线型网卡的厂商也较原来多了许多。PCMCIA 总线分为两类：一类为 16 位的 PCMCIA，另一类为 32 位的 CardBus。

CardBus 是一种用于笔记本式计算机的、新的高性能 PC 网卡总线接口标准，就像广泛地应用在台式计算机中的 PCI 总线一样。该总线标准与原来的 PC 网卡标准相比，具有以下优势。

① 32 位数据传输和 33MHz 操作。CardBus 快速以太网 PC 卡的最大吞吐量接近 90Mbit/s，而 16 位快速以太网 PC 卡仅能达到 20～30Mbit/s。

② 总线自主。使 PC 卡可以独立于主 CPU，与计算机内存间接或直接交换数据，这样 CPU 可以处理其他任务。

③ 3.3V 供电，低功耗。提高了电池的使用寿命，降低了计算机内部的热扩散，增强了系统的可靠性。

④ 后向兼容 16 位的 PC 卡。老式以太网和 MODEM 设备的 PC 卡仍然可以插在 CardBus 插槽上使用。

如图 2.4 所示为一款 16 位的 PCMCIA 网卡和一款 32 位的 CardBus 笔记本式计算机网卡。

4）USB 接口网卡：作为一种新型的总线技术，通用串行总线（Universal Serial Bus，USB）已经被广泛应用于鼠标、键盘、打印机、扫描仪、MODEM、音箱等各种设备。其传输速率远远大于传统的并行口和串行口，设备安装简单并且支持热插拔。USB 设备一旦接入，能够立即被计算机识别，并装入任何需要的驱动程序，而且不必重新启动系统。当不再需要某台 USB 设备时，可以随时将其拔除，并可再在该端口上插入另一台新的设备，这台新的设备也同样能够立即得到识别并马上开始工作，所以越来越受到厂商和用户的喜爱。USB 通用接口技术不仅在一些外置设备中得到了广泛的应用，如 MODEM、打印机、数码照相机等，在网卡中也不例外。如图 2.5 所示为 D-Link DSB-650TX USB 接口的网卡。

图 2.4　PCMCIA 总线网卡

图 2.5　USB 接口网卡

（2）按网络接口划分

除了可以按网卡的总线接口类型划分，网卡还可以按网络接口类型来划分。网卡最终要与网络进行连接，所以必须有一个接口使网线通过它与其他计算机网络设备连接起来。不同的网络接口适用于不同的网络类型，目前，常见的接口主要有以太网的 RJ-45 接口、细同轴电缆的 BNC 接口和粗同轴电缆的 AUI 接口、FDDI 接口、ATM 接口等。有的网卡为了适用于更广泛的应用环境，提供了两种或多种类型的接口，如有些网卡会同时提供 RJ-45 接口、BNC 接口或 AUI 接口。

1）RJ-45 接口网卡：这是最为常见的一种网卡，也是应用最广泛的一种网卡，这主要得益于双绞线以太网应用的普及。因为这种 RJ-45 接口类型的网卡就应用于以双绞线为传输介质的以太网中，它的接口类似于常见的电话接口 RJ-11，但 RJ-45 是 8 芯线，而电话线的接口是 4 芯的，通常只接 2 芯线（ISDN 的电话线接 4 芯线）。在网卡上还自带两个状态指示灯，通过这两个状态指示灯的颜色可初步判断网卡的工作状态。如图 2.6 所示为 RJ-45 接口网卡。

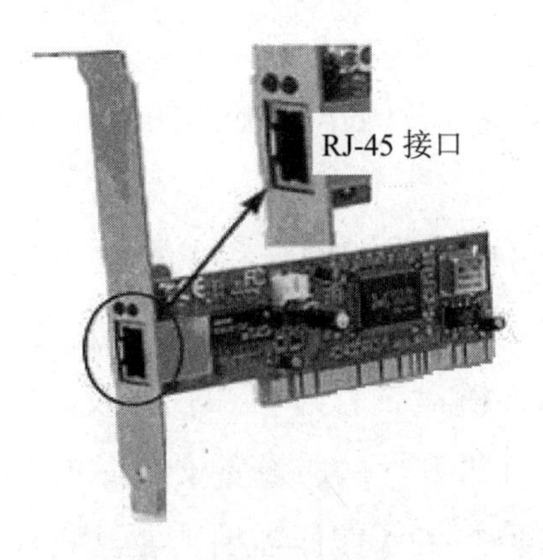

图 2.6　RJ-45 接口网卡

2）BNC 接口网卡：这种接口类型的网卡应用于以细同轴电缆为传输介质的以太网或令牌网中，目前，这种接口类型的网卡较少见，主要是因为以细同轴电缆作为传输介质的网络比较少。如图 2.7 所示为 BNC 接口网卡。

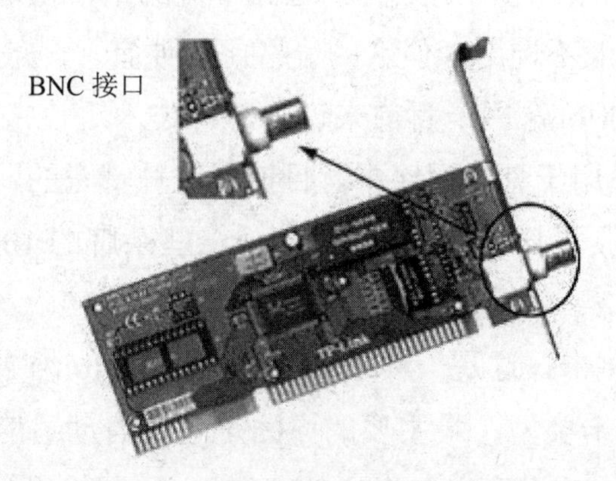

图 2.7　BNC 接口网卡

3）AUI 接口网卡：这种接口类型的网卡应用于以粗同轴电缆为传输介质的以太网或令牌网中，这种接口类型的网卡目前很少见，因为以粗同轴电缆作为传输介质的网络很少。

4）FDDI 接口网卡：这种接口类型的网卡适用于 FDDI 网络，这种网络具有 100Mbit/s 的带宽，但它所使用的传输介质是光纤，所以这种 FDDI 接口网卡的接口也是光模接口。随着快速以太网的出现，其速度上的优越性已不复存在，但它必须采用昂贵的光纤作为传输介质的缺点并没有改变，所以目前也非常少见。

5）ATM 接口网卡：这种接口类型的网卡应用于 ATM 光纤（或双绞线）网络中。它能提供物理的传输速率达 155Mbit/s。如图 2.8 所示为两款接口不一样（分别为 MMF-SC 光接口和 RJ-45 接口）的 ATM 网卡。

图 2.8　ATM 接口网卡

（3）按带宽划分

随着网络技术的发展，网络带宽也在不断提高，但是不同带宽的网卡所应用的环境也有所不同，价格也完全不一样，为此有必要对网卡的带宽做进一步了解。

目前，主流的网卡有 10Mbit/s 网卡、100Mbit/s 以太网卡、10Mbit/s～100Mbit/s 自适应网卡、1000Mbit/s 千兆以太网卡 4 种。

1）10Mbit/s 网卡：10Mbit/s 网卡是比较老式、低档的网卡。它的带宽限制在 10Mbit/s，这在当时的 ISA 总线类型的网卡中较为常见，PCI 总线接口类型的网卡中也有一些是 10Mbit/s 网卡，但目前这种网卡已不是主流。这类带宽的网卡仅适用于一些小型局域网或家庭需求，中型以上网络一般不选用，但它的价格比较便宜，一般仅几十元。

2）100Mbit/s 网卡：100Mbit/s 网卡目前来说是一种技术比较先进的网卡，它的传输 I/O 带宽可达到 100Mbit/s，一般用于骨干网络中。目前，这种带宽的网卡在市面上已逐渐得到普及，但它的价格稍贵，一般要几百元以上。注意，一些杂牌的 100Mbit/s 网卡不能向下兼容 10Mbit/s 网络。

3）10Mbit/s/100Mbit/s 网卡：这是一种 10Mbit/s 和 100Mbit/s 带宽自适应的网卡，也是目前应用最为普及的一种网卡类型，最主要的原因是它能自动适应两种不同带宽的网络需求，保护了用户的网络投资。它既可以与老式的 10Mbit/s 网络设备相连，又可以与较新的 100Mbit/s 网络设备相连，所以得到了用户的普遍认同。这种带宽的网卡会自动根据所用环境选择适当的带宽。例如，与老式的 10Mbit/s 旧设备相连，那么它的带宽就是 10Mbit/s；但如果与 100Mbit/s 网络设备相连，那么它的带宽就是 100Mbit/s，仅需简单的配置即可（也有不用配置的网卡）。也就是说，它能兼容 10Mbit/s 的老式网络设备和新式的 100Mbit/s 网络设备。

4）1000Mbit/s 以太网卡：千兆以太网是一种高速局域网技术，它能够在铜线上提供 1Gbit/s 的带宽。与它对应的网卡是千兆网卡，这类网卡的带宽也可达到 1Gbit/s。千兆网卡的网络接口也有两种主要类型：一种是普通的双绞线 RJ-45 接口，另一种是多模 SC 型标准光纤接口。如图 2.9 所示为这两种接口的 1000Mbit/s 以太网卡。

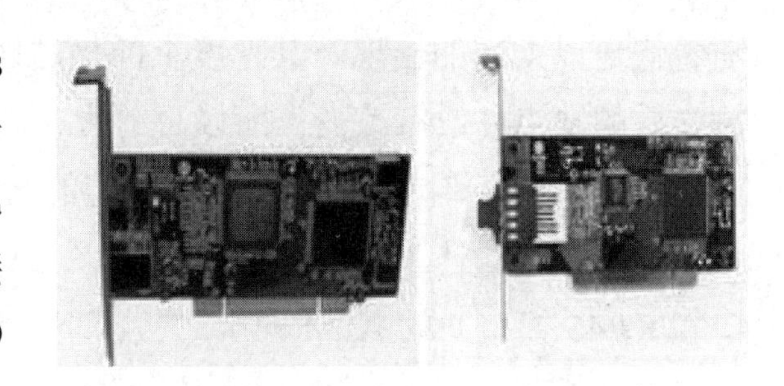

图 2.9　1000Mbit/s 以太网卡

（4）按网卡应用领域来分

根据网卡应用的计算机类型来分，可以将网卡分为应用于工作站的网卡和应用于服务器的网卡。前面介绍的网卡基本上都是应用于工作站的网卡，通常也可应用于普通的服务器上。但是在大型网络中，服务器通常采用专门的网卡。相对于工作站所用的普通网卡而言，应用于服务器的网卡在带宽（通常在 100Mbit/s 以上，主流的服务器网卡都为 64 位）、接口数量、稳定性、纠错等方面都有比较明显的提高。有些服务器网卡支持冗余备份、热插拔等服务器专用功能。

另外，还有一些非主流分类方式，现在出现了一种无线连接的网络技术，如无线网卡，如图 2.10 所示。如图 2.10（a）所示为一款用于笔记本式计算机的无线网卡，还有一种用于台式机的无线网卡，如图 2.10（b）所示。

（a）笔记本式计算机的无线网卡

（b）台式机的无线网卡

图 2.10　无线网卡

3．网卡的选购

在组网时是否能正确选用、连接和设置网卡，往往是能否正确连通网络的前提和必要条件。一般来说，选购网卡时要考虑以下因素。

（1）网络类型

现在比较流行的网络有以太网、令牌环网、FDDI 网等，应根据网络的类型来选购相应的网卡。

（2）传输速率

应根据服务器或工作站的带宽需求并结合物理传输介质能提供的最大传输速率来选择网卡的传输速率。以以太网为例，可选择的速率有 10Mbit/s、100Mbit/s、1000Mbit/s、10Gbit/s 等多种，但并不是速率越高就越合适。例如，为连接在只具备 100Mbit/s 传输速率的双绞线上的计算机配置 1000Mbit/s 的网卡就是一种浪费，因为其至多也只能实现 100Mbit/s 的传输速率。

（3）总线类型

计算机中常见的总线类型有 ISA、EISA、VESA、PCI 和 PCMCIA 等。在服务器上通常使用 PCI 或 EISA 总线的智能型网卡，工作站则采用 PCI 或 ISA 总线的普通网卡，笔记本式计算机则用 PCMCIA 总线的网卡或并行接口的便携式网卡。目前，计算机基本上已不再支持 ISA 连接，所以当为自己的计算机购买网卡时，千万不要选购已经过时的 ISA 网卡，而应当选购 PCI 网卡。

（4）网卡支持的电缆接口

网卡最终要与网络进行连接，所以必须有一个接口使网线通过它与其他计算机网络设备连接起来。不同的网络接口适用于不同的网络类型，具体可参考前面介绍的有关网卡按网络接口分类的知识。

（5）价格与品牌

不同速率、不同品牌的网卡价格差别较大。

4．网卡的安装

网卡是网络的重要组成器件之一，网卡的好坏直接影响网络的运行状态。安装网卡包括网卡的硬件安装、连接网络线、网卡工作状态设置和网卡设备驱动程序的安装。网卡的安装步骤如下：关闭主机电源，拔下电源插头，打开机箱；从防静电袋中取出网卡，根据网卡底部的金手指长度为网卡寻找一个合适的插槽（ISA 卡底部金手指略长于 PCI 卡金手指）；PCI 插槽（白色）在主板后侧中部，ISA 插槽（黑色）在主板右后侧；拧下机箱后部挡板上固定防尘片的螺钉，取下防尘片，露出条形窗口；将卡对准插槽，使有输出接口的金属接口挡板面向机箱后侧，然后适当用力平稳地将卡向下压入槽中；将卡的金属挡板用螺钉固定在条形窗口顶部的螺钉孔上。这个小螺钉既固定了卡，又能有效地防止短路和接触不良，还连通了网卡与计算机主板之间的公共地线。

当网卡插入主板，重新启动计算机后，系统报告检测到新的硬件，可按照提示进行网卡驱动程序的安装。网卡安装好以后，选择“开始”|“设置”|“控制面板”选项，打开“控制面板”窗口，双击“系统”图标，弹出“系统特性”对话框，选择对话框中的“硬件”选项卡，单击“设备管理器”按钮，弹出“设备管理器”对话框，单击“网卡”选项前面的“+”号，展开“网卡”选项，即可看到已安装的网卡型号信息，出现的信息前面无“？”号表示安装成功。

网卡设备驱动程序安装完成后，必须进行 Windows 的设置。启动计算机，按提示重新启动以后，在“控制面板”|“网络”|“属性”的“已安装下列网络组件”窗口中通常会有以下条目。

1）Microsoft 网络客户——用于与其他 Microsoft Windows 计算机和服务器相连接的软件，以便使用其上的计算机共享文件和打印机。

2）NetWare 网络客户——用于与 NetWare 服务器相连接的软件，以便使用其上的共享文件和打印机。

3）Novell/Anthem NE2000——当前网络适配器，物理上连接计算机与网络的硬件。

4）IPX/SPX 兼容协议——NetWare、Windows NT 服务器，以及 Windows XP、Windows 2000 计算机使用的通信语言，两台计算机间必须用相同的协议才能相互通信。

5）NetBEUI——用于连接 Windows NT、Windows for Workgroups 或 LAN Manager 服务器的协议。

用户使用“IPX/SPX 兼容协议”和“NetBEUI”其中之一即可在 Windows 对等网中通信。

如果想通过服务器连接 Internet，则必须添加“TCP/IP”协议。在安装网卡的过程中，Windows 操作系统会自动安装 TCP/IP 协议，如果要添加其他协议，可以进行如下操作：在“控制面板”窗口中双击“网络”图标，弹出对话框，单击“添加”按钮，打开“选定网络组件类型”窗口；在“选定网络组件类型”窗口中选中“协议”后，单击“添加”按钮，弹出“选择网络协议”对话框，在“网络协议”列表框中选中要安装的协议，再单击“确定”按钮完成安装。完成上述工作后，用户可以登录网络，但还要根据网络的要求进行一些设置，如设置计算机 IP 地址及网关、DNS，更改计算机名称及工作组等。

2.2 交换机

交换机（Switch）从外观上看是带有多个端口的长方形盒状体。交换机是按照通信两端传输信息的需要，用人工或设备自动完成的方法把要传输的信息送到符合要求的相应路由上的技术统称。广义的交换机就是一种在通信系统中完成信息交换功能的设备。

交换机的主要功能包括物理编址、网络拓扑结构、错误校验、帧序列及流量控制。目前，高档交换机还具备了一些新的功能。例如，对虚拟局域网（Virtual Local Area Network，VLAN）的支持、对链路汇聚的支持，甚至具有路由和防火墙的功能。

交换机除了能够连接同种类型的网络，还可以在不同类型的网络（如以太网和快速以太网）之间起到互连作用。如今许多交换机都能够提供支持快速以太网或 FDDI 等的高速连接端口，用于连接网络中的其他交换机或者为带宽占用量大的关键服务器提供附加带宽。

1. 交换机的工作原理

交换机遵循 IEEE 802.3 及其扩展标准，介质存取方式为 CSMA/CD。简单来说，由交换机构建的网络称之为交换式网络，每个端口都能独享带宽，所有端口都能够同时进行通信，并且能够在全双工模式下提供双倍的传输速率。

（1）“共享”与“交换”数据传输技术

要明白交换机的优点首先必须明白交换机的基本工作原理，而交换机的工作原理其实最根本的是理解“共享”和“交换”这两个概念。集线器是采用共享方式进行数据传输的，而交换机则是采用“交换”方式进行数据传输的。可以把“共享”和“交换”理解成公路。“共享”方式就是来回车辆共用一个车道的单车道公路，而“交换”方式则是来回车辆各用一个车道的双车道公路。从日常生活中明显可以感受到双车道的交换方式的优越性。因为双车道来回的车辆可以在不同的车道上单独行走，一般来说如果不出现意外不可能出现大堵车现象；而单车道上来回的车辆每次只能允许往一个方向行驶，这样就很容易出现堵车现象。

交换机进行数据交换的原理就是在这样的背景下产生的，在交换机技术上把这种“独享”道宽（网络上称之为“带宽”）称之为“交换”，这种网络环境称为“交换式网络”，它是一种“全双工”状态，即可以同时接收和发送数据，数据流是双向的。交换式网络必须采用交换机来实现。

另外，交换式网络中的设备各有自己的信道，各行其道，基本上不太可能发生争抢信道的现象。但也有例外，即数据流量增大，而网络速度和带宽没有得到保证时才会在同一信道上出现碰撞现象，就像在双车道或多车道也可能发生撞车现象一样。解决这一现象的方法有两种：一种是增加车道，另一种是提高车速。很显然，增加车道这一方法是最基本的，但它不是最终的方法，因为车道的数量肯定有限，如果所有车辆的速度无法提高，则效率依然很低。第二种方法是一种比较好的方法，提速有助于车辆正常有序地快速流动，这就是为什么高速公路反而出现撞车的现象比普通公路上少许多的原因。计算机网络也一样，虽然交换机能提供全双工方式进行数据传输，但是如果网络带宽不宽、速度不快，每传输一个数据包都要花费大量的时间，则信道再多也无济于事，网络传输的效率还是无法提高的，且网络上的信道也是非常有限的，这要取决于带宽。目前，最快的以太网交换机带宽可达到 10Gbit/s。

（2）数据传递方式

对于交换机而言，它能够“认识”连接到自己身上的每台计算机，这依赖于每块网卡的物理地址，即“MAC 地址”。交换机还具有 MAC 地址学习功能，它会把连接到自己身上的 MAC 地址记住，形成一个节点与 MAC 地址对应表。凭这样一张表，它不必再进行广播，从一个端口发过来的数据，其中会含有目的地的 MAC 地址，交换机在自己缓存中的 MAC 地址表中寻找与这个数据包中包含的目的 MAC 地址对应的节点，找到以后，便在这两个节点间架起了一条临时性的专用数据传输通道，这两个节点便可以不受干扰地进行通信了。通常一台交换机具有 1024 个 MAC 地址记忆空间，能满足实际需求。从上面的分析来看，交换机所进行的数据传递是有明确的方向的，而不是通过广播方式。同时，由于交换机可以进行全双工传输，所以能够同时在多对节点之间建立临时专用通道，形成了立体交叉的数据传输通道结构。

交换机的数据传递方式可以简单地这样来说明：当交换机从某一节点收到一个以太网帧后，将立即在其内存中的地址表（端口号-MAC 地址）中进行查找，以确认该目的 MAC 的网卡连接在哪一个节点上，然后将该帧转发至该节点。如果在地址表中没有找到该 MAC 地址，也就是说，该目的 MAC 地址是首次出现，交换机就将数据包广播到所有节点。拥有该 MAC 地址的网卡在接收到该广播帧后，将立即做出应答，从而使交换机将其节点的“MAC 地址”添加到 MAC 地址表中。换言之，当交换机从某一节点收到一个帧时，将对地址表执行两个动作，一是检查该帧的源 MAC 地址是否已在地址表中，如果没有，则将该 MAC 地址加到地址表中，这样以后可以知道该 MAC 地址在哪一个节点；二是检查该帧的目的MAC地址是否已在地址表中，如果该MAC地址已在地址表中，则将该帧发送到对应的节点即可，从而提供了更高的传输速率，如果该 MAC 地址不在地址表中，则将该帧发送到其他所有节点（源节点除外），相当于该帧是一个广播帧。

当然，对于刚刚使用的交换机，其 MAC 地址表是一片空白的。那么，交换机的地址表是怎样建立起来的呢？交换机根据以太网帧中的源 MAC 地址来更新地址表。当一台计算机打开电源后，安装在该系统中的网卡会定期发出空闲包或信号，交换机即可据此得知它的存在及其 MAC 地址，这就是所谓的自动地址学习。由于交换机能够自动根据收到的以太网帧中的源MAC地址更新地址表的内容，所以交换机使用的时间越长，学到的MAC地址就越多，未知的MAC地址就越少，因而广播的包就越少，速度就越快。

那么，交换机是否会永久性地记住所有的端口号-MAC 地址关系呢？不是的。由于交换机中的内存有限，因此，能够记忆的 MAC 地址数量也是有限的。工程师为交换机设定了一个自动老化时间，若某MAC地址在一定时间（默认为300s）内不再出现，那么，交换机将自动把该MAC地址从地址表中清除。当下一次该MAC地址重新出现时，将会被当作新地址处理。

综上所述，如果网络上拥有大量的用户、繁忙的应用程序和各式各样的服务器，而且未对网络结构做出任何调整，那么最有效的解决方法是使用交换机作为网络的连接设备，提高网络的性能。

2. 交换机的分类

由于交换机具有许多优越性，所以它的应用和发展速度远远高于集线器，出现了各种类型的交换机，主要是为了满足不同应用环境的需求。

（1）从网络覆盖范围划分

1）广域网交换机：广域网交换机主要应用于电信城域网互连、互联网接入等领域的广域网中，提供通信用的基础平台。

2）局域网交换机：这种交换机是最常见的交换机。局域网交换机应用于局域网络，用于连接终端设备，如服务器、工作站、集线器、路由器、网络打印机等网络设备，提供高速独立通信通道。

（2）根据传输介质和传输速度划分

根据交换机使用的网络传输介质及传输速度的不同，一般可将局域网交换机分为以太网交换机、快速以太网交换机、千兆以太网交换机、10千兆以太网交换机、FDDI交换机、ATM交换机和令牌环交换机等。

1）以太网交换机：这里所指的“以太网交换机”是指带宽为100Mbit/s以下的以太网

所用交换机，它是最普遍和便宜的，档次也比较齐全，应用领域非常广泛，在大大小小的局域网中都可以见到它们的踪影。以太网包括 3 种网络接口，即 RJ-45、BNC 和 AUI，所用的传输介质分别为双绞线、细同轴电缆和粗同轴电缆。目前，采用同轴电缆作为传输介质的网络已经很少见了，一般是在 RJ-45 接口的基础上为了兼顾同轴电缆介质的网络连接，配上 BNC 或 AUI 接口。如图 2.11 所示为一款带有 RJ-45 和 AUI 接口的以太网交换机。

2）快速以太网交换机：这种交换机适用于 100Mbit/s 快速以太网。快速以太网是一种在普通双绞线或者光纤上实现 100Mbit/s 传输带宽的网络技术。目前，基本以 10Mbit/s/100Mbit/s 自适应型为主，这种快速以太网交换机通常采用的介质也是双绞线，有的快速以太网交换机为了兼顾与其他光传输介质的网络互连，会留有光纤接口“SC”。如图 2.12 所示为两款快速以太网交换机。

图 2.11　以太网交换机

图 2.12　快速以太网交换机

3）千兆以太网交换机：千兆以太网交换机的带宽可以达到 1000Mbit/s。它一般用于大型网络的骨干网段，所采用的传输介质有光纤、双绞线两种，对应的接口为 SC 接口和 RJ-45 接口。如图 2.13 所示为一款千兆以太网交换机。

图 2.13　千兆以太网交换机

4）10 千兆以太网交换机：10 千兆以太网交换机主要是为了适应当今 10 千兆以太网络的接入而引入的。它一般用于骨干网段，采用的传输介质为光纤，其接口方式也相应为光纤接口。目前，10 千兆以太网技术在各用户的实际应用上还不是很普遍，多数企业用户早已采用了技术相对成熟的千兆以太网，且认为这种速度已能满足企业数据交换需求。如图 2.14 所示为一款 10 千兆以太网交换机，从图中可以看出，它采用的都是光纤接口。

5）ATM 交换机：ATM 交换机是用于 ATM 网络的交换机产品。ATM 网络由于其独特的技术特性，现在还只广泛用于电信、邮政网的主干网段，因此其交换机产品在市场上很少看到。若 ADSL 宽带接入方式采用了 PPPoA 协议，则在局端（NSP 端）需要配置 ATM 交换机，有线电视的 Cable Modem 互联网接入法在局端也采用 ATM 交换机。它的传输介质一般是光纤，接口类型一般有两种：以太网 RJ-45 接口和光纤接口，这两种接口适用于不同类型的网络互连。如图 2.15 所示为一款 ATM 交换机。它相对于物美价廉的以太网交换机而言，价格是很昂贵的，所以在普通局域网中基本不使用。

图 2.14　10 千兆以太网交换机

图 2.15　ATM 交换机

6）FDDI 交换机：FDDI 技术是在快速以太网技术还没有开发出来之前开发的，它主要是为了解决当时 10Mbit/s 以太网和 16Mbit/s 令牌网速度的局限，因为它的传输速度可达到 100Mbit/s，这比当时的速度高出许多，所以在当时有一定市场。但它当时是采用光纤作为传输介质的，所以比以双绞线为传输介质的网络成本高许多，随着快速以太网技术的成功开发，FDDI 技术也就失去了它应有的市场。正因如此，FDDI 交换机已经比较少见了，FDDI 交换机适用于老式中、小型企业的快速数据交换网络，它的接口形式都为光纤接口。如图 2.16 所示为一款 3COM 公司的 FDDI 交换机。

图 2.16　FDDI 交换机

（3）根据应用层次划分

根据交换机应用的网络层次，可以将网络交换机划分为企业级交换机、校园网交换机、部门级交换机、工作组交换机、桌面型交换机 5 种。

1）企业级交换机：企业级交换机属于高端交换机，一般采用模块化的结构，可作为企业网络骨干构建高速局域网，所以它通常用于企业网络的顶层。企业级交换机可以提供用户化定制、优先级队列服务和网络安全控制，并能很快适应数据增长和改变的需要，从而满足用户的需求。对于有更多需求的网络，企业级交换机不仅能传送海量数据和控制信息，更具有硬件冗余和软件可伸缩性特点，保证网络的可靠运行。这种交换机从它所处的位置可以清楚地看出其自身的要求非同一般，至少在带宽、传输速率及背板容量上比一般交换机高出许多，所以企业级交换机一般是千兆以上的以太网交换机。企业级交换机采用的端口一般为光纤接口，这主要是为了保证交换机的高传输速率。如图 2.17 所示为一款模块化千兆以太网交换机，它属于企业级交换机范畴。

图 2.17　企业级交换机

2）校园网交换机：校园网交换机应用相对较少，主要应用于较大型网络，且一般作为网络的骨干交换机。这种交换机具有快速数据交换能力和全双工能力，可提供容错等智能特性，还支持扩充选项及第三层交换中的虚拟局域网等多种功能。这种交换机通常用于分散的校园网，其实它不一定要应用于校园网络，只是主要应用于物理距离分散的较大型网络中。因为校园网比较分散，传输距离比较长，所以在骨干网段上，这类交换机通常采用光纤或者同轴电缆作为传输介质，交换机需提供SC光纤接口和BNC或者AUI同轴电缆接口。

3）部门级交换机：部门级交换机是面向部门级网络使用的交换机，它与前面两种交换机相比，适用的网络规模要小许多。这类交换机可以是固定配置，也可以是模块配置，一般除了常用的RJ-45双绞线接口，还带有光纤接口。部门级交换机一般具有较为突出的智能型特点，支持基于端口的VLAN（虚拟局域网），可实现端口管理，可任意采用全双工或半双工传输模式，可对流量进行控制，有网络管理的功能，可通过计算机的串口或经过网络对交换机进行配置、监控和测试。如果作为骨干交换机，则一般认为支持300个信息点以下中型企业的交换机为部门级交换机。如图2.18所示为一款部门级交换机。

4）工作组交换机：工作组交换机是传统集线器的理想替代产品，一般为固定配置，配有一定数目的10Base-T或100Base-TX以太网（一种有线的局域网技术）接口。交换机按每个包中的MAC地址相对简单地决策信息转发，这种转发决策一般不考虑包中隐藏的更深的其他信息。与集线器不同的是交换机转发延迟很小，操作接近单个局域网性能，远远超过了普通桥接互联网络之间的转发性能。工作组交换机一般没有网络管理的功能，如果作为骨干交换机，则一般认为支持100个信息点以内的交换机为工作组级交换机。如图2.19所示为一款快速以太网工作组交换机。

图2.18 部门级交换机

图2.19 工作组交换机

5）桌面型交换机：桌面型交换机是最常见的一种低档交换机，它区别于其他交换机的一个特点是支持的每端口MAC地址很少，通常端口数也较少，只具备最基本的交换机特性，价格也是最便宜的。这类交换机虽然在整个交换机中属于最低档的，但是它的应用还是相当广泛的。它主要应用于小型企业或中型以上企业办公桌面。在传输速度上，目前，桌面型交换机大都提供多个具有10Mbit/s～100Mbit/s自适应能力的端口。如图2.20所示为两款不同型号的桌面型交换机。

（4）根据交换机的结构划分

如果按交换机的端口结构来划分，交换机大致可分为固定端口交换机和模块化交换机。

还有一种两者兼顾的交换机，即在提供基本固定端口的基础上再配备一定的扩展插槽或模块组成的交换机。

图 2.20　桌面型交换机

1）固定端口交换机：固定端口，顾名思义，就是其所带有的端口都是固定的，如果是 8 端口的，则只能有 8 个端口，不能再添加；16 端口的也只能有 16 个端口，不能再扩展。目前，这种固定端口的交换机比较常见，端口数量没有明确的规定，一般的端口标准是 8 端口、16 端口和 24 端口。目前，交换机的端口比较繁杂，非标准的端口主要有 4 端口、5 端口、10 端口、12 端口、22 端口和 32 端口。

固定端口交换机虽然相对来说价格低廉一些，但由于它只能提供有限的端口和固定类型的接口，因此，无论从可连接的用户数量上，还是从可使用的传输介质上来讲都具有一定的局限性，但这种交换机在工作组中应用较多，一般适用于小型网络和桌面交换环境。如图 2.21 所示为 16 端口交换机，如图 2.22 所示为 24 端口交换机。

图 2.21　16 端口交换机

图 2.22　24 端口交换机

固定端口交换机因其安装架构又可分为桌面式交换机和机架式交换机。机架式交换机更易于管理，适用于较大规模的网络，它的结构尺寸要符合 19 英寸国际标准，用来与其他交换设备或者路由器、服务器等集中安装在一个机柜中。而桌面式交换机只能提供少量端口且不能安装于机柜内，所以通常只适用于小型网络。如图 2.23 所示为桌面式固定端口交换机，如图 2.24 所示为机架式固定端口交换机。

2）模块化交换机：模块化交换机虽然在价格上要贵很多，但拥有更大的灵活性和可扩充性，用户可任意选择不同数量、不同速率和不同接口类型的模块，以适应网络需求。机箱式交换机大多有很强的容错能力，支持交换模块的冗余备份，并且往往拥有可热插拔的双电源，以保证交换机的电力供应。在选择交换机时，应按照需要和经费综合考虑选择机箱式或选择固定式。

图 2.23　桌面式固定端口交换机

图 2.24　机架式固定端口交换机

一般来说，企业级交换机应考虑其扩充性、兼容性和排错性，因此，应当选用机箱式交换机；而骨干交换机和工作组交换机则由于任务较为单一，故可采用简单明了的固定式交换机。如图 2.25 所示为一款模块化快速以太网交换机，在其中具有 4 个可插拔模块，可根据实际需要灵活配置。

（5）根据交换机工作的协议层划分

网络设备都对应工作在 OSI 参考模型的一定层次上，工作的层次越高，说明其设备的技术性越高，性能越好，档次也就越高。交换机也一样，随着交换技术的发展，交换机由原来工作在 OSI 参考模型的第二层，发展到可以工作在第四层，所以根据工作的协议层交换机可分为第二层交换机、第三层交换机和第四层交换机。

1）第二层交换机：第二层交换机是对应于 OSI 参考模型的第二协议层来定义的，因为它只能工作在 OSI 参考模型的数据链路层。第二层交换机依赖于链路层中的信息（如 MAC 地址）完成不同端口数据间的线速交换，主要功能包括物理编址、错误校验、帧序列及数据流控制。目前，第二层交换机应用最为普遍（主要是价格低廉，功能符合中、小企业实际应用需求），一般应用于小型企业或中型以上企业网络的桌面层次。如图 2.26 所示为一款第二层交换机。需要说明的是，所有交换机在协议层次上都是向下兼容的，也就是说，所有交换机都能够工作在第二层。

图 2.25　模块化快速以太网交换机

图 2.26　第二层交换机

2）第三层交换机：第三层交换机同样是对应于 OSI 参考模型的第三层——网络层来定义的，也就是说这类交换机可以工作在网络层，比第二层交换机更加高档，功能更强。第三层交换机因为工作在网络层，所以它具有路由功能，将 IP 地址信息提供给网络路径选择，并实现不同网段间数据的线速交换。当网络规模较大时，可以根据特殊应用需求划分为小型独立的 VLAN 网段，以减小广播造成的影响。通常这类交换机采用模块化结构，以适应灵活配置的需要。在大中型网络中，第三层交换机已经成为基本配置设备。如图 2.27 所示为 3COM 公司生产的一款第三层交换机。

3）第四层交换机：第四层交换机是采用第四层交换技术而开发出来的交换机产品，工作于 OSI 参考模型的第四层，即传输层，直接面对具体应用。第四层交换机支持的协议是各种各样的，如 HTTP、FTP、Telnet 等。在第四层交换中为每个供搜寻使用的服务器组都设立了虚 IP 地址（VIP），每组服务器都支持某种应用。在域名服务器中存储的每个应用服务器的地址都是 VIP，而不是真实的服务器地址。当某用户申请应用时，会有一个带有目的服务器组的 VIP 连接请求发给服务器交换机。服务器交换机在组中选取最好的服务器，将终端地址中的 VIP 用实际服务器的 IP 地址取代，并将连接请求传给服务器。这样，同一区间所有的包都由服务器交换机进行映射，在用户和同一服务器间进行传输。如图 2.28 所示为一款第四层交换机，从图中可以看出它采用了模块结构。

图 2.27　第三层交换机

图 2.28　第四层交换机

第四层交换技术相对原来的第二层、第三层交换技术具有明显的优点，从操作方面来看，第四层交换是稳固的，因为它将包控制在从源端到目的端的区间中。此外，路由器或第三层交换，只针对单一的包进行处理，不清楚上一个包从哪来，也不知道下一个包的情况。它们只是检测包报头中的 TCP 端口数字，根据应用建立优先级队列，路由器根据链路和网络可用的节点决定包的路由；而第四层交换机则在可用的服务器和性能基础上先确定区间。目前，由于这种交换技术尚未真正成熟且价格昂贵，所以，第四层交换机在实际应用中还较少见。

3．第二层交换技术

局域网交换机是一种第二层网络设备，交换机在操作过程中不断地收集资料去建立本身的地址表，这个表相当简单，主要标明某个 MAC 地址是在哪个端口上被发现的。当交换机接收到一个数据封包时，检查该封包的目的 MAC 地址，核对自己的地址表以决定从哪个端口发送出去，而不是像集线器那样，任何一个发送方数据都会出现在集线器的所有端口上（不管自己是否需要）。这时的交换机因为只能工作在OSI参考模型的第二层，所以称为第二层交换机，所采用的技术称为“第二层交换技术”。

“第二层交换”是指OSI参考模型第二层或MAC层的交换。第二层交换机的引入，使得网络站点间可独享带宽，消除了无谓的碰撞检测和出错重发，提高了传输效率，在交换机中可并行地维护几个独立的、互不影响的通信进程。在交换网络环境下，用户信息只在源节点与目的节点之间进行传送，其他节点是不可见的。但有一点例外，当某一节点在网上发送广播或多目广播（能将一个信息包同时传送到多个站点的广播），或某一节点发送了一个交换机不认识的MAC地址封包时，交换机上的所有节点都将收到这一广播信息。出现这种情况会使整个交换环境构成了一个大的广播域。也就是说，第二层交换机仍可能存在“广播风暴”的问题，从而导致网络性能下降。正因如此，基于路由方式的第三层交换技术应运而生。

4. 第三层交换技术

在网络系统集成的技术中，直接面向用户的第一层接口和第二层交换技术方面已得到令人满意的答案。但是，作为网络核心、起到网间互连作用的路由器技术却没有质的突破。传统的路由器基于软件，协议复杂，与局域网速度相比，其数据传输的效率较低。但同时它又是网段（子网、虚拟网）互连的枢纽，这就使得传统的路由器技术面临着严峻的挑战。随着Internet、Intranet的迅猛发展和B/S模式（浏览器/服务器模式）的广泛应用，跨地域、跨网络的业务急剧增长，用户深感传统的路由器在网络中的瓶颈效应，改进传统的路由技术已迫在眉睫。在这种情况下，一种新的路由技术应运而生，这就是第三层交换技术。说它是路由器，是因为它可操作在网络协议的第三层，是一种路由理解设备并可起到路由决定的作用；说它是交换器，是因为它的速度极快，几乎可达到第二层交换的速度。

一个具有第三层交换功能的设备是一个带有第三层路由功能的第二层交换机，是二者的有机结合，并不是简单地把路由器设备的硬件及软件叠加在局域网交换机上。从硬件的实现上看，目前，第二层交换机的接口模块都是通过高速背板/总线（速率可高达几吉比特/秒）交换数据的。在第三层交换机中，与路由器有关的第三层路由硬件模块也插接在高速背板/总线上，这种方式使得路由模块可以与需要路由的其他模块间高速地交换数据，从而突破了传统的外接路由器接口速率（10～100Mbit/s）的限制。在软件方面，第三层交换机将传统的基于软件的路由器软件进行了界定。目前，基于第三层交换技术的第三层交换机得到了广泛的应用，并得到了用户的一致称赞。

5. 交换机的选购

交换机要根据局域网组建的原则和需要进行选择，但在满足要求的情况下，选购时还应该注意下面的要点。

（1）注意合适的尺寸

现在的局域网建设除了功能实用，局域网结构的布局合理也是要考虑的问题。为此，现在局域网常常使用控制柜来对各种网络设备进行整体控制和统一管理。因此，交换机的尺寸必须和控制柜相吻合。最好选择符合机架标准的 19 英寸机架式交换机。该类交换机符合统一的工业规范，可以轻松地安装在机柜中，便于堆叠、级联、管理和维护。如果没有上述需求，桌面型交换机具有更高的性能价格比。

（2）交换的速度要快

交换机传输速度的选择，要根据不同用户不同的通信要求来选择。现在一般的局域网都是 100Mbit/s 以太网，再考虑到升级换代的需要，100Mbit/s、1000Mbit/s 的自适应交换机成为局域网交换机的主流，甚至可以成为局域网的标准交换设备。但随着通信要求的不断提高，数据传输流量的不断增大，现在又开始出现了 100Mbit/s 交换机、千兆交换机，甚至 10 千兆交换机。如果组建的局域网规模较小，只要选择 10Mbit/s、100Mbit/s 的自适应交换机即可，因为该类型的交换机价格不是太高，而且性能、速度等各方面都可以满足用户的需求。100Mbit/s、1000Mbit/s 的交换机通常是高端用户的好选择，它在一定程度上解决了服务器与服务器之间的带宽瓶颈问题。而千兆交换机甚至 10 千兆交换机适用于骨干网建设。

（3）端口数能够升级

现在局域网对网络通信的要求越来越高，网络扩容的速度也越来越快，因此在选购交换机时，要考虑到足够的扩展性，以选择适当的端口数目。现在市场上常见的交换机端口数有 8、12、16、24、48 等，而且不同的端口数在价格上也有一定的差别，从节约成本的角度来看，选择合适端口数的交换机也是一个不可忽视的环节。现在市场上 24 端口的交换机最畅销。在建立局域网时，应首先规划好局域网中可能包含多少个节点，然后根据节点数来选择交换机。从应用的角度来看，24 端口交换机较 8 端口和 16 端口的交换机有更大的扩展余地，对局域网规模的拓展非常方便。

（4）根据使用要求选择合适的品牌

要根据用户的实际经济承受能力选择合适的品牌，因为好品牌的交换机在价格上可能比普通品牌的交换机高出几个价位。好品牌的交换机质量上乘，性能稳定，功能强大。在目前的交换机市场上，3COM、Cisco 一直在交换机市场中占较大份额，但交换机的价格比较高，一台交换机的价格比一台相同带宽的国产交换机的价格高很多，因此该品牌应该是大型网络中骨干交换机的首选。如果只是部门级或者工作组级局域网使用，则建议选择实达、联想 D-Llink、TP-Link 等价格实惠的普通品牌交换机，而联想 D-Llink 由于有较好的品牌知名度和完整的产品线，其交换机价格比其他同档次产品高 10%左右。如果企业有充裕的资金又对网络的要求较高，则从技术成熟的角度考虑，国外品牌仍是首选。但是，国外品牌的交换机一旦发生故障，需要更换或者售后维修时，可能比国产交换机费时，费时几个月的情况都有可能出现。

（5）管理控制功能要强大

由于网络交换机属于较为昂贵的设备，即使投资不能一次到位，也要尽量做到 3 年内不落伍，这就要求在选择交换机时，要把交换机的管理控制技术考虑在内。交换机的管理控制技术首先表现在交换机是否能够支持智能化管理技术，因为有了这种技术，网络管理员可以减轻网络管理的维护工作量；其次表现在交换机是否支持多种信息流，现在一些新型交换机可以支持第三层的 IP/IPX 路由功能，有了这种功能，可以在必要时使用交换机来实现路由器的相关功能；最后，有效的缓冲技术也是人们在选购交换机时考虑的要点，大的缓冲区可以应付网络各种突发性数据流量增加的需求，从而避免在网络访问高峰期间出现网络瓶颈或者导致网络堵塞甚至瘫痪。此外，良好的可伸缩性以及可扩展性也是大家应该考虑的，因为从长远的角度来看，这些技术直接关系到或者影响到交换机的升级换代。

（6）其他细节要点

除了以上应该查看的交换机技术、功能，在选购的时候还应该注意一些外在因素，如产品的真伪、性价比及售后服务等方面的内容。另外，还必须考虑下面的因素：生产厂家的公司形象及信誉、厂家的营销服务体系是否完善、厂家经营的其他产品的情况等，这些在选择交换机时，能起到很好的借鉴作用。

2.3 路由器

路由器是连接异型网络的核心设备。路由器工作于网络层，具有不同网络间的地址翻译、协议转换和数据格式转换功能，以实现广域网之间、广域网和局域网之间的互连。如图 2.29 所示为路由器。

图 2.29　路由器

1．路由器的基本功能

1）实现 IP、TCP、UDP、ICMP 等互联网协议。

2）连接到两个或多个数据包交换的网络。对每个连接到的网络，实现该网络要求的功能。这些功能如下。

① 将 IP 数据包封装到链路层帧或从链路层帧中取出 IP 数据包。

② 按照该网络的最大传输单元（Maximum Transmission Unit，MTU）发送或接收 IP 数据包。

③ 将 IP 地址与相应网络的链路层地址相互转换。

3）实现网络支持的流量控制和差错指示。

① 接收及转发数据包，在收发过程中实现缓冲区管理、拥塞控制及公平性处理。

② 出现差错时辨认差错并产生 ICMP 差错及必要的差错消息。

③ 丢弃生存时间（Time to Live，TTL）域为 0 的数据包。

4）必要时将数据包分段。

5）按照路由表信息，为每个 IP 数据包选择下一跳目的地（即路由的下一个点。如果路由器没有直接连接到目的网络，它会有一个提供下一跳路由的邻居路由器，用来传递数据到目的地）。

6）支持至少一种内部网关协议（Interior Gateway Protocol，IGP）与其他同一自治域中路由器交换路由信息及可达性信息。支持外部网关协议（Exterior Gateway Protocol，EGP）与其他自治域交换拓扑信息。

2．路由器的分类

路由器的价格从几百元到上百万元人民币不等，如何选择合适的路由器，这实质上是路由器的分类问题。弄清楚路由器的分类是正确选择合适产品的基础。通常根据路由器的性能和适应的环境，把路由器分为低端、中端和高端 3 类，这是许多生产商采用的划分方法。

1）低端路由器：主要适用于分级系统中的最低一级，或者中小企业的应用。具体选用哪个档次的路由器，应该根据自己的需求来决定，考虑的主要因素除了考虑路由器的包交换能力，其端口数量也非常重要。

2）中端路由器：适用于大中型企业和 Internet 服务供应商，或者行业网络中地市级网点的应用。选用的原则是考虑路由器的端口支持能力和包交换能力。

3）高端路由器：主要应用在核心和骨干网络上，端口密度要求极高。选用高端路由器的时候，性能因素更加重要。

3．路由器选购应注意的问题

无论是低端、中端还是高端路由器，在进行选择的时候都应注意安全性、控制软件、网络扩展能力、网管系统、带电插拔功能等方面的问题。

1）由于路由器是网络中比较关键的设备，针对网络存在的各种安全隐患，路由器必须具有如下安全特性。

① 可靠性与线路安全：可靠性是针对故障恢复和负载能力而提出的。对于路由器来说，可靠性主要体现在接口故障和网络流量增大两种情况下，为此，备份是路由器不可或缺的手段之一。当主接口出现故障时，备份接口自动投入工作，以保证网络的正常运行。当网络流量增大时，备份接口又可承担负载均衡的任务。

② 身份认证：路由器中的身份认证主要包括访问路由器时的身份认证、对端路由器的身份认证和路由信息的身份认证。

③ 访问控制：对于路由器的访问控制，需要进行口令的分级保护，分为基于 IP 地址的访问控制和基于用户的访问控制。

④ 信息隐藏：与对端通信时，不一定需要用真实身份进行通信。通过地址转换，可以隐藏网内地址，只以公共地址的方式访问外部网络。除了由内部网络首先发起的连接，网外用户不能通过地址转换直接访问网内资源。

⑤ 数据加密。

⑥ 攻击探测和防范。

⑦ 安全管理。

2）路由器的控制软件是路由器发挥功能的一个关键环节。从软件的安装、参数自动设置，到软件版本的升级都是必不可少的。软件安装、参数设置及调试越方便，用户使用时越容易掌握，就能更好地应用路由器。

3）随着计算机网络应用的逐渐增加，现有的网络规模有可能无法满足实际需要，会产生扩大网络规模的要求，因此扩展能力是一个网络在设计和建设过程中必须要考虑的。扩展能力的大小主要取决于路由器支持的扩展槽数目或者扩展端口数目。

4）随着网络的建设，网络规模会越来越大，网络的维护和管理会更难进行，所以网络管理显得尤为重要。

5）在安装、调试、检修和维护或者扩展计算机网络的过程中，需要给网络增减设备，即可能需要插拔网络部件。路由器能否支持带电插拔，是路由器的一个重要性能指标。

2.4 网桥和网关

1. 网桥

网桥是一种存储转发设备，用来连接类型相似的局域网，如图 2.30 所示。

网桥工作在 OSI 参考模型的第二层，即数据链路层的介质访问控制子层，它能够实现在物理层或数据链路层使用不同协议的两个网络间的连接。

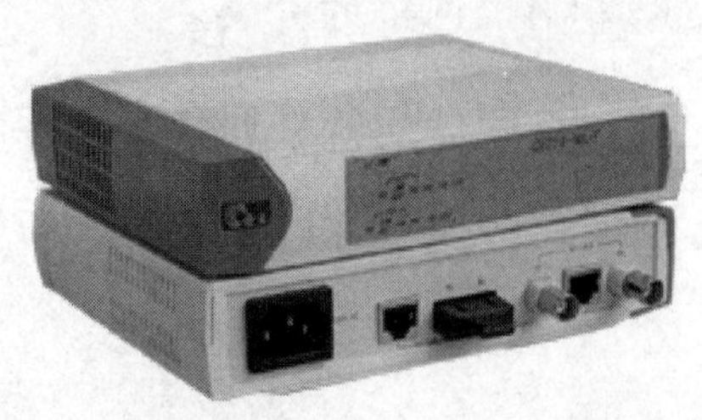
图 2.30　网桥

（1）网桥的工作过程

网桥接收数据帧并送到数据链路层进行差错校验，然后送到物理层再经物理传输媒体送到另一个子网。网桥一般不对转发帧做修改。网桥应该有足够的缓冲空间，能满足高峰负荷的要求。另外，网桥必须具有寻址和路由选择的功能。

例如，一个使用 802.3 协议的网络中有一台主机 A 要发送一个分组，该分组被传到数据链路层的 LLC 子层并加上一个 LLC 头，随后该分组传到 MAC 子层并加上一个 802.3 头。此信源被传送到电缆上，最后传到网桥中的 MAC 子层，在此去掉 802.3 头，并将它（带有 LLC 头）交给网桥中的 LLC 子层。若此时网桥的 LLC 层发现数据要传向 802.4 局域网中的另一台主机 B，则将数据经过 MAC 子层加上相应控制信息传送到 802.4 局域网中，再由主机 B 接收。

（2）网桥的功能

1）过滤与转发：网络上的各种设备和工作站都有一个“地址”，在信息的传输过程中，当网桥接到信息帧时，会检查信息帧的源地址和目的地址，如果目的地址与源地址不在同一网络中，则网桥将“转发”该信息到扩展的另一个网络中，如果目的地址与源地址在同一网络中，则网桥不“转发”该信息，起到了“过滤”的作用。由于网桥只将该转发的信息帧编排到它的通信流量中，因此提高了整体网络的效率。

2）学习功能：当网桥接到一个信息帧时，会查看该帧的源地址是否在其地址表中，如果不在，网桥会自动把该地址加到地址表中，即网桥具有“地址学习”能力。网桥可以根据学习到的地址重新配置网桥，对比目的地址和路径表中的源地址进行“过滤”。

（3）网桥在实际中的应用

1）网络分段。网桥可以用来分割一个负载较重的网络，以实现均衡负载，增加效率。例如，可以利用网桥将财务部门和销售部门分成两个网段，两个部门在没有数据交换时在两个网段上分别运行，有数据交换时才跨过网桥。网桥分段如图 2.31 所示。

2）扩展网络。在使用中，机器的网络仍然受到距离的限制。使用网桥可以进一步延伸距离，扩展网络。

3）网桥可以实现局域网之间、远程局域网和局域网之间的连接。

4）网桥可以连接使用不同传输介质的网络。

（4）网桥的分类

从硬件配置来划分，网桥可分为内部网桥和外部网桥。在文件服务器上安装、使用两块网卡，即可组成内部网桥；而外部网桥的硬件可以放在用作网桥的计算机上或其他设备上。

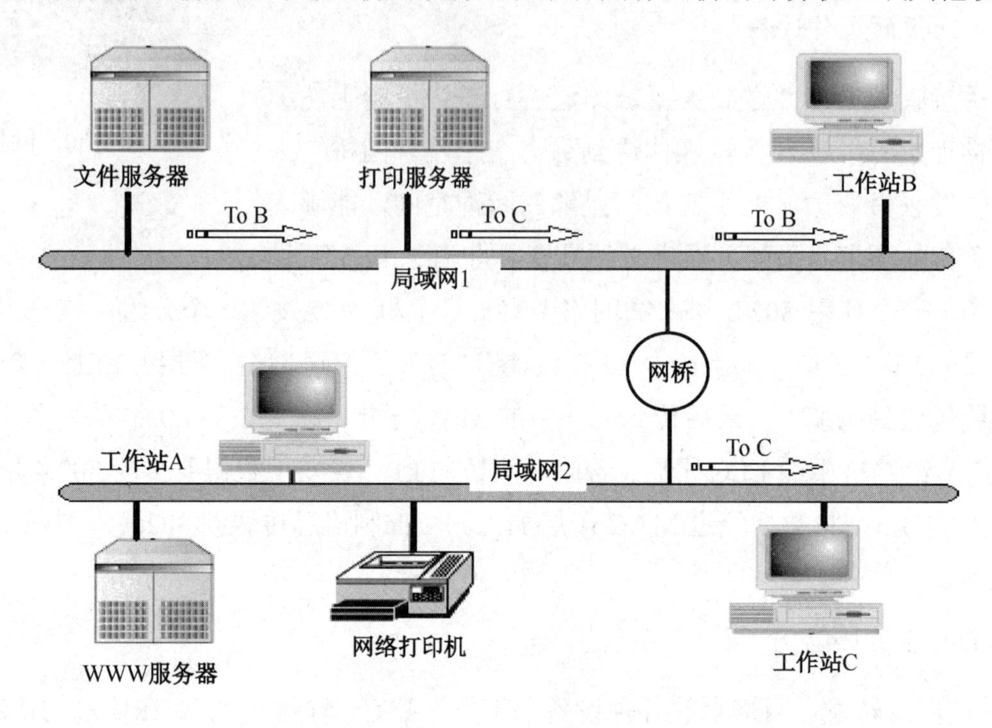

图 2.31　网桥分段

从地理位置来划分，网桥可以分为近程网桥和远程网桥。连通两个相近的 LAN 电缆段只需一个近程网桥（或称本地网桥），但连通经过低速传输媒体间隔的两个网络要使用两个远程网桥，注意远程网桥应该成对使用。

2. 网关

网关也称协议转换器，用于传输层及以上各层的协议转换，通常是指运行连接异构网（通常是指一种多协议网络，其构成主要包含不同制造商生产的网络设备和相关应用系统）的软件的计算机、工作站和小型机。由于网关能进行协议转换，适用于两种完全不同的网络环境的通信，因此网关是网间互连设备中最复杂的一种设备，如图 2.32 所示。

图 2.32　USB 网关

使用网关可以实现局域网和广域网的互连、局域网和 Internet 互连以及异型局域网互连。使用路由器和网关的不同之处是，使用前者连接网络时，传输层及以上各层的协议应该相同，而后者可以是完全不同的两个网络。网关在对高层协议的实际转换中，不一定要分层，从传输层到应用层可以一起进行。

网关还可以应用于使用公用电话网互连的计算机网络中。通过网关可以将远程硬盘、打印机等设备映射为本地设备，实现资源的共享。

网关工作复杂，效率较低，因而经常用于针对某种特殊用途的专用连接。

2.5 技能实训

实训 1 认识网络设备

（1）实训题目

认识网络设备。

（2）实训目的

通过本次实训，能够熟练地辨别常用的网络设备，包括网卡、交换机、路由器及这些设备的类型，进一步理解这些设备的功能。

（3）实训内容

根据网络设备的外形特征辨别设备的名称、类型，并能说出该设备的用途，了解目前常用的设备型号。

（4）实训方法

1）观察网卡的外形特征，记录其总线接口类型和网络接口类型，进一步熟悉网卡的分类及用途，了解目前常用的网卡型号。

2）观察交换机的结构特征，记录其端口数，进一步熟悉交换机的分类及其适用场合，了解目前常用的交换机型号。

3）观察路由器的外形特征，熟悉其分类及适用场合，了解目前常用的路由器型号。

（5）实训总结

1）根据观察到的网络设备的外形，进一步掌握辨别的方法，并进行详细的记录。

2）分组交流常用网络设备的特征和选购技巧。

3）按照附录给出的实训报告样式写出报告。

实训 2 家庭组网

（1）实训题目

家庭组网。

（2）实训目的

通过本次实训，能够掌握利用家用交换机进行家庭组网的方法，以及熟练掌握使用家用路由器共享上网的方法。

（3）实训内容

使用家用交换机构建家庭网络，配置 IP 地址并进行测试；使用宽带路由器连接家庭网络，并配置接入 Internet。

（4）实训方法

① 用直通双绞线连接交换机和家中的多个计算机设备。

② 网络处于连通状态后，需要对联网的每台计算机规划 IP 地址，配置子网掩码、网关等信息，并测试连通性。

③ 连接宽带路由器与家庭网络，并配置宽带路由器代理家庭网络共享 Internet。

（5）实训总结

① 总结家庭组网常见方式及家庭组网使用的设备，归纳要配置的信息及方法。

② 总结使用宽带路由器上网线路的连接方法及设置。

③ 按照附录给出的实训报告样式写出报告。

小　结

（1）网卡

网卡又称网络接口卡或网络适配器，是局域网组网的核心设备。

网卡的功能是将工作站或服务器连接到网络上，实现网络资源共享和相互通信。

网卡可以按照总线接口类型、网络接口类型、带宽、应用领域进行分类。

网卡在选购时要注意网络类型、传输速率、总线类型、网卡支持的电缆接口、价格与品牌等。

网卡的安装包括硬件安装、连接网络线、网卡工作状态设置和网卡设备驱动程序的安装。

（2）交换机

交换机是一种在通信系统中完成信息交换功能的设备。

交换机的主要功能包括物理编址、网络拓扑结构、错误校验、帧序列及流量控制。

交换机采用“交换”方式进行数据传输，即独享带宽。交换机具有 MAC 地址学习功能，它会把连接到自己的 MAC 地址记住，形成节点与 MAC 地址对应表。在进行数据传递时有明确的方向，而不用通过广播方式进行，提高了网络传输的质量。

交换机可以按照网络覆盖范围、传输介质和传输速度、应用层次、交换机的结构、工作的协议层来进行分类。

交换机在选购时要从尺寸、速度、端口数、品牌和管理控制功能几方面考虑。

（3）路由器

路由器是连接异型网络的核心设备。

路由器工作于网络层，具有不同网络间的地址翻译、协议转换和数据格式转换功能，以实现广域网之间、广域网和局域网之间的互连。

选择路由器的时候应注意安全性、控制软件、网络扩展能力、网管系统、带电插拔等方面的问题。

（4）网桥

网桥是一种存储转发设备，用来连接类型相似的局域网。

网桥具有过滤与转发信息帧和“地址学习”能力。

网桥可分为内部网桥和外部网桥。

（5）网关

网关也称协议转换器，用于传输层及以上各层的协议转换。

网关可以实现局域网和广域网互连、局域网和 Internet 互连以及异型局域网互连。

习　题

1. 选择题

（1）下面用来连接异型网络的网络设备是（　　）。

A. 集线器　　B. 交换机

C. 路由器　　D. 网桥

（2）下面有关网桥的说法中错误的是（　　）。

A. 网桥工作在数据链路层，对网络进行分段，并将两个物理网络连接成一个逻辑网络

B. 网桥可以对不需要传递的数据进行过滤，并有效地阻止广播数据

C. 对不同类型的网络可以通过特殊的转换网桥进行连接

D. 网桥要处理其接收到的数据，增加了时延

（3）路由选择协议位于（　　）。

A. 物理层　　B. 数据链路层

C. 网络层　　D. 应用层

（4）具有隔离广播信息能力的网络互连设备是（　　）。

A．网桥　　B．中继器

C．路由器　　D．L2 交换器

（5）下面不属于网卡功能的是（　　）。

A．实现数据缓存功能

B．实现某些数据链路层的功能

C．实现物理层的功能

D．实现调制和解调功能

（6）一台交换机的（　　）反映了它能连接的最大节点数。

A．接口数量　　B．网卡的数量

C．支持的物理地址数量　　D．机架插槽数

（7）在第三层交换技术中，基于核心模型解决方案的设计思想是（　　）。

A．路由一次，随后交换

B．主要提高路由器处理器的速度

C．主要提高关键节点的处理速度

D．主要提高计算机的运算速度

2．简答题

（1）简述交换机的优点。

（2）网桥、交换机、路由器分别应用在什么场合？它们之间有何区别？

模块 3　局域网技术

知识目标

◆掌握局域网的主要特点、传输介质和分类。

◆理解介质访问控制方法的工作原理。

◆掌握以太网的种类、原理、特点。

◆掌握交换式局域网的工作原理。

◆掌握虚拟局域网的工作原理和划分方法。

◆了解无线局域网的实现技术、系统结构、组建及应用。

◆了解蓝牙技术的实现技术、结构及应用。

能力目标

◆掌握网线的制作方法。

◆能够组建小型的局域网并进行设置。

3.1　局域网概述

局域网（Local Area Network，LAN）技术是当前计算机网络技术领域中非常重要的一个分支。局域网作为一种重要的基础网络，在企业、机关、学校等单位和部门中都得到了广泛的应用。局域网是建立互联网的基础网络。

在较小的地理范围内，利用通信线路将多种数据设备连接起来，实现相互间的数据传输和资源共享的系统就称为局域网。

1．局域网主要特点

从功能的角度来看，局域网具有以下几个特点。

1）共享传输信道。在局域网中，多个系统连接到一个共享的通信媒体上。

2）地理范围有限，用户个数有限。例如，建立在一座楼或集中的建筑群内，一般来说，局域网的覆盖范围在10km以内。

3）传输速率高。局域网的数据传输速率一般为10Mbit/s或100Mbit/s，能支持计算机之间的高速通信，所以延时较低。

4）误码率低。因近距离传输，所以误码率很低。

5）多采用分布式控制和广播式通信。在局域网中各站是平等关系而不是主从关系，可以进行广播或组播（是一种通信模式，在发送者和接收者之间实现点对点网络连接）。

2．局域网传输介质

网络传输介质是在网络中传输信息的媒体，介质特性的不同对网络传输的质量和速度有很大的影响，因此，充分了解传输介质的特性，对于设计和使用计算机网络有着重大的实际意义。下面主要介绍常用的两种传输介质：双绞线和光纤。

（1）双绞线

双绞线是目前应用比较广泛的传输介质，由两根绝缘铜导线呈螺旋状扭在一起构成，双绞线如图3.1所示。两根导线扭在一起是为了减少导线间的电磁干扰。在实际应用中通常由多对（2对或4对）双绞线封装在一个绝缘套中组成双绞线电缆。

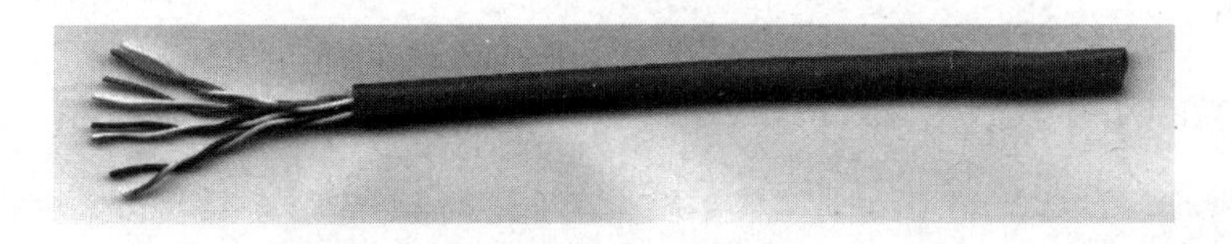

图3.1　双绞线

在局域网中，双绞线被用来传输数字信号，但传输距离会受到限制。使用10Base-T和100Base-T总线，可分别提供10Mbit/s和100Mbit/s的数据传输速率，但传输距离均不超过100m。

双绞线可分为几类，其中有两类双绞线对计算机网络很重要，即3类双绞线和5类双绞线。在线束的塑料外壳上分别标有“CAT3”和“CAT5”字样。CAT3双绞线应用于语音和10Mbit/s以下的数据传输，保护层较薄，价格较便宜，适用于大部分计算机网络；CAT5双绞线应用于语音和多媒体等网络传输速率为100Mbit/s的高速和大容量数据传输。相对于CAT3双绞线，CAT5双绞线基本结构与其相似，但绕得更密，并采用特富龙绝缘，使交感较少并且在更长的距离内信号质量更好。

这两种双绞线都没有金属保护膜，称为非屏蔽双绞线（UTP）。UTP 对电磁干扰的敏感性较大，而且绝缘性不是很好，信号衰减较快，与其他传输介质相比，在传输距离、带宽和数据传输速率方面均有一定的限制。它的最大优点是价格低廉、易于安装，所以被广泛用于传输模拟信号的电话系统和局域网的数据传输中。

相对于非屏蔽双绞线，20 世纪 80 年代 IBM 引入了一种带屏蔽的双绞线（STP），STP 与 UTP 的不同之处在于，它在双绞线和塑料外层之间增加了一层金属屏蔽保护膜，用以减少电磁干扰和辐射，并防止信息被窃听。但 STP 价格较高，且安装时需要专门的连接器，所以只在一些特殊场合下使用。

（2）光纤

“光纤”是光导纤维的简称，也称光缆，是目前发展和应用最为迅速的信息传输介质。光纤由纯净的玻璃经特殊工艺拉制成很细的、粗细均匀的玻璃丝，形成玻璃芯，在玻璃芯的外面包裹了一层折射率较低的玻璃封套，玻璃封套外面是一层薄的塑料外套，用来保护光纤。光纤通常被捆扎成束，外面有外壳保护，如图 3.2 所示。

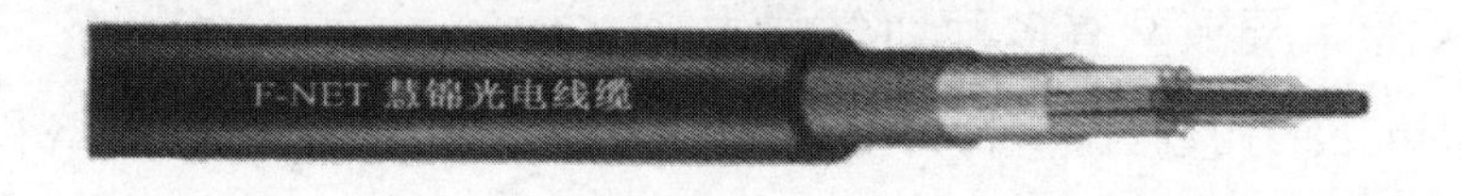

图 3.2　光纤

光纤按其性能可分为两种：单模光纤和多模光纤。因为光是在光纤石英玻璃媒体内不断反射而向前传播的，所以每束光纤都有一个不同的模式，具备这种特性的光纤称为多模光纤。但是如果将光纤的直径减小到与光的波长同一个数量级，则只有一个角度的光或模式能通过，此时光纤如同一个波导，光在其中没有反射，而沿着直线传播，具备这种特性的光纤称为单模光纤。单模光纤比多模光纤传输的距离更远，但价格较贵。

用光纤传输电信号时，在发送端要将电信号用专门的设备转换成光信号，接收端由光检测器将光信号转换成脉冲电信号，再经专门电路处理后形成接收的信息。光纤的电信号传送过程如图 3.3 所示。

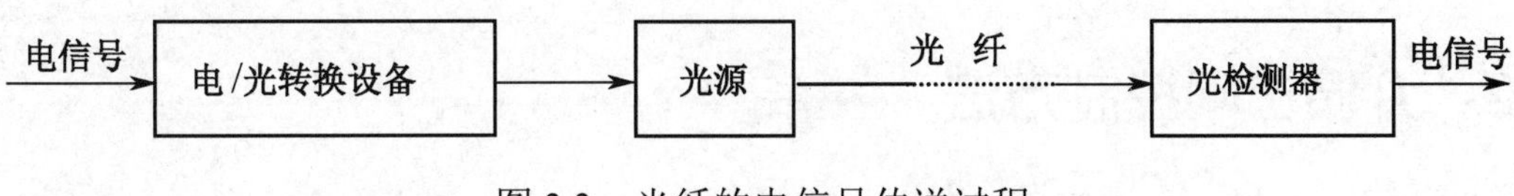

图 3.3　光纤的电信号传送过程

在发送端有两种光源可以被用作信号源：LED（发光二极管）和 ILD（激光二极管）。而接收端用来将光转换成电能的检测器是一个光电二极管。LED 和 ILD 都是固体器件，两种光源的特性对比见表 3.1。

表 3.1　两种光源的特性对比

项　目	LED	ILD
传输速率	低	高
模式	多模	多模或单模
距离	短	长
温度敏感度	较不敏感	较敏感
造价	低	高

与铜导线相比，光纤具有非凡的性能。首先，光纤能够提供比铜导线高得多的带宽，一般传输速率可达几十兆比特/秒到几百兆比特/秒，其带宽可达 1Gbit/s。其次，光纤中光的衰减很小，而且不受电磁干扰，不受空气中腐蚀性化学物质的侵蚀，可以在恶劣环境中正常工作。再次，光纤不漏光，安全性很高，是国家主干网传输的首选介质。最后，光纤还具有体积小、质量轻、韧性好等特点，其价格也会随着工程技术的发展而大大下降。

3．局域网分类

从不同角度观察，局域网有多种划分方法。

1）按网络的拓扑结构划分，可分为星形网络、总线网络、环形网络和树形网络等。目前常用的是星形网络和总线网络。

2）按线路中传输的信号形式划分，可分为基带网络和宽带网络。基带网络传输数字信号，信号占用整个频带，传输距离较短；宽带网络可传输模拟信号，距离较远，达几千米以上。目前使用最多的是基带网络。

3）按网络的传输介质划分，可分为双绞线网络、同轴电缆网络、光纤网络和无线局域网等。目前使用最多的是双绞线网络和同轴电缆网络。

4）按网络的介质访问方式划分，可分为以太网、令牌环网和令牌总线网等。目前使用最多的是以太网。

5）按局域网基本工作原理划分，可分为共享媒体局域网、交换式局域网和虚拟局域网 3 种。

3.2　介质访问控制方法

所谓介质访问控制方法是指控制多个节点利用公共传输介质发送和接收数据的方法。常用的方法包括带有冲突检测的载波侦听多路访问（CSMA/CD）控制、令牌环访问控制和令牌总线访问控制。

1. 以太网与 CSMA/CD

带有冲突检测的载波侦听多路访问控制是目前应用最广的以太网的核心技术，用来解决多节点共享公用总线的问题。

以太网采用的是总线形拓扑结构，任何节点的发送都是随机的，都必须平等地争用发送时间。如果一个节点要发送数据，则要以“广播”方式把数据通过总线发送出去，连在总线上的所有节点都能“收听”到这个数据信号，以太网的总线形拓扑结构如图 3.4 所示。由于网中所有节点都可以利用总线发送数据，并且网中没有控制中心，因此将不可避免地产生冲突。为了有效地实现分布式多节点访问公共传输介质的控制策略，以太网采用的是载波侦听多路访问/冲突检测机制。

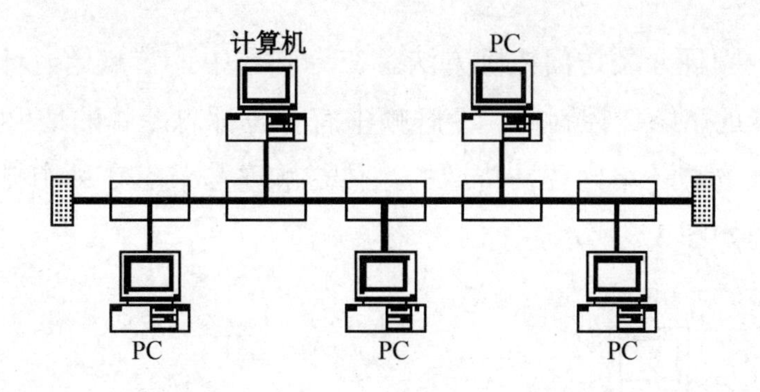

图 3.4　以太网的总线形拓扑结构

（1）以太网数据的发送

以太网数据的发送过程可以简单地概括为“先听后发、边听边发、冲突停止、延迟重发”，其具体工作过程如下。

1）侦听总线，如果总线空闲，则发送信息。

2）如果总线忙，则继续侦听，直到总线空闲时立即发送信息。

3）发送信息后进行冲突检测，如果发生冲突，则立即停止发送，并向总线上发出一串阻塞信号（连续几个字节全为 1），通知总线上各站点冲突已发生，使各站点重新开始侦听与竞争。

4）已发出信息的各站点收到阻塞信号后，等待一段随机时间，重新进入侦听发送阶段。

（2）以太网数据的接收

以太网的数据在接收过程中，以太网中的各节点同样需要监测信道的状态。如果发现信号畸变，则说明总线上有两个或多个节点同时发送数据，冲突发生，这时必须停止接收，并将已接收到的数据废弃；如果在整个接收过程中没有发生冲突，则接收节点在收到一个完整的数据后即可对数据进行接收处理。

（3）冲突检测

所谓冲突检测，是指发送节点在发送数据的同时，将它发送的信号波形与从总线上收到的信号波形进行比较。如果总线上同时出现两个或两个以上节点的发送信号，那么它们叠加后的信号将不等于任何节点发送的信号波形，表明冲突已产生。

CSMA/CD（载波监听多点接入/碰撞检测，是广播型信道中采用一种随机访问技术的竞争型访问方法，具有多目标地址的特点）的结构简单，在轻负载下延迟小，但由于需要对冲突进行检测并随机延迟后重新发送，导致其实时性较差，因此适用于负载较轻的网络。

2. FDDI 与令牌环介质访问控制

（1）控制令牌

令牌环网采用令牌环介质访问控制方法。在令牌环中，节点通过环接口连接成物理环形。令牌是一种特殊的 MAC 控制帧，令牌帧中有一位标志令牌的忙/闲。当令牌环工作正常时，令牌总是沿着物理环单向逐站传送的，传送顺序与节点在环中排列的顺序相同。令牌环的基本工作过程如图 3.5 所示。

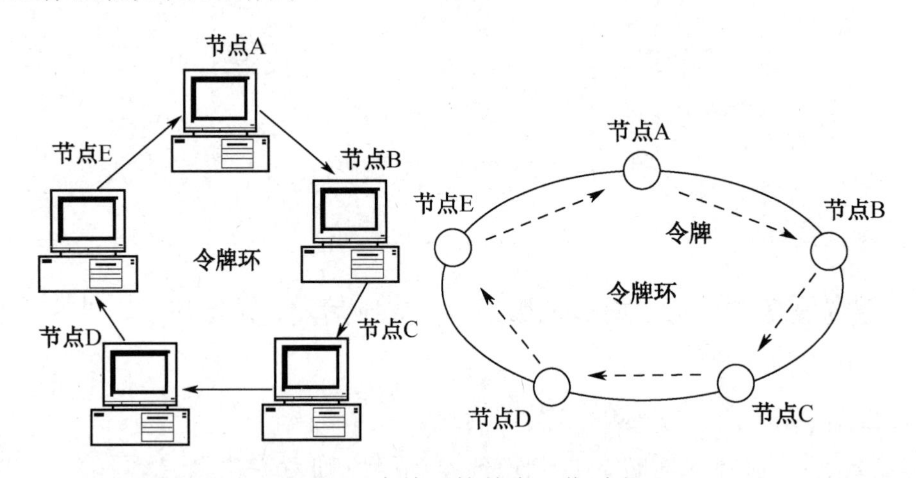

图 3.5　令牌环的基本工作过程

如果节点 A 希望发送数据帧，必须首先等待空闲令牌的到来。当节点 A 获得空闲令牌之后，它将令牌标志位由空闲变为忙，然后传送数据帧。节点 B、C、D、E 依次收到数据帧后，不管数据帧的目的地址是不是自己，都将对其进行转发。如果该数据帧的目的地址是节点 C，则节点 C 在正确接收该数据帧后，在帧中标志出帧已被正确接收和复制，然后对其进行转发。当节点 A 重新接收到自己发出的、已被目的节点正确接收的数据帧时，它将回收已经发送的数据帧，并将忙令牌改成空闲令牌，再将空闲令牌向它的下一节点传送，以便其他节点使用。

从令牌环的工作过程可以看出，一旦环出现物理故障，将导致环中断或令牌丢失，因此对环的管理和维护尤为重要。令牌环通常采用分布式管理方法。而令牌环实时性较强，节点访问延迟确定，适用于负载较重的网络。

（2）FDDI

光纤分布式数据接口（Fiber Distributed Data Interface，FDDI）是由 ANSI X39T9.5 委员会于 1990 年标准化的一种环形共享介质网络，它是物理层和数据链路层的标准，规定了光纤媒体、光发送器和接收器、信号传送速率和编码、媒体接入协议、帧格式、分布式管理协议和允许使用的网络拓扑结构等规范。

1）FDDI 主要特性。

① FDDI 网是一个使用光纤作为传输媒体的、高速的、通用的令牌环形网。网络结构采用了双环结构，具有很高的可靠性和容错能力。

② FDDI 具有动态分配带宽的能力，能同时提供同步和异步数据服务。

③ FDDI 可采用树形或环形结构，适应多种环境，容易扩展和管理。

④ FDDI 具有保密、抗干扰等优点。

表 3.2 给出了 FDDI 的主要技术指标。

表 3.2　FDDI 的主要技术指标

项　　目	技 术 指 标
传输速率	100Mbit/s（双环传输为 200Mbit/s）
最大环长度	100km
最大节点数	500
网络拓扑结构	环形、星形和树形
介质访问控制	定时令牌协议
应用范围	局域网、城域网、主干网

2）FDDI 网络的结构。

FDDI 网络采用的方式类似于 802.5 令牌环，站点在发送数据前必须首先得到令牌。FDDI 是基于双环结构的，主环传递数据，次环用于备份以提供系统容错性，这是 FDDI 和 802.5 令牌环的一个重要区别。在正常情况下，主环传输数据，次环处于空闲状态。双环设计的目的是提供高可靠性和稳定性。FDDI 双环结构如图 3.6 所示，两个环路的数据传输方向是相反的，次环路在正常情况下是没有数据传输的，只有当系统有故障时才会启动。

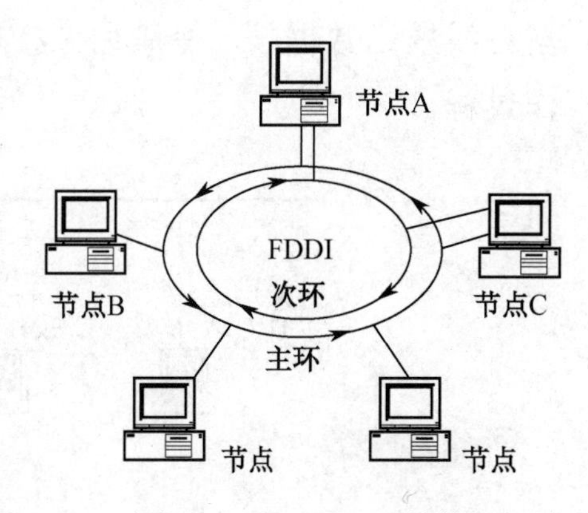

图 3.6　FDDI 双环结构

FDDI 的网上设备，如工作站、网桥、路由器等都连接在环路上工作，其连接方式有两种：一种是只连接在其中的主环路上，如图 3.6 中的节点 B；另一种是同时跨连在两个环路上，如图 3.6 中的节点 A。

节点 A 由于同时连接在两条环路上，因此提供了很好的容错性和稳定性。环路的断裂在大多数情况下不能中止 A 类站的工作。而节点 B 的可靠性相对差一些。例如，由于某种原因主环发生了断裂，此时跨连在两个环路上的 A 类站采用反向的次环路仍然可以通信，而 B 类站则无法实现通信。另一种常见故障是在某一点正反向的两条光纤环路都发生了断裂，这种情况下节点 A 仍可以通信，它们将数据由次环绕过断裂点，从而将主环、次环结合成了一个单独环路。这被称为 FDDI 环的自愈，如图 3.7 所示。

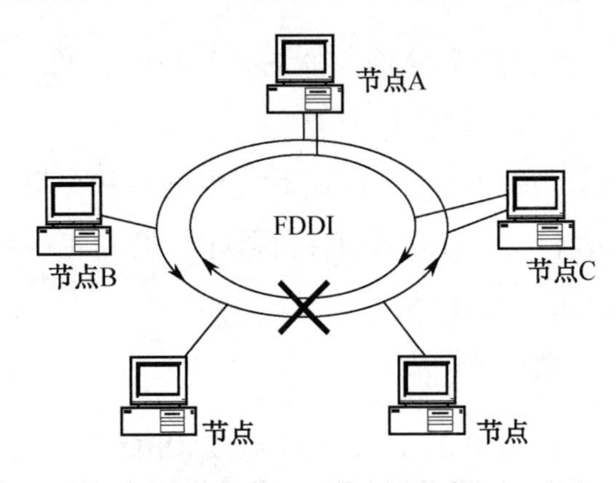

图 3.7　FDDI 环的自愈

3. 令牌总线介质访问控制方法

令牌总线介质访问控制是在综合了以上两种介质访问控制方法优点的基础上形成的一种介质访问控制方法，IEEE 802.4 提出的就是令牌总线介质访问控制方法的标准。

在采用令牌总线访问控制的局域网中，任何一个节点只有在取得令牌后才能使用共享总线发送数据帧。令牌用来控制节点对总线的访问权。如图 3.8 所示为令牌总线的工作过程。

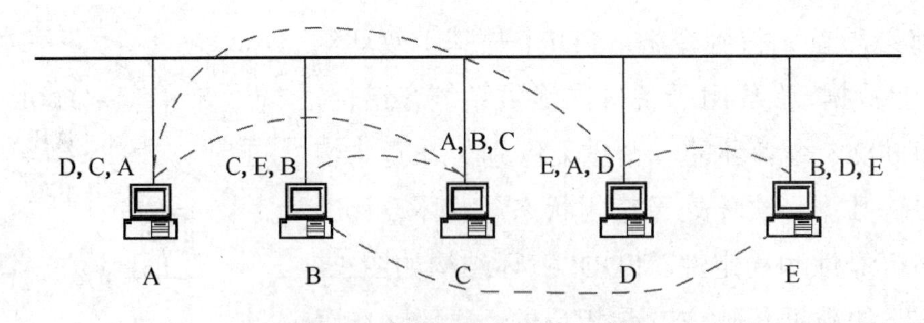

图 3.8　令牌总线的工作过程

从物理结构上看，令牌总线网是一种总线型 LAN，各工作站共享总线传输信道，但从逻辑上看，它又是一种环形 LAN。连接在总线上的各工作站组成了一个逻辑环，这种逻辑环通常按工作站的地址的递减或递增顺序排列，与工作站的物理位置并无固定关系，令牌传递由高地址向低地址传递，最后由最低地址向最高地址依次循环传递，从而在一个物理总线上形成了一个逻辑环（图 3.8 的逻辑环为 A→C→B→E→D→A）。环中令牌的传递顺序与节点在总线上的物理位置无关。因此，令牌总线网在物理上是总线网，而在逻辑上是环网。

3.3 以太网

以太网最初是由美国 Xerox 公司于 1975 年研制开发的，在 1980 年由 DEC 公司、Intel 公司和 Xerox 公司联合提出了 10Mbit/s 以太网的第一个版本 DIX Ethernet V1，1982 年又修改为 DIX Ethernet V2。

根据传输速率的不同，以太网可以分为 10Mbit/s 以太网、100Base-T 以太网、千兆以太网和万兆以太网。

1. 10Mbit/s 以太网

10Mbit/s 以太网又称为传统以太网，遵循 IEEE 802.3 标准。常用的传输介质有 4 种，即细缆、粗缆、双绞线和光缆。因此，根据使用的传输介质的不同，传统以太网可以分为 4 类，即以细缆作为主干电缆的 10Base-2 以太网，以粗缆作为主干电缆的 10Base-5 以太网，以双绞线作为主干电缆的 10Base-T 以太网，以光缆作为主干电缆的 10Base-F 以太网。

（1）10Base-2 以太网

10Base-2 以太网使用总线形拓扑结构，以细同轴电缆作为传输介质，最大传输速率为 10Mbit/s，最大网段长度为 185m，每个网段上的最大站点数为 30 个，连接器类型为 BNC 接头及网卡，如图 3.9 所示。

（a）BNC 接头　　（b）网卡

图 3.9　BNC 接头及网卡

10Base-2 以太网以细同轴电缆作为主干，通过 BNC-T 接头直接连接主机网卡的 BNC 连接器插口，将主机直接接入网络。如果现有的细缆不够长，可以使用 BNC 的柱形头来连接两根较短的细缆。细缆与主机的连接较为容易，细缆较粗缆便宜，并且相对柔软，布线时转弯较为容易。

（2）10Base-5 以太网

10Base-5 以太网使用总线形拓扑结构，以粗同轴电缆作为传输介质，最大传输速率为 10Mbit/s，最大网段长度为 500m，每个网段上的最大站点数为 100 个，使用 DB-15 型连接器。10Base-5 以太网通过 AUI 电缆将主机连接到主干电缆，一头是收发器，与主干电缆连接，另外一头连接到主机网卡的 DB-15 型连接器。

以太网 10Base-5 和 10Base-2 的共同缺点是主干电缆一旦发生故障，将使整个网络瘫痪。

（3）10Base-T 以太网

10Base-T 以太网是选用较多的网络类型。它采用星形拓扑结构，使用无屏蔽双绞线连接，最大传输速率为 10Mbit/s，最大网段长度为 100m。

在 10Base-T 以太网中，通过集线器组成逻辑以太网段。每台计算机都与集线器的一个端口通过双绞线相连，双绞线与主机和集线器连接使用 RJ-45 连接器。RJ-45 连接器及网卡如图 3.10 所示。连接到集线器端口上的每台设备共享 10Mbit/s 以太网段的带宽和冲突竞争机制。多个集线器可以级联在一起，将多台物理设备组成一个逻辑以太网段。这样，某一网段或某个节点出现故障时，均不影响其他节点。与前两种网络相比，10Base-T 以太网的组网、管理和维护更加容易，但传输距离更加有限。

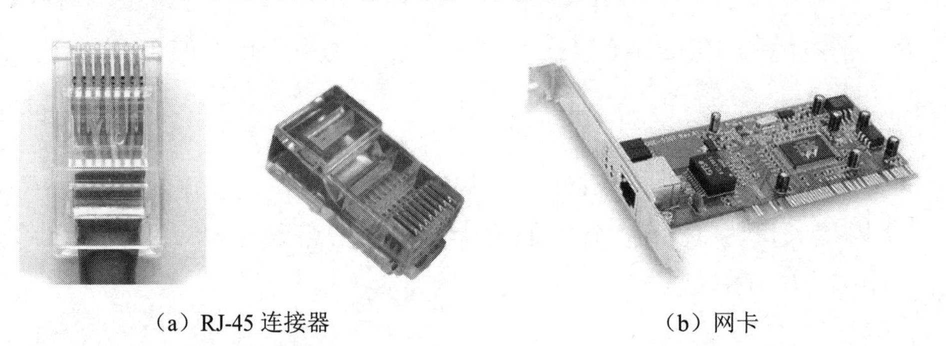

（a）RJ-45 连接器　　　　（b）网卡

图 3.10　RJ-45 连接器及网卡

（4）10Base-F 以太网

10Base-F 是以 IEEE 802.3 标准制定的使用光纤作为传输介质的标准，F 代表光纤。由于使用了光纤作为传输介质，故传输距离长。10Base-F 是校园网络布线方案的最好选择，但与其他几个标准相比较昂贵。

2. 100Base-T 以太网

100Base-T 以太网又称快速以太网，是从 10Base-T 以太网标准发展而来的。它不仅保留了相同的以太帧格式，还保留了用于以太网的 CSMA/CD 介质访问方式，使 10Base-T 和 100Base-T 站点间进行数据通信时不需要进行协议转换。只要更换一张网卡，再加上一个

100Mbit/s 的交换机，即可很方便地由 10Base-T 以太网直接升级到 100Base-T 以太网，而不必改变网络的拓扑结构。

（1）100Base-T 的技术标准

1）100Base-TX：100Base-TX 采用两对 5 类 UTP 作为传输介质，一对用于发送，另一对用于接收，最大网段长度为 100m，使用 RJ-45 连接器，传输带宽为 125MHz。

2）100Base-FX：100Base-FX 采用两对光纤作为传输介质，适用于高速主干网、有电磁干扰环境和要求通信保密性好、传输距离远等应用场合。100Base-FX 可选用 FDDI 标准的 MIC 连接器、ST 连接器和 SC 连接器。100Base-FX 的传输距离为 450m，如果采用全双工方式，则传输速率可达 200Mbit/s。

3）100Base-T4：100Base-T4 采用 4 对 3 类、4 类和 5 类 UTP 作为传输介质。4 对线中，3 对用于传输数据，1 对用于碰撞检测接收信道。它使用了 RJ-45 连接器，最大网段长度为 100m。

（2）100Base-T 的组网方法

目前，大部分以太网系统都配置了一台或多台服务器，在采用以太网/快速以太网技术升级组网时，可以将原来服务器的网卡更换为 100Base-TX 网卡，并利用 5 类 UTP 通过 RJ-45 端子接入 100Mbit/s 交换机的 100Mbit/s 高速端口。对于那些对带宽要求较高的数据库服务器、工作站及打印机等，可单独直接连接到 10Mbit/s～/100Mbit/s 交换机的端口上，组成多级的快速以太网，100Base-T 连接方法如图 3.11 所示。

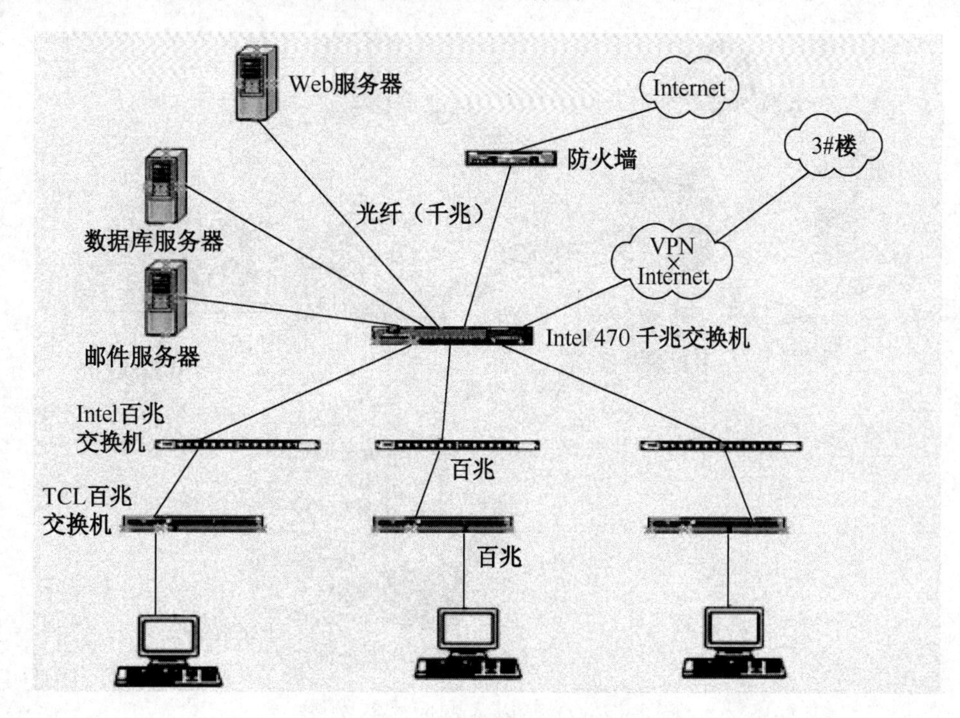

图 3.11　100Base-T 连接方法

3．千兆以太网

千兆以太网技术采用了与 10Mbit/s 以太网相同的帧格式、全/半双工工作方式、CSMA/CD 介质访问控制方式及流量控制模式。由于该技术不改变传统以太网的帧结构、网络协议、桌面应用、操作系统及布线系统，因此具有较好的市场前景，成为主流网络技术。

（1）千兆以太网的技术标准

1）1000Base-CX：CX 表示铜线。它针对低成本、优质的屏蔽双绞线或同轴电缆的短途铜线而制定，传输距离为 25m。

2）1000Base-SX：SX 表示短波。它针对工作于多模光纤上的短波长（850nm）激光收发器而制定，使用纤芯直径不同的多模光纤，传输距离为 275m 和 550m。

3）1000Base-T：它使用 4 对 5 类非屏蔽双绞线，传输距离为 100m。

4）1000Base-LX：LX 表示长波。它针对工作于单模或多模光纤的长波长（1300nm）激光收发器而制定，使用多模光纤时，传输距离为 550m；使用单模光纤时，传输距离为 5km。

（2）千兆以太网应用实例

千兆以太网多用于提高交换机与交换机之间或交换机与服务器之间的连接带宽，如图 3.12 所示。

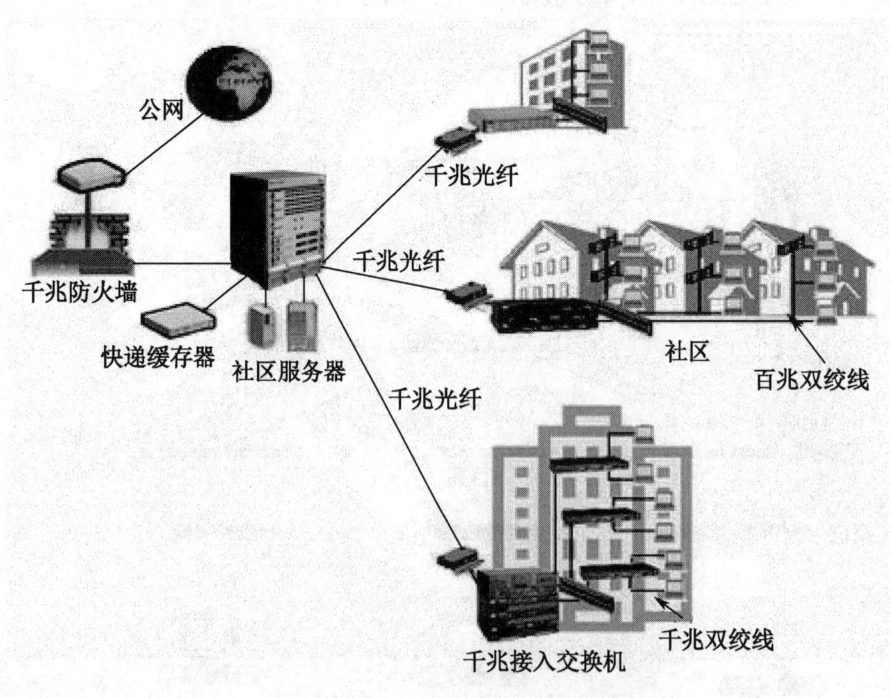

图 3.12　千兆以太网应用实例图

4. 万兆以太网

万兆以太网并非将千兆以太网的速率简单地提高 10 倍，其中有许多技术上的问题还需要解决。使用万兆以太网技术，不用路由器即可建立覆盖直径 80km 以内的城域网，连接多个企业网、园区网。目前，局域网这一级几乎完全是以太网，但骨干网、传输网却完全由同步光纤网和同步数字序列占领，若在汇聚层乃至骨干层统一使用以太网技术，则必将大大降低网络成本，使网络简化，提高网络可扩展性，消除网络层次，使网络扩容变得较为容易。

（1）万兆以太网的主要技术

1）全双工通信方式，不存在争用问题，摆脱了 CSMA/CD 的距离限制。

2）定义了局域网和广域网的物理层。

3）帧格式与以前的以太网相同，大大提高了带宽利用率。

4）传输介质使用光纤，在物理层定义了 5 种连接方式，万兆以太网连接方式见表 3.3。

表 3.3　万兆以太网连接方式

接口类型	光纤类型	传输距离	应用领域
850nm LAN 接口	50/125μm 多模	65m	数据中心、存储网络
1310nm 宽频波分复用 LAN 接口	62.5/125μm 多模	300m	企业网、园区网
1310nm WAN 接口	单模	1000m	城域网、园区网
1550nm LAN 接口	单模	4000m	城域网、园区网
1550nm WAN 接口	单模	4000m	城域网、广域网

（2）万兆以太网的主要特点

1）万兆以太网的帧格式与 10Mbit/s、100Mbit/s 和千兆以太网的帧格式完全相同，这就使用户在以太网升级后，仍然能和低速的以太网方便地通信。

2）万兆以太网使用光纤作为传输介质，它使用长距离（超过 40km）的光收发器与单模光纤接口，以便在广域网和城域网的范围内工作。

3）万兆以太网只工作在全双工方式，不存在争用问题，也不使用 CSMA/CD 协议。这就使得万兆以太网传输距离不再受碰撞检测的限制而大大提高了。

3.4　交换式局域网

从介质访问控制方法的角度，可以把局域网分为共享介质局域网和交换式局域网两类。在共享介质局域网中，所有节点共享一条公共的通信传输介质，所有节点将平均分配整个带宽。随着网络规模的扩大，网中节点数的不断增加，每个节点平均分配得到的带宽将越来越少。同时，由于网络负荷的加重，冲突与重发现象将大量发生，网络性能将急剧下降。为了克服网络规模和网络性能之间的矛盾，人们提出将共享介质改为交换方式，从而促进了交换式局域网的发展。

1．交换式局域网的结构与特点

（1）交换式局域网的结构

交换式局域网的核心设备是局域网交换机。交换机的每个端口都能独享带宽，所有端口都能够同时进行并发通信，并且能在全双工模式下提供双倍的传输速率，交换式局域网的结构如图 3.13 所示。

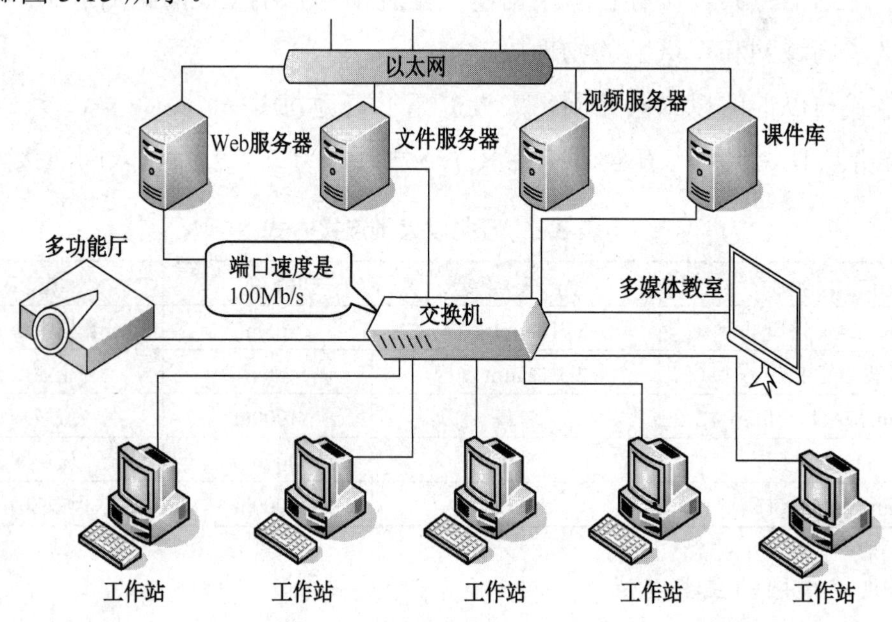

图 3.13　交换式局域网的结构

（2）交换式局域网的特点

与传统的共享介质局域网相比，交换式局域网具有如下特点。

1）独占信道，独享带宽。

2）多对节点之间可以同时进行通信。

3）端口速度配置灵活。

4）便于网络管理和均衡负载。

5）兼容原有网络。

2．交换式局域网工作原理

交换在通信中是至关重要的，无论是广域网还是局域网在组网时都离不开交换机。这里主要讨论的是以太网交换机的工作过程。以太网交换机可以通过交换机端口之间的多个并发连接，实现多节点之间数据的并发传输。

一个典型的交换式以太网结构和工作过程如图 3.14 所示。图中的交换机有 6 个端口，其中端口 1、5、6 分别与工作站 A、工作站 D 和工作站 E 相连。工作站 B 和工作站 C 以共享以太网方式连入交换机端口 3。因此，交换机“端口/MAC 地址映射表”可以根据以上端口与工作站 MAC 地址建立对应的关系。端口/MAC 地址映射表见表 3.4。

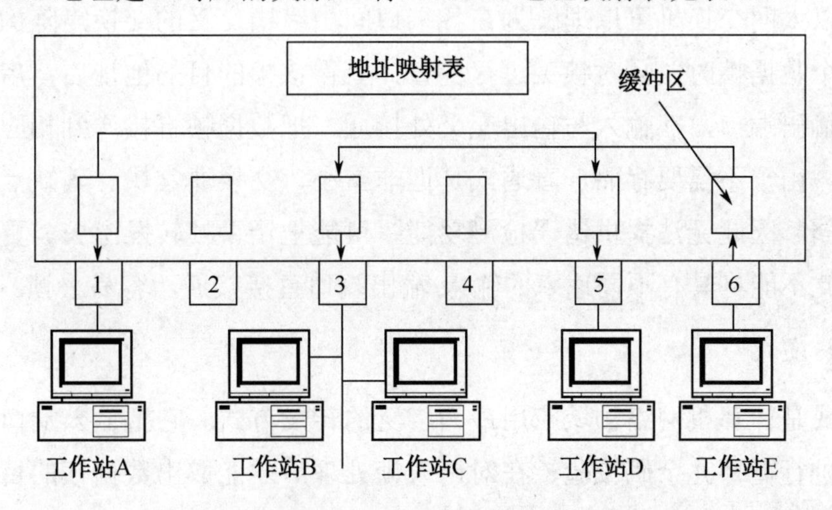

图 3.14　典型的交换式以太网结构和工作过程

表 3.4　端口/MAC 地址映射表

端　口	MAC地址	计　时
1	00-3D-78-f3-6b-32（工作站A）	…
3	00-a3-7d-56-36-81（工作站B）	…
3	00-c0-78-9a-39-01（工作站C）	…
5	00-b0-98-ba-7c-6d（工作站D）	…
6	00-9b-3c-27-D4-f9（工作站E）	…

当一个节点向另一节点发送信息时，交换机根据目的节点的 MAC 地址来查找地址映射表，找到目的节点的端口号，将信息送至相应的端口。交换机可以同时建立多条不同端口之间的连接，如图 3.14 中的端口 1 到端口 5、端口 6 到端口 3。这样交换机就建立了两条并发的连接。工作站 A 和工作站 E 可以同时发送信息，工作站 D 和接入交换机端口 3 的以太网可以同时接收信息。根据需要，交换机的各端口之间可以建立多条并发连接。交换机利用这些并发连接，对通过交换机的数据信息进行转发和交换。

3．交换式局域网交换方式

交换机除了尽可能快地建立连接，进行通信，还要进行差错检测。目前，交换机通常采用的交换方式有 3 种：直通式、存储转发式和碎片隔离式。

（1）直通式

直通式的以太网交换机可以理解为在各端口间由纵横交叉的交换矩阵构成。它在输入端口检测到一个数据帧时，只对帧头进行检查，获得该帧的目的地址后，启动内部的地址表找到相应的输出端口，在输入与输出交叉处接通，把数据帧直接送到相应的输出端口，实现交换功能。由于不需要存储，直通式延迟非常小，交换非常快。其缺点如下：因为数据帧没有被存储，因此无法提供错误检测功能，可能把错误帧转发出去。更重要的是由于没有缓存，因此不能将具有不同速率的输入/输出端口直接接通，容易丢帧。

（2）存储转发式

存储转发式是计算机网络领域应用最为广泛的转发方式。它把输入端口的数据帧先存储起来，然后进行循环冗余码校验，在对错误帧处理后才能取出数据帧的目的地址，通过查找地址表找到输出端口后将该数据帧转发出去。

它可以对进入交换机的数据帧进行错误检测，有效地改善网络性能。尤其是它可以支持在不同速度的端口间的转换。但由于需要对数据帧进行存储、校验和转发处理，因此存储转发式在数据传输时延时较大。

（3）碎片隔离式

碎片隔离式是介于前两者之间的一种解决方案。它在接收到帧的前 64 个字节时会对它们进行错误检查，如果正确，则根据目的地址转发整个帧；如果帧小于 64 字节，则说明是假帧，丢弃该帧。这样有效避免了碰撞碎片在网络中的传播，从而在很大程度上提高了网络的传输效率。

它的数据处理速度比存储转发式快，比直通式稍慢，但由于能够避免残帧的转发，因此被广泛用于低档交换机中。

3.5 虚拟局域网

虚拟局域网并不是一种新的局域网类型，而是为用户提供的一种服务，虚拟局域网是在交换技术基础上发展起来的。

1. 虚拟局域网的概念

（1）虚拟局域网的定义

虚拟局域网是建立在交换技术上，通过网络管理软件构建的，它可以跨越不同网段、不同网络的逻辑型网络。

虚拟局域网把一台交换机的端口分割成为几个组，每个组都是一个逻辑工作组。同一逻辑工作组的节点可以分布在不同的物理段上，并且当一个节点从一个逻辑工作组转移到另一个逻辑工作组时，或者有新的节点加入时，只需通过软件进行简单设定即可。因此，逻辑工作组的节点组成不受物理位置限制，组建和更新方便灵活。如图 3.15 所示为典型的虚拟局域网，在该图的 VLAN1 中，S1 与 PC1 在同一个虚拟局域网内，可以相互通信。

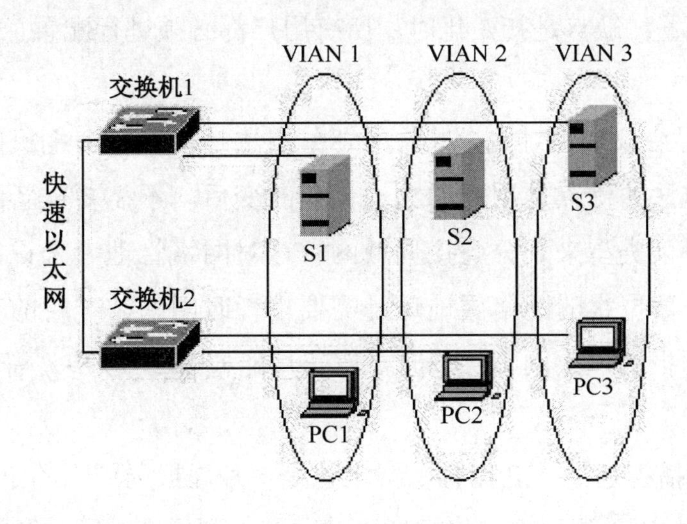

图 3.15　典型的虚拟局域网

（2）虚拟局域网的优点

1）控制了广播风暴。

2）提高了网络整体安全性。

3）简化了网络管理。

2. 虚拟局域网的实现

（1）虚拟局域网实现的方式

1）静态实现：静态实现是指网络管理员将交换机端口分配给某个虚拟局域网，这是一种最常使用的配置方式，容易实现，也比较安全。

2）动态实现：在动态实现方式中，管理员必须先建立一个较复杂的数据库。例如，输入要连接的网络设备的 MAC 地址及相应的虚拟局域网号，当网络设备连接到交换机端口时，交换机自动把这个网络设备所连接的端口分配给相应的虚拟局域网。实现动态虚拟局域网时，一般情况下使用管理软件来进行管理。

（2）虚拟局域网划分的基本方法

划分虚拟局域网的方法主要有如下 4 种。

1）基于交换机端口号划分：这种划分把一个或多个交换机上的几个端口划分为一个逻辑组，不用考虑该端口所连接的设备。此方法的优点是简单；缺点是如果虚拟局域网中的某个用户离开了原来的端口，连接了一个新的交换机端口时，必须重新定义。

2）基于 MAC 地址划分：基于每个主机的 MAC 地址来划分，即对每个 MAC 地址的主机都配置它属于哪个组。此方法的优点是当用户从一个交换机换到其他交换机时，虚拟局域网不用重新配置；缺点是初始化时，所有用户都必须进行配置，如果用户较多，则配置工作会非常繁重。

3）基于网络层协议或地址划分：这种划分方法是根据每个主机的网络层地址或协议类型划分的。此方法的优点是用户的物理位置改变后，不需要重新配置所属的虚拟局域网，还可以根据协议类型来划分虚拟局域网，这对网络管理者来说很重要；缺点是效率低，因为检查每个数据报的网络层地址是需要消耗时间的，一般的交换机芯片都可以自动检查网络上数据报的以太网帧头，但要使芯片能检查 IP 帧头，需要更高的技术，也更费时。

4）基于 IP 组播组划分：IP 组播实际上也是一种虚拟局域网的定义，即认为一个组播组就是一个虚拟局域网，这种方法将虚拟局域网扩大到了广域网，因此具有更大的灵活性，也很容易通过路由器进行扩展。但此方法效率不高，不适用于局域网。

综上所述，有多种方法可以用来划分虚拟局域网。每种方法的侧重点不同，所能达到的效果也不尽相同。鉴于当前虚拟局域网发展的趋势，考虑到各种划分方式的优缺点，许多厂家已经开始着手在各自的网络产品中融合众多划分虚拟局域网的方法，以便网络管理员能够根据实际情况选择一种最适合当前需要的方法。

3.6 无线局域网

无线局域网是计算机网络与无线通信技术相结合的产物，是实现移动网络的关键技术之一。它既可以满足各类便携机的入网要求，又可以实现计算机局域网互连、远端接入等多种功能，为用户提供了方便。

1. 无线局域网概述

（1）无线局域网的概念

无线局域网是指以采用与有线网络同样的工作方法，通过无线信道作为传输介质，把各种主机和设备连接起来的计算机网络。

有线网络在某些场合受到布线的限制，布线和变更线路工程量大、线路容易损坏、网络中节点不可移动。特别是连接相距较远的节点时，铺设专用通信线路的布线施工难度大、费用高、耗时长。管理局域网时，检查电缆是否断线非常耗时，也不容易在短时间内找出断线所在。原有企业网络重新布局时，需要重新安装网络线路，配线工程费用很高。而无线局域网可以很好地解决有线网络中存在的上述问题。

无线局域网并不是用来取代有线局域网的，只是用来弥补有线局域网的不足。无线局域网不受电缆束缚，不必布线，可移动，省去了一般局域网中布线和变更线路费时、费力的麻烦，大幅度地降低了组网难度和成本。由于无线局域网提供了不受限制的应用，网络管理人员可以迅速而容易地将它加入到现有网络中运行。无线数据通信已逐渐成为一种重要的通信方式。

（2）无线局域网的传输介质

IEEE 802.11 标准定义了如下 3 种物理介质。

1）数据速率为 1Mbit/s 和 2Mbit/s、波长为 850～950nm 的红外线。

2）运行在 2.4GHz ISM 频带上的直接序列扩展频谱。它能够使用 7 条信道，每条信道的数据速率为 1Mbit/s 或 2Mbit/s。

3）运行在 2.4GHz ISM 频带上的跳频的扩频通信，数据速率为 1Mbit/s 或 2Mbit/s。

2. 无线局域网的组建

（1）无线局域网的组网器件

1）无线网卡：无线网卡是接入无线局域网的重要硬件设备。从无线网卡采用的接口分类，有 PCI 无线网卡、USB 无线网卡和 PCMCIA 无线网卡。

2）无线 Hub：无线 Hub 将远程局域网连接起来形成一个大的局域网段，也可与网桥或路由器等配合使用接入互联网。

3）无线网桥：无线网桥可以无缝地将相隔数十千米的局域网络连接在一起，创建统一的企业或城域网络系统。

4）无线 MODEM：无线 MODEM 具有实现物理层连接的功能，一般需与网桥或路由器等配合使用。它采用全双工通信方式，即接收和发送使用各自的通信信道。

（2）无线局域网的组网方式

根据拓扑结构不同，无线局域网的组网方式可以分为 3 种：对等方式、接入方式和中继方式。

1）对等方式：对等方式下的无线局域网不需要访问节点，所有的基站都能对等地相互通信。在该方式的局域网中，一个基站会自动设置为初始站，对网络进行初始化，使所有同域的基站成为一个局域网，并且设定基站协作功能，允许多个基站同时发送信息。在 MAC 帧中，包含源地址、目的地址和初始站地址。这种模式采用了 Net BEUL 协议，不支持 TCP/IP 协议，适用于组建临时性的网络，如野外作业、临时流动会议等。每台计算机仅需一个网卡，经济实惠。

2）接入方式：这种方式以星形拓扑结构为基础，以接入的访问节点为中心，所有基站的通信要通过访问节点转接，在 MAC 帧中，包含源地址、目的地址和接入点地址。通过各基站的响应信号，访问节点能在其内部建立一个“桥连接表”，将各个基站和端口一一联系起来。当接收转发信号时，访问节点可通过查询“桥连接表”进行连接。

3）中继方式：中继方式是建立在接入原理之上的，是两个访问节点之间点对点的连接，由于独享信道，因此比较适用于两个局域网的远距离互连（传输距离可达到 50km）。在这种模式下，MAC 帧使用了 4 个地址，即源地址、目的地址、中转发送地址和中转接收地址。

在上述 3 种组网方式中，接入方式和中继方式支持 TCP/IP 和 IPX 等多种网络协议，是 IEEE 802.11 标准重视而且极力推广的无线网络的主要应用方式。

3.7 蓝牙技术

随着移动办公的发展，各种移动办公设备、非计算机类的智能设备正在涌入市场。如何让功能强大的笔记本式计算机、手机等移动办公设备与办公室里的计算机、打印机等固定设备连接起来使其能快速、方便地交换信息呢？这是急需解决的问题。蓝牙技术是解决上述问题的一种无线连接技术标准，其目的是让用户将移动计算设备和通信设备简单、快捷地连接起来，取代连接这些设备的电缆。

1. 蓝牙技术概述

蓝牙是一个开放性的、短距离无线通信技术标准，可以用于在较小的范围内通过无线连接的方式实现固定设备与移动设备之间的网络互连，可以在各种数字设备之间实现灵活、安全、低成本、小功耗的话音和数据通信。蓝牙技术可以方便地嵌入到单一的 CMOS 芯片中，因此，它特别适用于小型的移动通信设备。

（1）蓝牙系统的组成

蓝牙系统由天线单元、链路控制（固件）单元、链路管理（软件）单元和蓝牙软件（协议栈）单元 4 个功能单元组成。

1）天线单元：蓝牙要求其天线部分体积十分小巧、质量轻，因此，蓝牙天线属于微带天线。

2）链路控制单元：在目前的蓝牙产品中，人们使用了 3 个 IC 分别作为连接控制器、基带处理器及射频传输/接收器，还使用了 30～50 个单独调谐元件。

3）链路管理单元：链路管理软件模块携带了链路的数据设置、链路硬件配置和其他协议。它能够发现其他远端管理并通过键链路管理协议与之通信。

4）软件单元：蓝牙的软件单元是一个独立的操作系统，不与任何操作系统捆绑，它符合已经制定好的蓝牙规范。蓝牙系统的通信协议大部分可用软件来实现，加载到 Flash RAM 中即可进行工作。蓝牙协议可分为 4 层，即核心协议层、电缆替代协议层、电话控制协议层和采纳的其他协议层。

（2）蓝牙系统的技术特点

从目前的应用来看，由于蓝牙体积小、功率低，其应用已不再局限于计算机外设，几乎可以被集成到任何数字设备之中，特别是那些对数据传输速率要求不高的移动设备和便携设备。蓝牙技术的特点可归纳为如下几点。

1）全球范围适用。

2）可同时传输语音和数据。

3）可以建立临时性的对等连接。

4）具有很好的抗干扰能力。

5）蓝牙模块体积很小、便于集成。

6）低功耗、低成本。

7）开放的接口标准。

2．蓝牙技术应用

蓝牙技术能够短时间内在世界范围内成为标准，其主要原因在于它不仅可以让多种智能设备无线互连，可以传输文件、支持语音通信、可以建立数据链路等，还可以建立数据链路。另外，蓝牙技术还具有以下作用。

1）为局域设备提供互连。

2）支持多媒体终端。

3）在家庭网络中使用。

3.8 技能实训

实训1 组网设备及材料的准备和安装

（1）实训题目

组网设备及材料的准备和安装。

（2）实训目的

掌握网线的制作和测试方法，以及网卡的安装步骤。

（3）实训内容

1）制作双绞线（直连线、交叉线）。

2）网线连通性的测试。

3）网卡的安装。

（4）实训方法

1）组网器材及工具的准备。

① 组网所需器件如下。

组网之前，需要准备好计算机、网卡、交换机和其他网络器件。如表3.5和表3.6所示分别为组建10Mbit/s以太网和100Mbit/s以太网所需的设备和器件。

表3.5　组建10Mbit/s以太网所需的设备和器件

设备和器件名称	数　量
计算机	2台以上
RJ-45接口10Mbit/s或10/100Mbit/s自适应网卡	2块以上
10Mbit/s以太网交换机	1台以上（级联实验需多台）
3类以上非屏蔽双绞线	若干
RJ-45连接器	多个

表3.6　组建100Mbit/s以太网所需的设备和器件

设备和器件名称	数　量
计算机	2台以上
RJ-45接口100Mbit/s或10/100Mbit/s自适应网卡	2块以上
100Mbit/s以太网交换机	1台以上（级联实验需多台）
5类以上非屏蔽双绞线	若干
RJ-45连接器	多个

② 组网工具。

除了准备组建以太网所需的设备和器件，还需要准备必要的工具，包括用来连接网线的剥线或夹线钳，以及测试电缆连通性的电缆测试仪，如图 3.16 所示。

（a）剥线或夹线钳　　（b）电缆测试仪

图 3.16　剥线或夹线钳和电缆测试仪

2）非屏蔽双绞线的制作。

认识 RJ-45 连接器、网卡（RJ-45 接口）和非屏蔽双绞线。

RJ-45 连接器俗称水晶头，用于连接 UTP。其共有 8 个引脚，一般只使用第 1、第 2、第 3、第 4、第 5、第 6 号引脚。如图 3.17 所示为直连线和交叉线的线序。

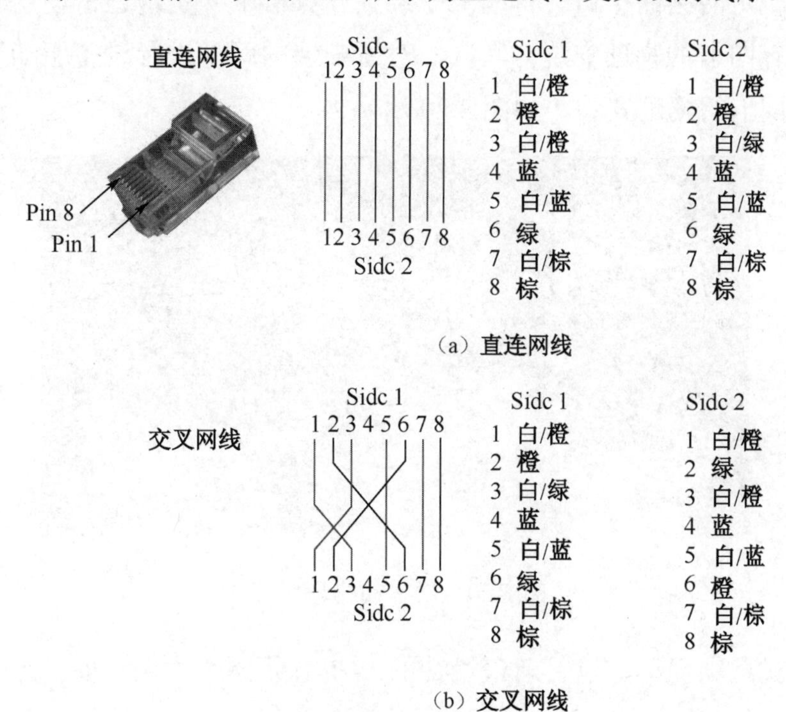

（a）直连网线

（b）交叉网线

图 3.17　直连线和交叉线的线序

注意：

① 普通端口进行级联时应用交叉线连接，专用的级联口级联时用直连线即可。

② 用剥线钳将双绞线外皮剥去，剥线长度为 2～2.5cm，不宜太长或太短。

③ 用剥线钳将线芯剪齐，保留线芯长度约为 1.5cm。

④ 使水晶头的平面朝上，将线芯插入水晶头的线槽中，8 条细线应顶到水晶头的顶部（从顶部能够看到 8 种颜色），同时应当将外皮置入 RJ-45 接头之内，用压线钳将接头压紧，并确定无松动现象，如图 3.18 所示。

⑤ 对另一个水晶头以同样方式制作到双绞线的另一端。

⑥ 用网线测试仪测试水晶头上的每一路线是否连通，发射器和接收器两端的灯同时亮时为正常。网线测试仪如图 3.19 所示。

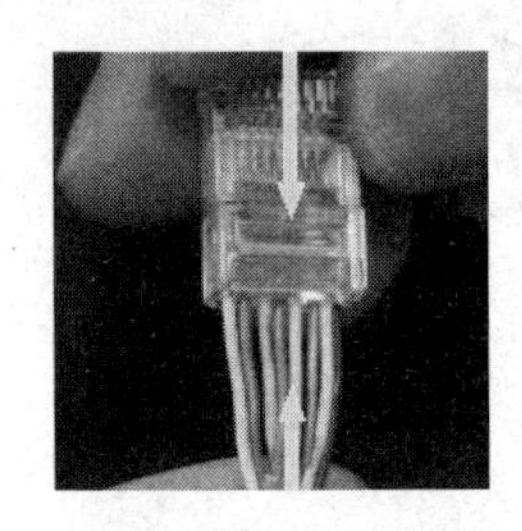

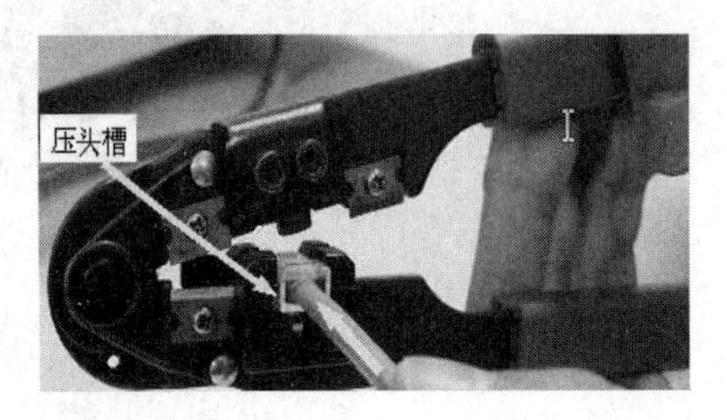

图 3.18　水晶头的制作

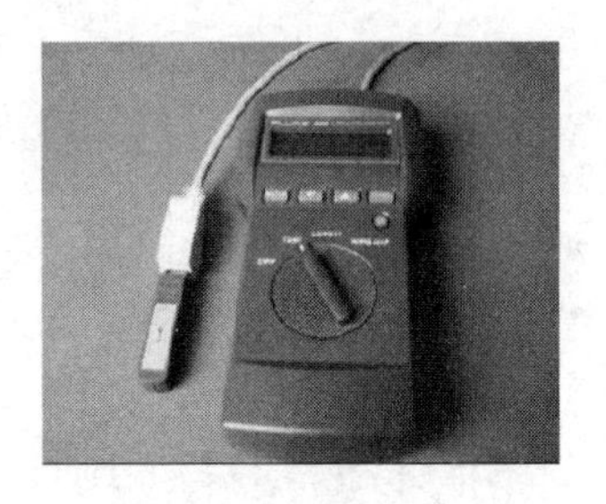

图 3.19　网线测试仪

3）网卡的安装。

网卡是计算机与网络的接口。将网卡安装到计算机中并实现正常使用时，需要做两件事。首先，要进行网卡的物理安装；其次，对所安装的网卡进行设备驱动程序的安装和配置。这里先介绍网卡的物理安装，如图 3.20 所示。

图 3.20　网卡的物理安装

安装网卡的过程很简单，以目前最流行的 PCI 总线网卡为例，安装过程可按以下步骤进行。

① 断掉计算机电源，确保无电工作。

② 用手触摸一下金属物体，释放静电。

③ 打开计算机主机箱，选择一个空闲的 PCI 插槽（主板上的白色插槽），并卸掉对应位置的挡板。

④ 将网卡插入槽中，并注意插牢、插紧，以防松动而造成故障。

⑤ 将网卡用螺钉拧紧，以保证其工作可靠。

⑥ 重新装好机箱。

注意：安装过程中，不要触及主机内其他连接线、板卡或电缆，以防松动，而造成计算机故障。

（5）实训总结

1）在制作双绞线时，要将双绞线一端的外皮剥去约2.5cm，当线芯按连接要求的顺序排列好后，线芯剪至约1.5cm的长度。

2）直连线缆水晶头两端遵循568A或568B标准；交叉线一端遵循568A标准，另一端遵循568B标准。

3）制作交叉线时要将一头的1、2、3、6分别与另一头的3、6、1、2对应。

4）确认所有顺序都正确后再将水晶头放入压线钳，用力压下。

实训2　网络组件的安装和配置

（1）实训题目

网络组件的安装和配置。

（2）实训目的

掌握网卡的网络属性配置。

（3）实训内容

1）添加通信协议（组件）。

2）网络属性的配置。

（4）实训方法

1）添加或卸载通信协议。

在安装网卡驱动的过程中，Windows操作系统会自动安装TCP/IP协议，如果要添加其他协议，可以进行如下操作。

选择“开始”|“设置”|“控制面板”选项，打开“控制面板”窗口，双击“网络和拨号连接”图标，或右击桌面上的“网上邻居”图标，选择快捷菜单中的“属性”选项。打开“网络和拨号连接”窗口，右击其中的“本地连接”图标，选择快捷菜单中的“属性”选项，弹出“本地连接属性”对话框，“本地连接属性”对话框如图3.21所示。在“连接时使用”下拉列表中列出了使用的网卡名称，单击“配置”按钮可弹出网卡属性对话框。在“此连接使用下列选定的组件”列表框中列出了已安装的服务及协议。单击“卸载”按

钮可将已安装的组件卸载，单击“属性”按钮，可查看选中的组件的属性，单击“安装”按钮，将弹出“选择网络组件类型”对话框，如图 3.22 所示。

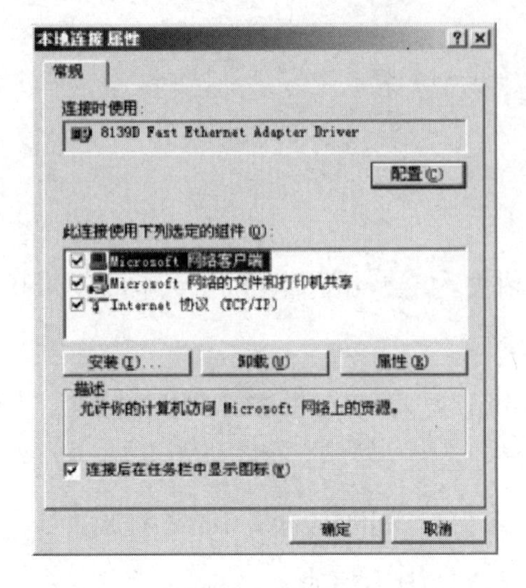

图 3.21 “本地连接属性”对话框 1

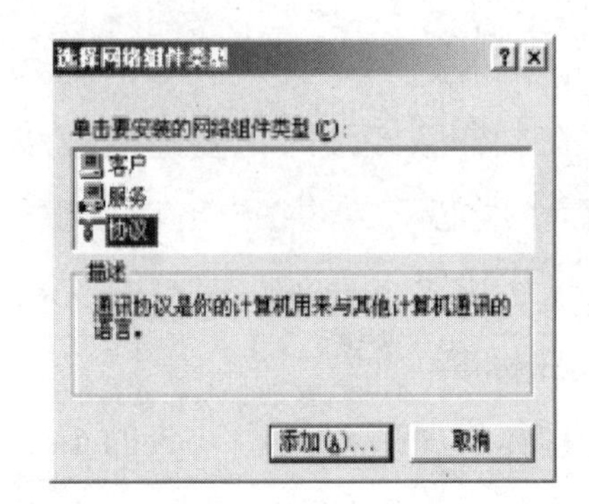

图 3.22 “选择网络组件类型”对话框

② 选择要安装的网络组件类型，如“协议”，单击“添加”按钮，弹出“选择网络协议”对话框，如图 3.23 所示。在“网络协议”列表框中选中要安装的协议，单击“确定”按钮。例如，安装 NetBEUI Protocol，先选择“NetBEUI Protocol”选项，再单击“确定”按钮。

③ 安装了 NetBEUI Protocol 协议后的“本地连接属性”对话框如图 3.24 所示。

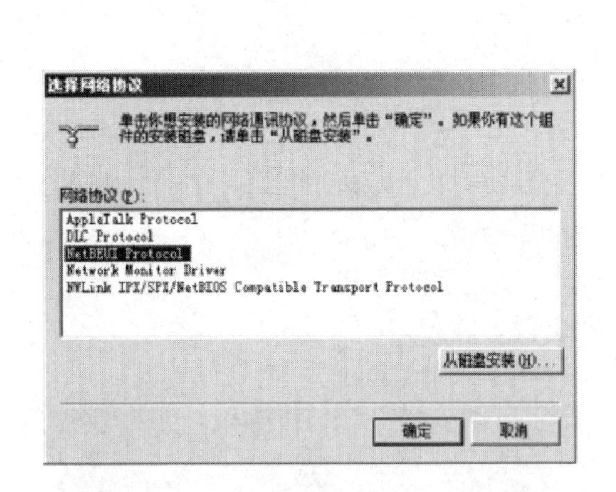

图 3.23 “选择网络协议”对话框

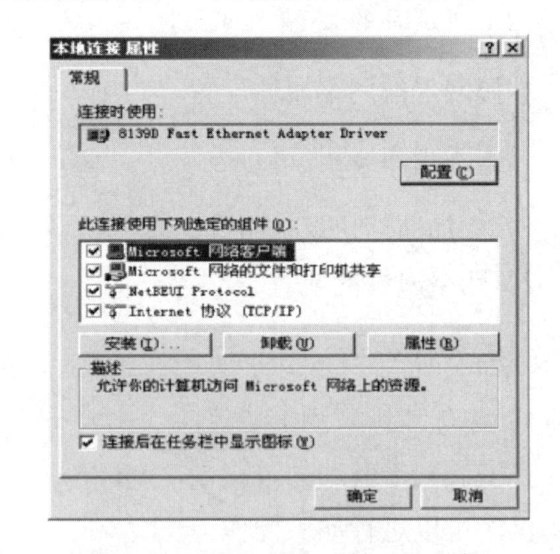

图 3.24 “本地连接属性”对话框 2

2）设置计算机 IP 地址及网关、DNS 等。

在图 3.24 中双击“Internet 协议（TCP/IP）”选项，弹出如图 3.25 所示的“Internet 协议（TCP/IP）属性”对话框，可选中“使用下面的 IP 地址”单选按钮，也可选中“自动获得 IP 地址”单选按钮，但一般不采用此设置，因为当选中“自动获得 IP 地址”单选按钮后，计算机查找 DHCP 再自动分配 IP 地址会延长网络连接时间，一般使用手工设定 IP 地址的方式，可根据计算机所处的局域网子网规划进行 IP 地址设置，完成静态 IP 地址、子网掩码、网关及 DNS 设置。

3）更改计算机名称及工作组。

① 右击“我的电脑”图标，在弹出的快捷菜单中选择“属性”选项，弹出“系统特性”对话框，如图 3 2.6 所示，选择“网络标识”选项卡。

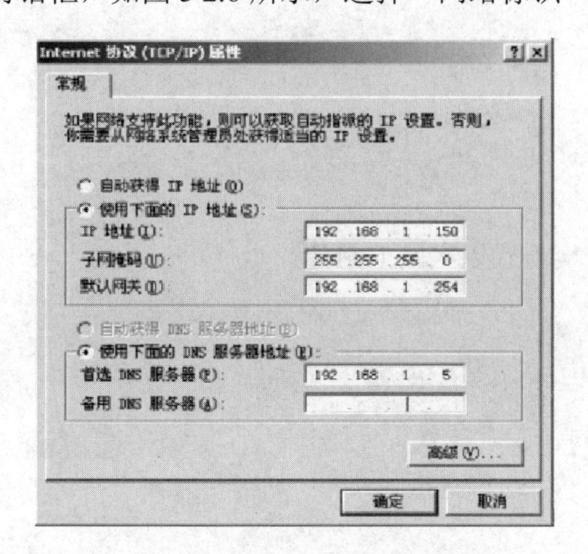

图 3.25　“Internet 协议（TCP/IP）属性”对话框

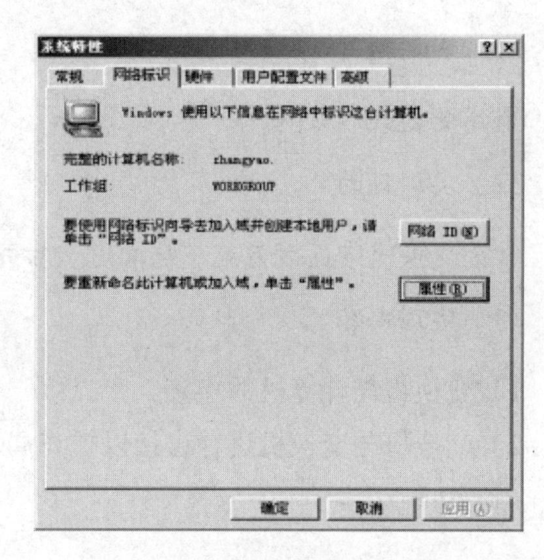

图 3.26　“系统特性”对话框

② “网络标识”选项卡中标出了计算机当前使用的“完整的计算机名称”及“工作组”，单击“属性”按钮，弹出“标识更改”对话框，如图 3.27 所示。

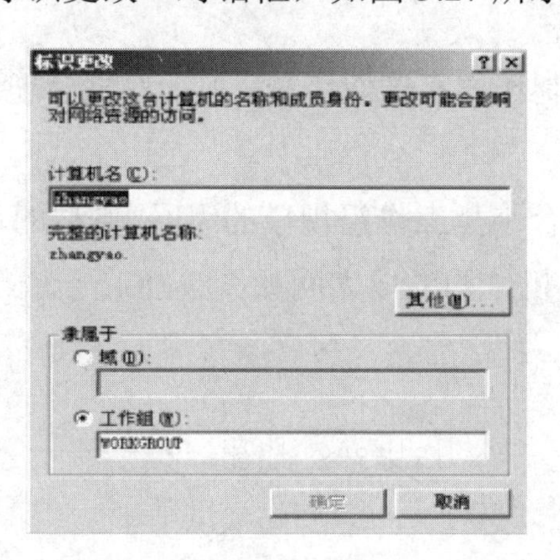

图 3.27　“标识更改”对话框

③ 在“计算机名”文本框中修改计算机名称，在“工作组”下方的名称栏中修改加入的网络工作组名称。修改完毕后单击“确定”按钮。

（5）实训总结

1）如果不安装 NetBEUI 协议，则在“我的电脑”窗口中设置好共享目录以后，不能在“网上邻居”窗口中访问自己。

2）同一个局域网中的计算机不能同名，否则在系统开机时会弹出提示信息。

3）局域网中不同工作组中的计算机可以互相访问。

4）修改完计算机名及工作组名以后，必须重启计算机才能生效。

实训3　组建交换式以太网

（1）实训题目

组建交换式以太网。

（2）实训目的

掌握交换机的连接方式，从而进一步完成交换式以太网的组建。

（3）实训内容

1）交换机与计算机的连接。

2）交换机与交换机进行连接以扩充局域网。

（4）实训方法

1）准备器件。

① 4台已安装好 Windows 2000 Professional 操作系统的计算机。

② 4块 PCI 总线插槽上带 RJ-45 接口的网卡。

③ 2台8口交换机。

④ 5条采用 568B 标准制作的直连双绞线，1条双机互连线。

2）交换机的连接。

① 单一交换机结构：适合小型工作组规模的组网。典型的单一交换机一般可以支持2～34台计算机联网，单一交换机结构的以太网如图3.28所示。

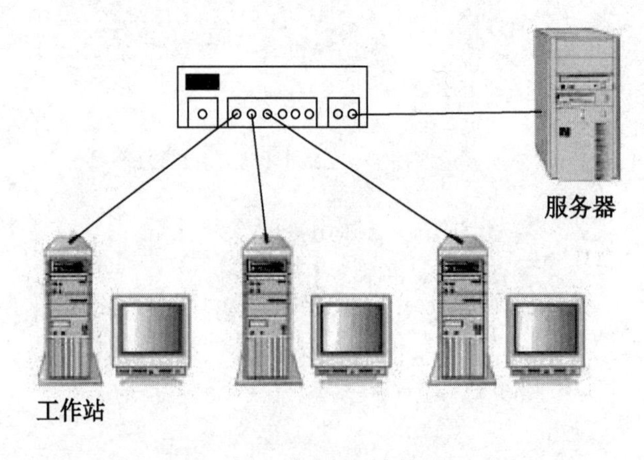

图3.28　单一交换机结构的以太网

② 多交换机级联结构：可以构成规模较大的10Mbit/s或100Mbit/s以太网。

利用直通 UTP 电缆级联端口的情况如图 3.29 所示。

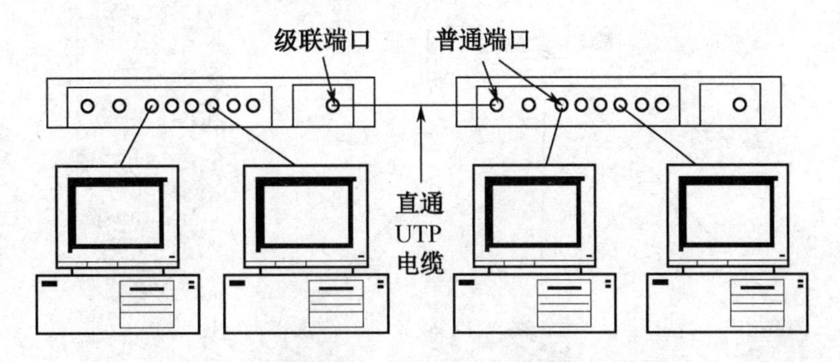

图 3.29　利用直通 UTP 电缆级联端口的情况

无级联端口或级联端口被占用的情况：如果采用这种方式进行级联，一定要将级联使用的交叉 UTP 电缆做好标记，以免与计算机接入交换机的直通 UTP 电缆混淆。利用交叉 UTP 电缆级联如图 3.30 所示。

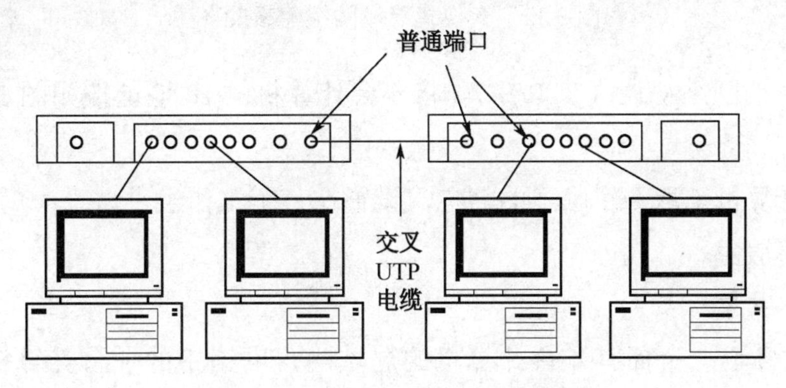

图 3.30　利用交叉 UTP 电缆级联

3）组建小型局域网。

① 安装网卡及驱动程序。

② 连接网线，将网线一端插到交换机的 RJ-45 插槽上，交换机连接计算机的端口如图 3.31 所示。另一端插在网卡接头处，将 4 台计算机都用准备好的直连双绞线与一台交换机连接起来。交换式局域网组建参照图如图 3.32 所示。

图 3.31　交换机连接计算机的端口

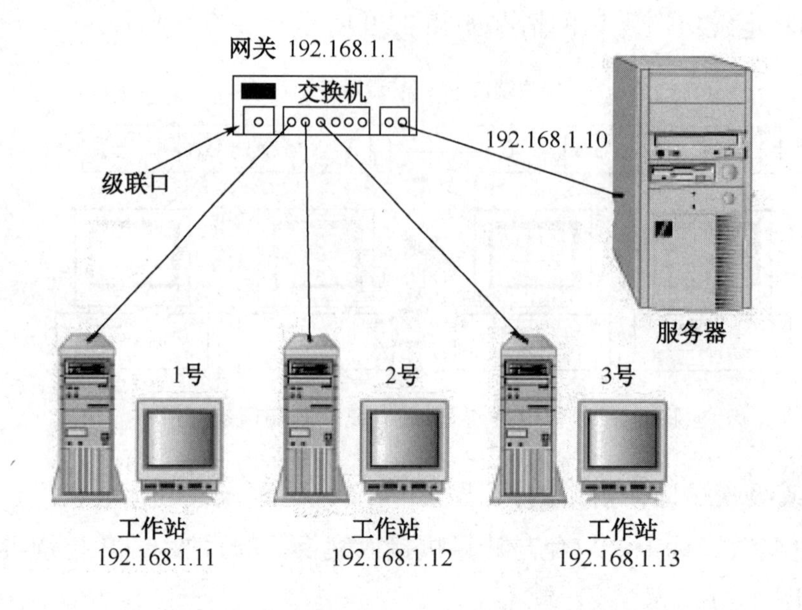

图 3.32　交换式局域网组建参照图

③ 安装必要的网络协议（TCP/IP）。将 4 台计算机的 IP 地址按如图 3.32 所示的地址设置好。

④ 为每台计算机都取一个唯一的名称，设置在一个工作组中。

⑤ 安装共享服务。

⑥ 实现网络共享。

至此，创建好了一个拥有 4 台计算机的局域网，网络中的 3 台计算机可互相访问，另一台计算机作为服务器提供了共享数据资源。在“网上邻居”窗口中可同时看到 4 台计算机。

（5）实训总结

1）有些新型交换机取消了 Uplink 口，在交换机内部添加了端口自适应协议，不再需要制作交叉线来连接交换机，只要将按标准制作的双绞线两端插入 2 台交换机的任意两个端口插孔中即可，交换机会自动进行识别。

2）连接在同一台交换机上的计算机，可通过划分虚拟网的方式置于不同的子网。

3）数据共享的设置要考虑多方面因素，如通信协议是否安装，Windows XP 系统自带的防火墙是否允许共享，系统“组策略”的设置等。

实训 4　网络连通性测试

（1）实训题目

网络连通性测试。

（2）实训目的

掌握ping命令的常用格式和使用场合，从而预测网络故障出现的位置，进一步解决问题。

（3）实训内容

掌握ping命令的简单使用方法。

（4）实训方法

调用ping命令的方法：操作系统为Windows XP/2000，选择“开始”|“运行”命令，弹出“运行”对话框，运行“cmd”命令，在弹出的对话框内输入“ping IP地址”，按Enter键即可。

1）测试本机网卡是否正常运行。

在本地网卡与交换机连接的情况下，ping本地IP地址（本地IP为192.168.1.11），若ping通，则表示本地网卡正常使用，如图3.33所示。如果测试成功，则命令将给出测试包从发出到收到所用的时间。在以太网中，这个时间通常小于10ms。如果测试不成功，则命令将给出超时提示，由此可以预测故障出现在以下几个方面：网线故障、网卡配置不正确、IP地址不正确。

2）测试本地TCP/IP协议栈是否正常。

一般的，如果ping 127.0.0.1可以ping通，则表示TCP/IP协议栈是正常工作的。使用ping命令测试本地TCP/IP协议栈如图3.34所示。

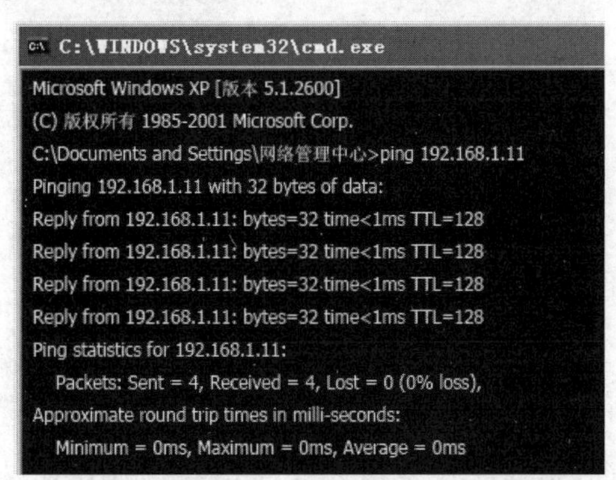

图3.33 使用ping命令测试本机网卡

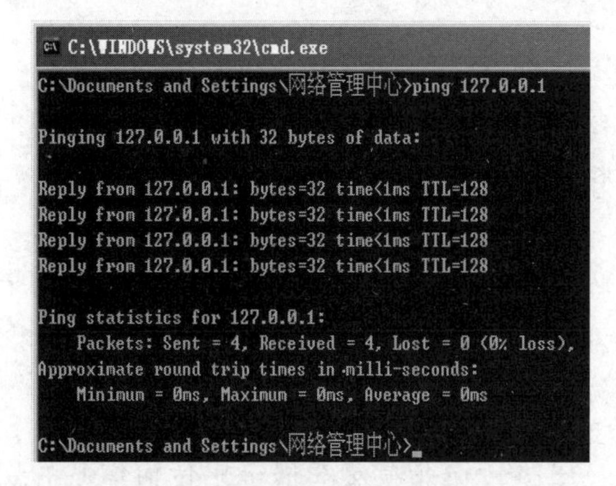

图3.34 使用ping命令测试本地TCP/IP协议栈

③ 测试本机的下一跳设备（网关）是否正常。

测试环境：本机IP地址为192.168.1.11，网关为192.168.1.1，使用ping命令测试网关如图3.35所示，说明网关正常工作。

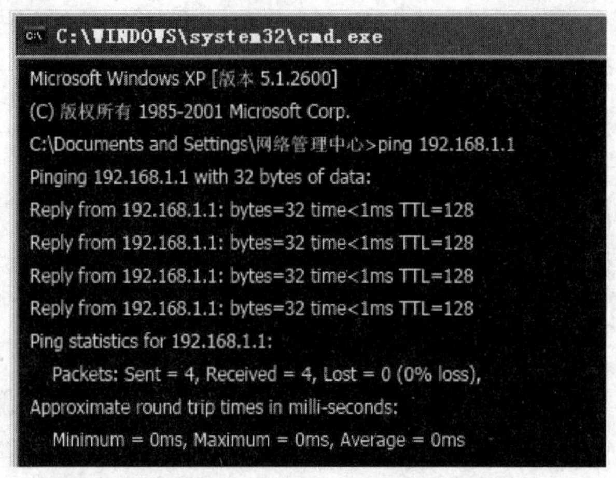

图 3.35　使用 ping 命令测试网关

（5）实训总结

1）ping 命令后面要有空格，否则命令会出错。

2）如果执行“ping 本机 IP”命令后，显示内容为“Request timed out”，则表明网卡安装或配置有问题。将网线断开再次执行此命令，如果显示正常，则说明本机使用的 IP 地址可能与另一台正在使用的机器的 IP 地址重复了。如果仍然不正常，则表明本机网卡安装或配置有问题。

小　结

（1）局域网的概念

在较小的地理范围内，利用通信线路将多种数据设备连接起来，实现相互间的数据传输和资源共享的系统称为局域网。

（2）局域网的特点

从功能的角度来看，局域网的特点如下：共享传输信道，地理范围有限，传输速率高，误码率低，采用分布式控制和广播式通信。

（3）网络传输介质

网络传输介质是在网络中传输信息的媒体，常用的有线传输介质包括双绞线和光纤。

（4）局域网分类

按网络的介质访问方式划分，可分为以太网、令牌环网和令牌总线网等。目前使用最多的是以太网。

按局域网基本工作原理划分，局域网分为共享媒体局域网、交换式局域网和虚拟局域网 3 种。

(5) 介质访问控制方法

这里主要讨论了局域网介质访问方法中几种常用的共享介质访问控制方法，包括带有冲突检测的载波侦听多路访问控制、FDDI 与令牌环访问控制、令牌总线访问控制。

(6) 以太网的分类

根据传输速率的不同，以太网可以分为 10Mbit/s 以太网、100Base-T 以太网、千兆以太网和万兆以太网。

(7) 交换式局域网的结构与特点

交换式局域网的核心设备是局域网交换机。交换机的每个端口都能独享带宽，所有端口能够同时进行并发通信，并且能在全双工模式下提供双倍的传输速率。

交换式局域网有如下特点：独占信道，独享带宽；多对节点之间可以同时进行通信；端口速率配置灵活；便于网络管理和均衡负载；兼容原有网络。

(8) 交换式局域网的交换方式

目前，交换机通常采用的帧的交换方式有 3 种：直通式、存储转发式和碎片隔离式。

(9) 虚拟局域网

虚拟局域网是建立在交换技术上，通过网络管理软件构建的、可以跨越不同网段、不同网络的逻辑型网络。

(10) 虚拟局域网实现的方式

虚拟局域网的实现方式有两种：静态实现和动态实现。

(11) 无线局域网

无线局域网是指以采用与有线网络同样的工作方法，通过无线信道作为传输介质，把各种主机和设备连接起来的计算机网络。

(12) 无线局域网的传输技术

按照 IEEE 802.11 标准规定的发送及接收技术，可以将无线局域网划分为 3 类：红外无线局域网、扩频无线局域网和窄带无线局域网。

(13) 蓝牙

蓝牙是无线数据和语音传输的开放式标准，它将各种通信设备、计算机及其终端设备、各种数字数据系统，甚至家用电器采用无线方式连接起来。

蓝牙技术的实质：一种短距离无线通信标准。

(14) 蓝牙系统的组成

蓝牙系统由天线单元、链路控制单元、链路管理单元和蓝牙软件单元 4 个功能单元组成。

习　题

1．选择题

（1）10Base-T 以太网采用（　　）作为传输介质。

A．粗缆　　B．细缆

C．双绞线　　D．光缆

（2）使用集线器的普通端口进行级联，必须采用（　　）UTP 方式；如果使用专用的级联端口进行级联，则应采用（　　）UTP 方式。

A．直连　交叉　　B．交叉　直连

C．直连　直连　　D．交叉　交叉

（3）交换式以太网的核心设备是（　　）。

A．集线器　　B．交换机

C．路由器　　D．网卡

（4）交换机是通过（　　）来进行数据信息的转发和交换的。

A．通信信道　　B．通信过滤

C．生成树协议　　D．地址映射表

（5）虚拟局域网的技术基础是（　　）技术。

A．宽带分配　　B．路由

C．冲突检测　　D．交换

（6）在常用的传输介质中，（　　）的带宽最宽，信号传输衰减最小，抗干扰能力最强。

A．双绞线　　B．同轴电缆

C．光纤　　D．微波

（7）对于两个分布在不同区域的 10Base-T 网络，如果使用细同轴电缆互连，则在互连后的网络中，两个相距最远的节点之间的布线距离为（　　）。

A．200 m　　B．700 m

C．300 m　　D．385 m

（8）制作交叉线时，正确的做法是（　　）。

A．两端的 4、5、7、8 引脚可以不用

B．1-3、2-6 对换

C．1-2，3-6 对换

D．1-2、7-8 对换

（9）双绞线可以用来传输（　　）。

A．只是模拟信号　　B．只是数字信号

C．数字信号和模拟信号　　D．只是基带信号

（10）关于交换式局域网的描述中错误的是（　　）。

A．独占信道　　B．独享带宽

C．单信道　　D．负载均衡

2．填空题

（1）交换机通常采用的帧交换方式有________、________、________。

（2）用________技术能把在同一交换机设备上的 10 台计算机划分成两个局域网。

（3）无线局域网的 3 种传输介质有________、________、________。

（4）无线局域网组网的 3 种方式是________、________、________。

（5）________技术能把移动办公设备和非计算机类智能设备连接起来再进行数据通信。

3．简答题

（1）局域网主要有哪些特点？

（2）网络传输介质有哪些？各自有什么特点？

（3）交换式局域网有哪些特点？

（4）虚拟局域网的优点有哪些？

模块 4　网络管理技术

知识目标

◆ 掌握网络操作系统的定义、作用和服务功能；了解网络操作系统的分类及特征。

◆ 了解 Windows Server 2008 操作系统的网络管理内容及方式；理解域的含义和域成员的分类。

◆ 熟悉并掌握服务器的配置与管理方法，包括活动目录的安装、DHCP 服务器的配置、用户和计算机账户的管理、文件和磁盘空间的共享。

能力目标

进一步理解 DHCP 服务的作用并能够配置 DHCP 服务器；能够熟练地创建共享文件夹并进行设置。

4.1　网络操作系统概述

网络操作系统（Network Operating System，NOS）是网络的“心脏”和“灵魂”，是向网络中的计算机提供服务的特殊操作系统。NOS 运行在称为服务器的计算机上，并由联网的计算机用户共享，这类用户称为客户。与一般操作系统（Operating System，OS）相比，NOS 偏重于将与网络活动相关的特性加以优化，即通过网络来管理诸如共享数据文件、软件应用和外部设备之类的资源，而 OS 则偏重于优化用户与系统的接口以及在其上面运行的应用。因此，NOS 可定义为通过整个网络管理资源的一种程序。

1. 网络操作系统的分类

目前，局域网中主要存在以下几类网络操作系统。

（1）Windows

对于这类操作系统相信使用过计算机的人都不会陌生。Microsoft 公司的 Windows 系统不仅在个人操作系统中占有绝对优势，在网络操作系统中也具有优势。这类操作系统在整个局域网中是最常见的，但由于它对服务器的硬件要求较高，且稳定性能不是很高，所以 Microsoft 公司的网络操作系统一般只适用于中低档服务器，高端服务器通常采用 UNIX、Linux 等非 Windows 操作系统。在局域网中，Microsoft 公司的网络操作系统主要有 Windows NT 4.0 Server、Windows Server 2000、Windows Server 2003、Windows Server 2008 等，工作站（客户端）系统可以采用任一 Windows 或非 Windows 操作系统，包括个人操作系统，如 Windows 9x/ME/XP 等。

在整个 Windows 网络操作系统中最为成功的是 Windows NT 4.0 操作系统，它几乎成为中、小型企业局域网的标准操作系统，因为它继承了 Windows 家族统一的界面，使用户学习、使用起来更加容易；而且它的功能比较强大，基本上能满足所有中、小型企业的各项网络要求。虽然相比 Windows Server 2000/2003/2008 操作系统来说，它在功能上要逊色许多，但它对服务器的硬件配置要求比较低，可以更大程度地满足许多中、小企业的计算机服务器配置需求。

（2）NetWare

NetWare 操作系统虽然远不如几年前那样流行，但是 NetWare 操作系统仍以对网络硬件的要求较低而受到一些设备比较落后的中、小型企业，特别是学校的青睐。因为它兼容 DOS 命令，其应用环境与 DOS 相似，经过长时间的发展，具有相当丰富的应用软件支持，技术完善、可靠。目前，常用的版本有 3.11、3.12、4.10、4.11、5.0 等中英文版本，NetWare 服务器对无盘站和游戏的支持较好，常用于教学网和游戏厅。目前，这种操作系统的市场占有率呈下降趋势，这部分的市场主要被 Windows 和 Linux 操作系统占据。

（3）UNIX

目前，常用的 UNIX 系统主要有 UNIX SVR4.0、HP-UX 11.0 和 SUN 公司的 Solaris 8.0 等。它支持网络文件系统服务，提供数据等应用，功能强大，最初由 AT&T 和 SCO 公司推出。这种网络操作系统稳定性和安全性非常好，但由于它多数是以命令方式进行操作的，因此不容易掌握，特别是对初级用户来说。正因如此，小型局域网基本不使用 UNIX 作为网络操作系统，UNIX 一般用于大型的网站或大型的企、事业局域网。UNIX 网络操作系统历史悠久，其良好的网络管理功能已被广大网络用户所接受，拥有丰富的应用软件的支持。

目前，UNIX 网络操作系统的版本有 AT&T 和 SCO 的 UNIX SVR3.2、SVR4.0 和 SVR4.2 等。UNIX 本是针对小型机主机环境开发的操作系统，是一种集中式分时多用户体系结构。因其体系结构不够合理，故 UNIX 的市场占有率呈下降趋势。

（4）Linux

这是一种新型的网络操作系统，其最大的特点是源代码开放，可以免费得到许多应用程序。目前也有中文版本的 Linux，如红旗 Linux 等。它在国内得到了用户的充分肯定，主要体现在它的安全性和稳定性方面，它与 UNIX 有许多类似之处。目前，这类操作系统仍主要应用于中、高档服务器中。

总的来说，对特定计算机环境的支持使得每类操作系统都有适合自己的工作场合，这就是系统对特定计算环境的支持。例如，Windows XP/Vista 适用于桌面计算机，Linux 目前较适用于小型的网络，而 Windows Server 2008 和 UNIX 则适用于大型服务器应用程序。因此，对于不同的网络应用，需要有目的地选择合适的网络操作系统。

2. 网络操作系统服务功能

网络操作系统具有如下特征。

1）网络操作系统允许在不同的硬件平台上安装和使用，能够支持各种网络协议和网络服务。

2）网络操作系统能够提供必要的网络连接支持，能够连接两个不同的网络。

3）网络操作系统能够提供多用户协同工作的支持，具有多种网络设置、管理的工具软件，能够方便地完成网络的管理。

4）网络操作系统有很高的安全性，能进行系统安全性保护和各类用户的存取权限控制。

网络操作系统还提供了以下几项服务功能。

1）共享资源管理。

2）网络通信。

3）网络服务。

4）网络管理。

5）互操作能力。

4.2 Windows Server 2008 网络操作系统

1. Windows Server 2008 网络操作系统的新功能

Windows Server 2008 不再是单纯的升级，它不同于之前版本的 Windows Server，其采用了全新的代码，核心代码应用了安全开发模式，使 Windows Server 2008 在系统层级更加安全。Windows Server 2008 采用了和 Vista 类似的界面，界面更加友好。

Windows Server 2008 是为了迎合应用日益繁多的企业而推出的一款操作系统，也是 Microsoft 公司的操作系统中最灵活、网络功能最丰富的一款操作系统。借助新技术和新功能，如 Server Core、PowerShell、Windows Deployment Services 和加强的网络及群集技术，Windows Server 2008 为用户提供了性能最全面、最可靠的 Windows 平台，可以满足企业级用户所有的业务负载和对应用程序的要求。

1）Windows Server 2008 增加了服务器管理器的新组件，可以通过图形界面实现绝大部分服务器角色和特性的添加及删除，赋予用户更佳的体验，降低了部署管理的难度。

2）IIS 版本升级为 7.0。IIS 7.0 从核心层被分割成了 40 多个不同功能的模块，用户可以根据 Web 服务器运行的需要来定制安装所需的模块。

3）Windows Server 2008 增加了 Server Core 安装模式，是一个最小限度的系统安装选项，具有很少的 GUI（图形用户界面），更加安全、高效，并占用更小的服务器资源。

4）在部分版本的 Windows Server 2008 中集成了 Microsoft 公司新一代服务器虚拟化软件 Hyper-V，是 Microsoft 公司在虚拟化技术上的一个突破性进展，令虚拟机的执行更加安全、稳固、快速。

5）通过改进众多现有功能与增加新功能，Windows Server 2008 的安全性显著提高。网络访问保护、Windows BitLocker 驱动器加密、服务器核心、下一代加密技术、只读域控制器，以及具备高级安全性的 Windows 防火墙等功能使安全性增强了。

6）增强的终端服务，使用 TS RemoteApp（终端服务远程应用程序）允许用户访问中央应用程序，就像运行在本地一样，TS Gateway（终端服务网关）加密了 HTTP 会话通信，用户不再需要 VPN 连接到 Internet，本地打印也变得更简单。

7）全新的管理方式，Windows PowerShell 基于.NET 技术的命令行模式，管理员可以通过简单的方法完全控制 Windows Server 2008。

8）利用虚拟化技术，Windows Server 2008 可以将分散的服务器转移到位于集中式管理环境下的虚拟机（VM）。Windows Server 2008 的内置虚拟化工具 Hyper-V 使企业能够整合服务器并提高硬件使用效率。

Windows Server 2008 发行了多种版本，以支持各种规模的企业对服务器不断变化的需求。Windows Server 2008 有 5 个不同版本，还有 3 个不支持 Windows Server Hyper-V 技术的版本，因此总共有 8 个版本。这 8 个版本分别如下。

① Windows Server 2008 Standard（标准版）。

② Windows Server 2008 Enterprise（企业版）。

③ Windows Server 2008 Datacenter（数据中心服务器版）。

④ Windows Web Server 2008（Web 服务器版）。

⑤ Windows Server 2008 for Itanium-Based Systems（基于安腾处理器版）。

⑥ Windows Server 2008 Standard without Hyper-V（不支持虚拟化技术的标准版）。

⑦ Windows Server 2008 Enterprise without Hyper-V（不支持虚拟化技术的企业版）。

⑧ Windows Server 2008 Datacenter without Hyper-V（不支持虚拟化技术的数据中心服务器版）。

虽然 Windows Server 2008 在界面、代码及功能上都有了巨大的改进，但它对硬件的要求并不苛刻。表 4.1 为其最低硬件配置要求。

表 4.1 安装 Windows Server 2008 的最低硬件配置要求

相关信息	具体说明
处理器	最低 1.0GHz x86 或 1.4GHz x64 推荐 2.0GHz 或更高；安腾版则需要 Itanium 2
内存	最低 512MB 推荐 2GB 或更多
最大支持内存	32 位标准版最大支持内存为 4GB、企业版和数据中心版最大支持内存为 64GB 64 位标准版最大支持内存为 32GB，其他版本最大支持内存为 2TB
硬盘	最少 10GB，推荐 40GB 或更多 内存大于 16GB 的系统需要更多空间用于页面、休眠和转存储文件
备注	光驱要求 DVD-ROM 显示器要求至少 SVGA 800×600 分辨率，或更高

2. Windows Server 2008 域模式网络管理

1）企业网络模式有两种类型：一种是对等网，另一种是域模式网络。使用域模式网络的安全性要高于对等网。通常小型企业的计算机数量较少，一般使用对等网；当企业规模较大，人员和计算机较多时，可以使用域模式网络进行管理。

2）域是网络的安全边界，可以实现企业网络的安全运行和高效管理。

3）域中有域控制器，负责验证域内用户和计算机使用网络资源的合法性，非域用户和计算机不能访问网络。

4）域中包括了很多资源，如域用户账户、计算机账户、服务器、打印机、共享文件等。这些资源信息由一个称为活动目录（Active Directory，AD）的数据库进行管理。活动目录存放于被称为域控制器的 Windows 服务器中。

3. 服务器配置与管理

（1）本地用户账户的建立与管理

当工作在“工作组”模式下时，在计算机操作系统中存在的是本地用户和本地组。本地用户账户的作用范围仅限于在创建该账户的计算机上，以控制用户对该计算机上的资源的访问。所以当需要访问在“工作组”模式下的计算机时，必须在每个需要访问的计算机上都有其本地用户账户。

1）创建本地用户账户。

① 启动计算机，以 Administrator 身份登录 Windows Server 2008，选择“开始”|“管理工具”|“计算机管理”选项，如图 4.1 所示，能够打开如图 4.2 所示的“计算机管理”窗口。

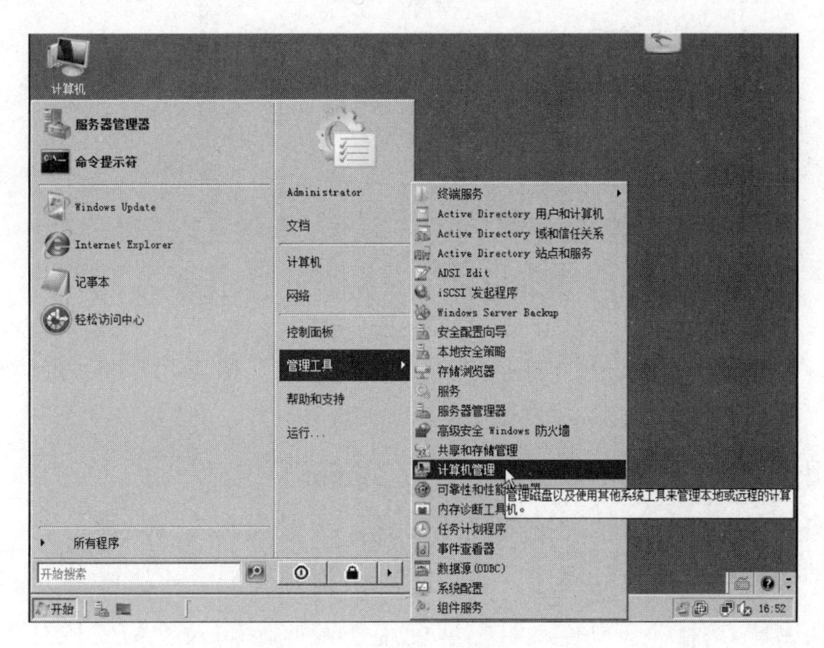

图 4.1 “计算机管理”选项

② 在“计算机管理”窗口中，打开“本地用户和组”，并选择“用户”选项，将出现系统中现有的用户信息，如图 4.2 所示。

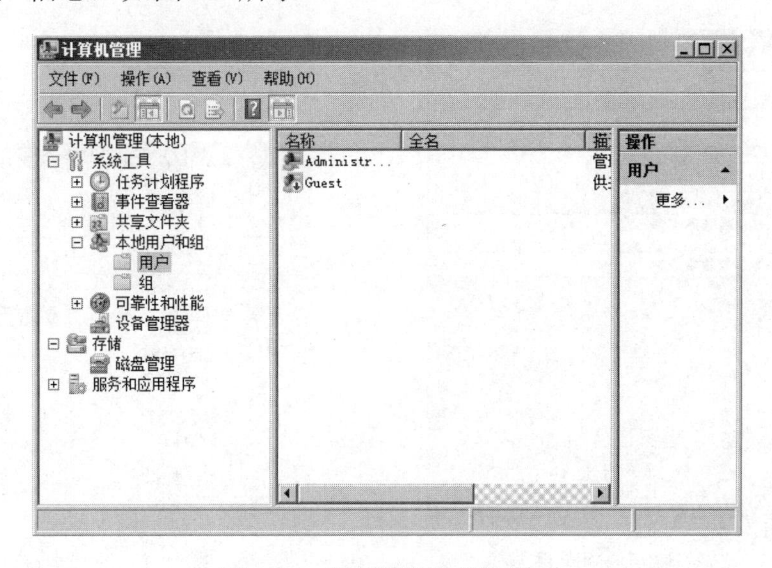

图 4.2 “计算机管理”窗口

③ 右击“用户”选项或在右侧的用户信息窗格的空白位置右击，弹出快捷菜单，创建新用户，如图 4.3 所示。

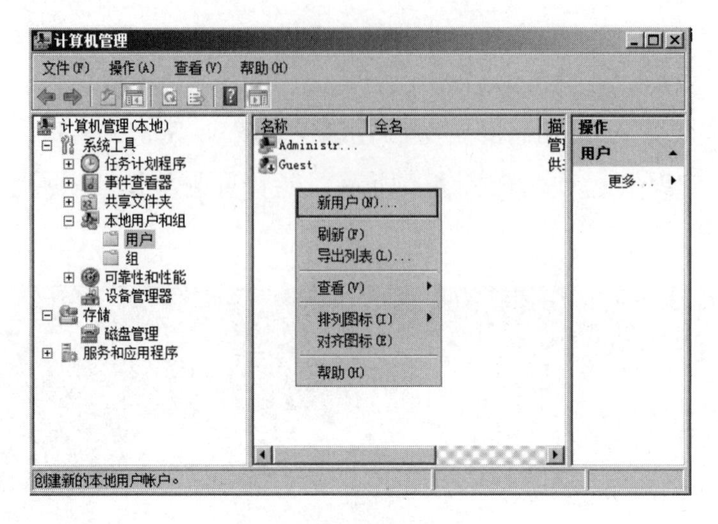

图 4.3　创建新用户

④ 将弹出“新用户”对话框，并按如图 4.4 所示的“新用户”对话框设置新用户的选项。

用户名：用户登录时使用的账户名，输入“liujin”。

全名：用户的全名，属于辅助性的描述信息，不影响系统的功能。

描述：对于所建用户账户的描述，方便管理员识别用户，不影响系统的功能。

密码和确认密码：用户账户登录时需要使用的密码，输入“ABC123!”。

右击“liujin”用户账户，通过弹出的快捷菜单进行更改，包括设置密码、重命名、删除、禁用或激活用户账户等操作，若这里选择“删除”选项，如图 4.5 所示，该账户即可被删除。

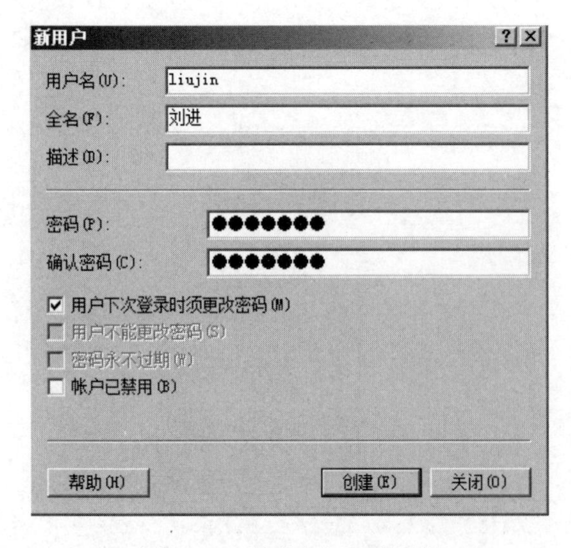

图 4.4　“新用户”对话框

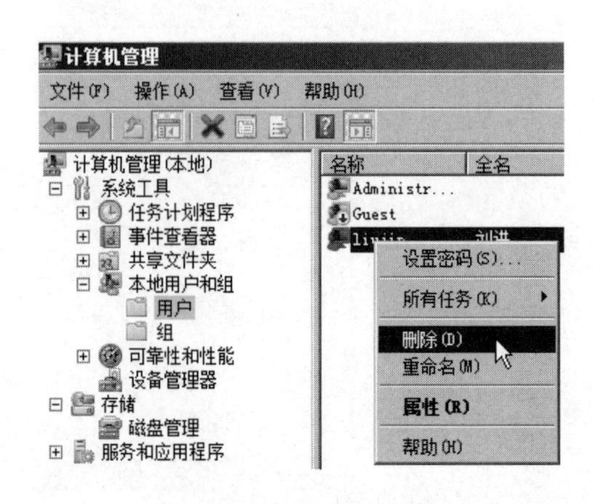

图 4.5　删除用户账户

2）设置新建用户账户权限。

① 以“Administrator”身份登录 Windows Server 2008，选择新建账户，在账户属性设置对话框中将账户添加到组，在选定的账户上右击，弹出快捷菜单，选择“属性”选项，在弹出的对话框中选择“隶属于”选项卡，如图 4.6 所示。

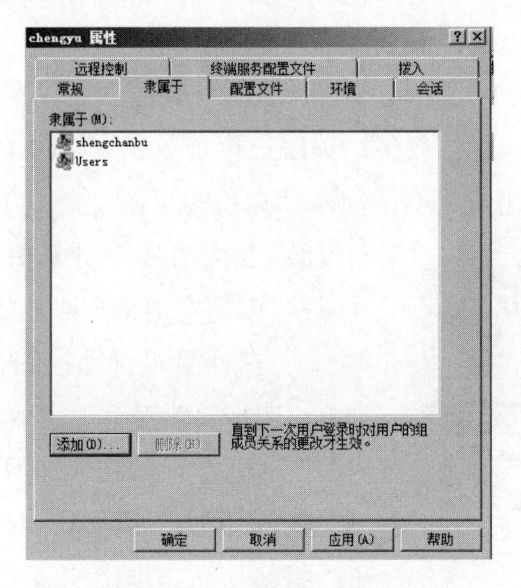

图 4.6 “隶属于”选项卡

② 单击“添加”按钮，弹出如图 4.7 所示的“选择组”对话框，在此可以直接输入需要添加组的名称，如果记不清楚组的名称，则可以单击“高级”按钮，在弹出的对话框中查找，单击“立即查找”按钮，将会显示本地计算机所有组的名称，组列表如图 4.8 所示。

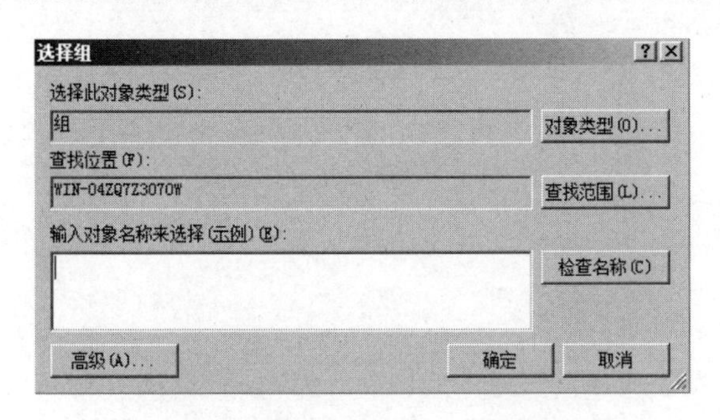

图 4.7 “选择组”对话框

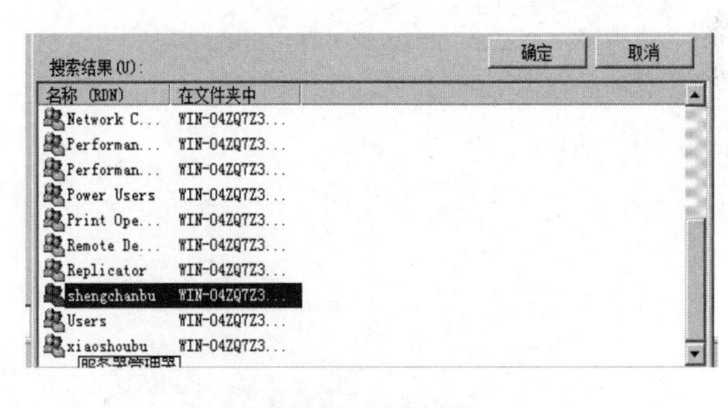

图 4.8 组列表

在 Windows Server 2008 中有如下几个内置组：Administrators 组、Users 组、Power Users 组、Backup Operators 组、Guests 组。

属于 Administrators 组的用户都具备系统管理员的权限，拥有对这台计算机最大的控制权，内置的系统管理员 Administrator 是此本地组的成员，而且无法将其从此组中删除。

Users 组权限受到很大的限制，其所能执行的任务和能够访问的资源根据指派给它的权利而定。所有创建的本地账户都自动属于此组。

Power Users 组内的用户可以添加、删除、更改本地用户账户；建立、管理、删除本地计算机内的共享文件夹与打印机。

Backup Operators 组的成员可以利用 Windows Server 2008 备份程序来备份与还原计算机内的文件和数据。

Guests 组包含 Guest 账户，一般被用于在域中或计算机中没有固定账户的用户临时访问域或计算机时使用。该账户默认情况下不允许对域或计算机中的设置和资源做更改。出于安全考虑，Guest 账户在 Windows Server 2008 安装好之后是禁用的，如果需要可以手动启用。应该注意分配给该账户的权限，该账户也是黑客攻击的主要对象。

这些本地组中的本地用户只能访问本计算机的资源，一般不能访问网络中其他计算机

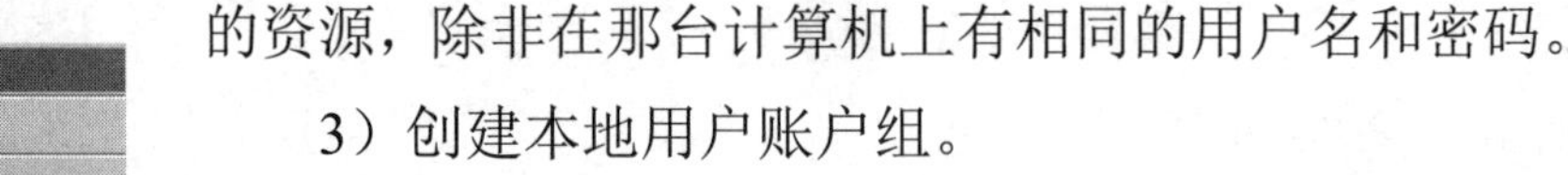

的资源，除非在那台计算机上有相同的用户名和密码。

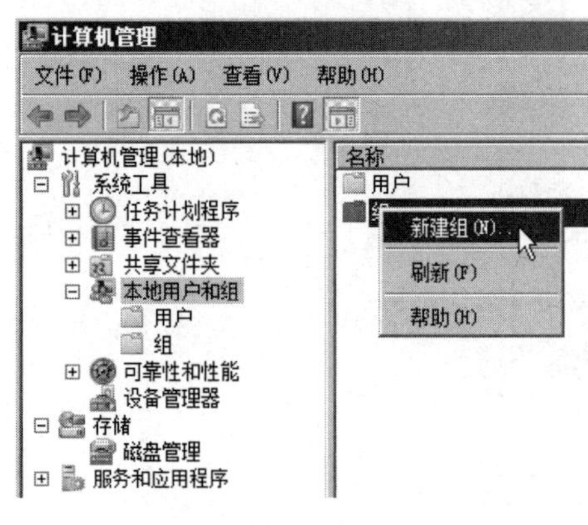

图 4.9 “新建组”选项

3）创建本地用户账户组。

① 在计算机管理控制台中右击“组”，弹出快捷菜单，选择“新建组”选项，如图 4.9 所示，弹出“新建组”对话框，如图 4.10 所示。

② 根据实际需要在相应的文本框内输入内容，如在“组名”文本框中输入“xiaoshoubu”，在“描述”文本框中输入“销售部”，单击“添加”按钮，将弹出如图 4.11 所示的“新建组”对话框。

图 4.10 “新建组”对话框 1

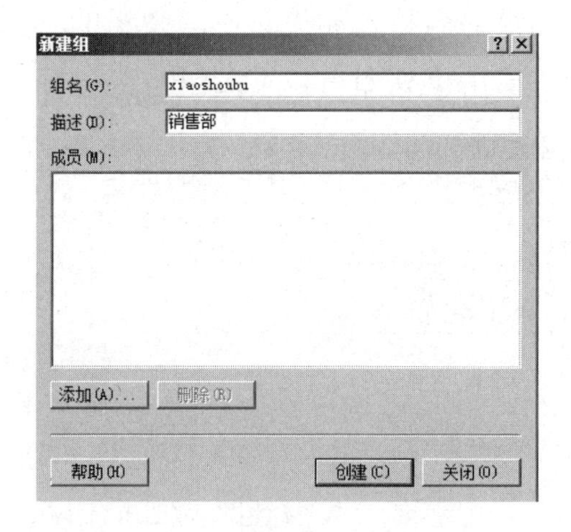

图 4.11 “新建组”对话框 2

4）添加本地用户账户组成员。

① 根据实际需要输入要添加到“itbu”组中的用户或其他组，“选择用户”对话框如图 4.12 所示。在“输入对象名称来选择”文本框中输入用户“wangdong”，单击“确定”按钮，如图 4.13 所示。

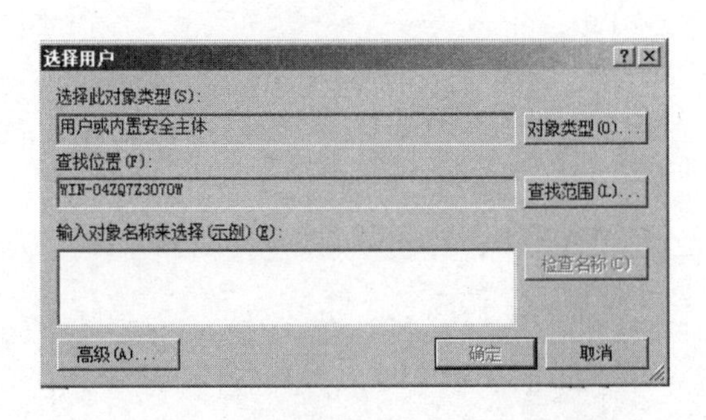

图 4.12 “选择用户”对话框 1

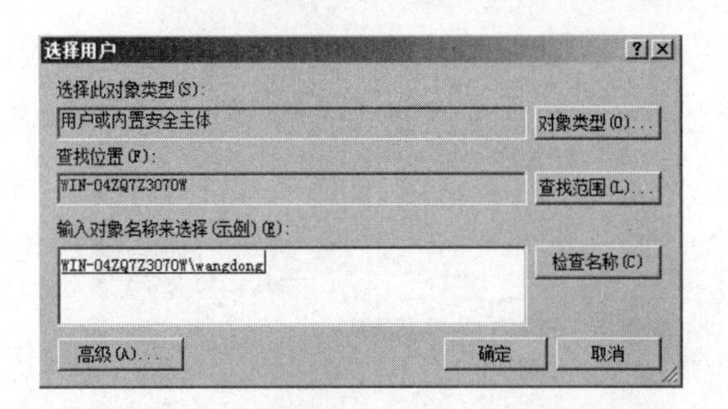

图 4.13 “选择用户”对话框 2

② 如图 4.14 所示，用户“wangdong”将显示在下面的用户列表中。单击“确定”按钮，返回“itbu 属性”对话框，如图 4.15 所示，已完成组的创建和设置。

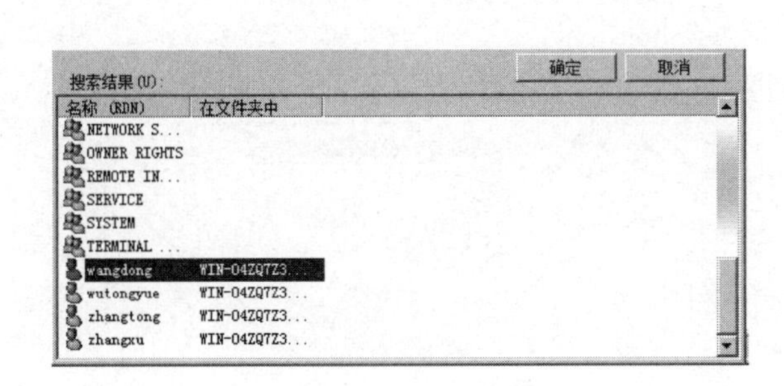

图 4.14 用户列表

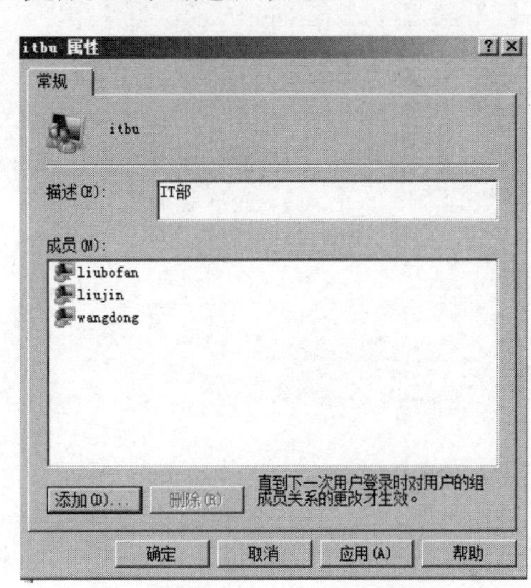

图 4.15 “itbu 属性”对话框

（2）基本磁盘管理

1）创建基本卷。

在“计算机管理”控制台中创建基本卷，具体步骤如下。

① 打开“计算机管理”控制台，展开“存储”节点，单击“磁盘管理”按钮，在控制台右侧单击需要创建基本卷的磁盘，在弹出的快捷菜单中选择“新建简单卷”选项，如图 4.16 所示。

② 在弹出的“新建简单卷向导”对话框中，单击“下一步”按钮，弹出“指定卷大小”对话框，如图 4.17 所示。

③ 单击“下一步”按钮，弹出“分配驱动器号和路径”对话框，在该对话框中为磁盘分区分配驱动器号或驱动器路径，选中“分配以下驱动器号”单选按钮，在其右侧的下拉列表中选择“E”选项，如图 4.18 所示。

④ 单击“下一步”按钮，弹出“格式化分区”对话框，选中“按下列设置格式化这个

卷”单选按钮，并选择“NTFS”文件系统，如图 4.19 所示。

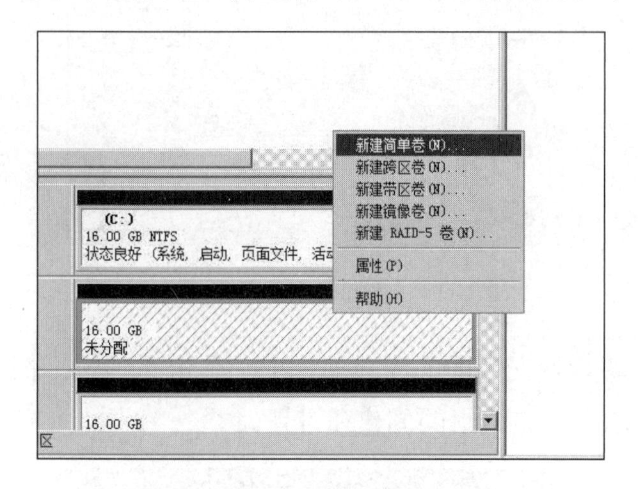

图 4.16 “新建简单卷”选项

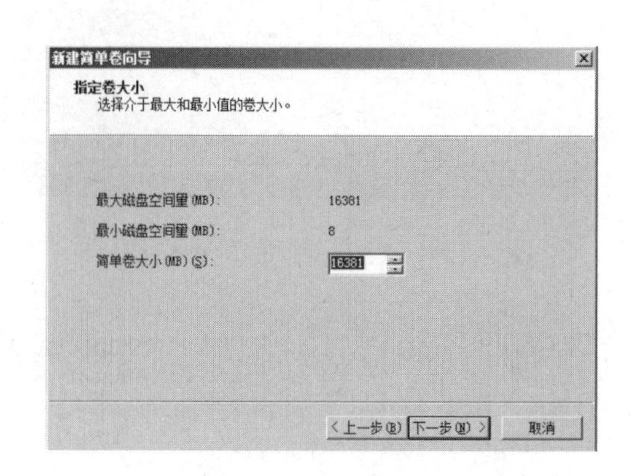

图 4.17 “指定卷大小”对话框

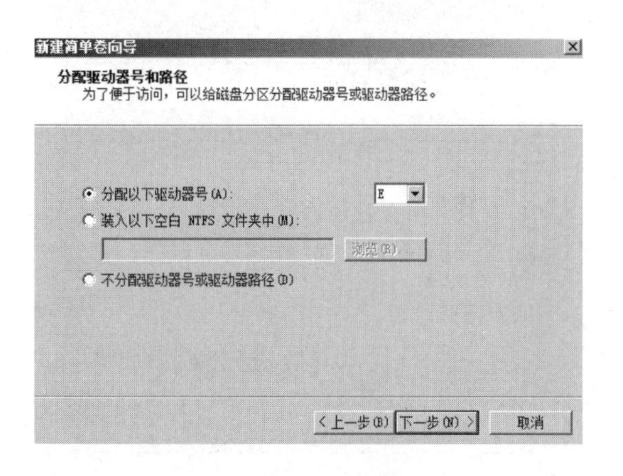

图 4.18 “分配驱动器号和路径”对话框

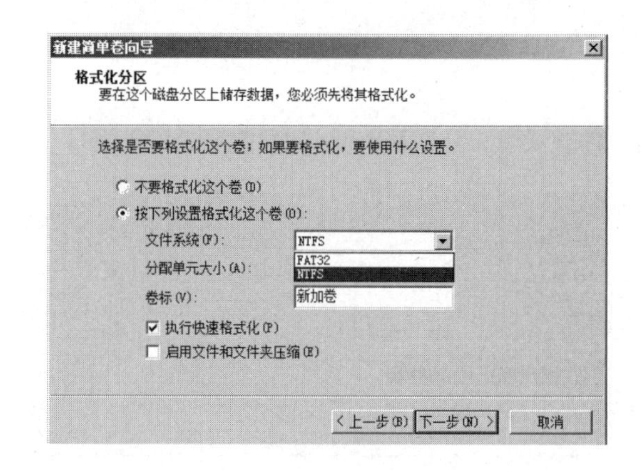

图 4.19 “格式化分区”对话框

⑤ 单击“下一步”按钮，弹出“正在完成新建简单卷向导”对话框，单击“完成”按钮，如图 4.20 所示。

⑥ 在“磁盘管理”窗口中可以看到已创建好的简单卷，如图 4.21 所示。

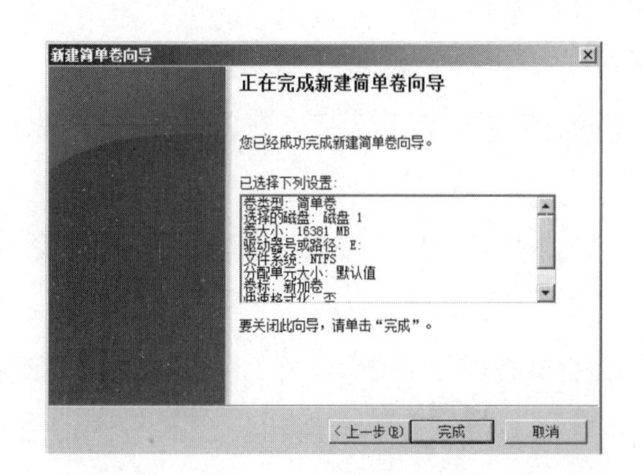

图 4.20 “正在完成新建简单卷向导”对话框

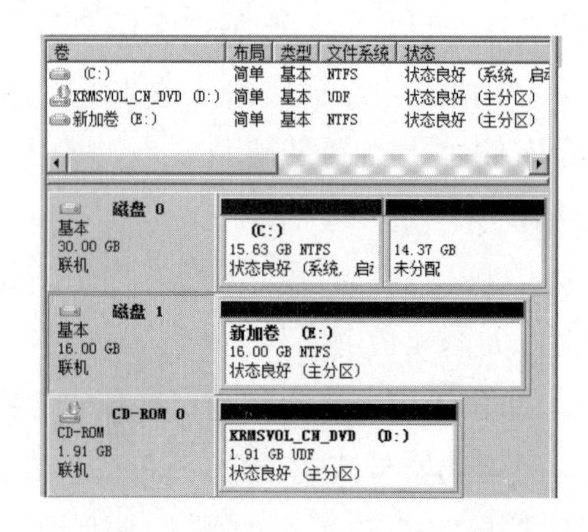

图 4.21 已创建好的简单卷

基本磁盘是一种包含主磁盘分区、扩展磁盘分区或逻辑驱动器的物理磁盘。基本磁盘上的分区和逻辑驱动器被称为基本卷。只能在基本磁盘上创建基本卷。在基本磁盘中创建的简单卷其实就是基本卷，使用“计算机管理”控制台可创建基本卷。删除基本卷的操作非常简单，右击要删除的基本卷，在弹出的快捷菜单中选择“删除卷”选项即可。

2）格式化。

① 在“磁盘管理”窗口中右击要格式化的磁盘或卷，在弹出的快捷菜单中选择“格式化”选项，弹出如图 4.22 所示的“格式化 E:”对话框。

② 选择文件系统为“NTFS”，选中“执行快速格式化”复选框，单击“确定”按钮。

③ 此时弹出提示格式化安全信息，等候用户确认，如图 4.23 所示。单击“确定”按钮完成格式化操作。

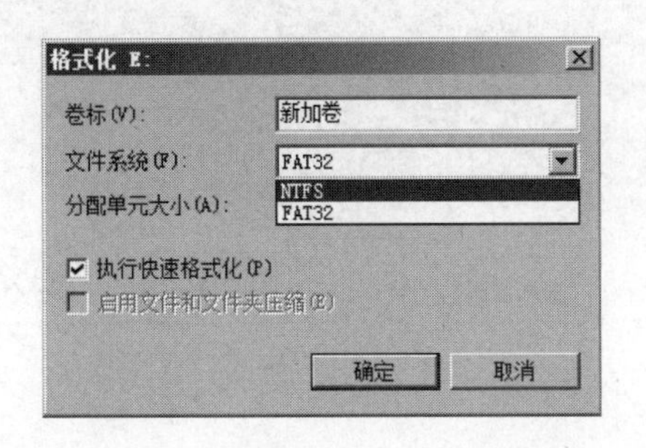

图 4.22 “格式化 E:”对话框

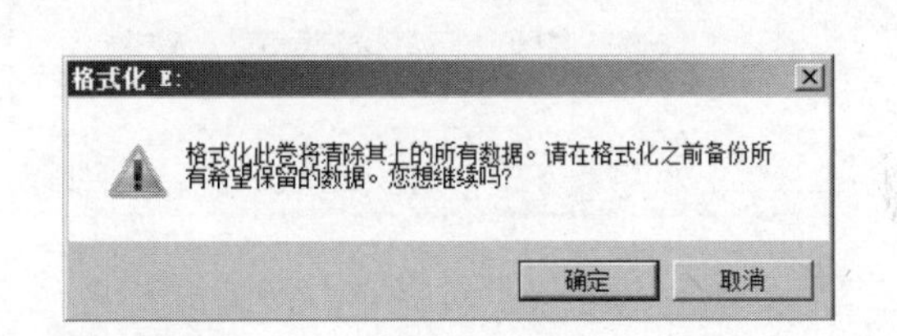

图 4.23 提示格式化安全信息

3）更改驱动器号。

① 在“磁盘管理”窗口中右击需更换驱动器号的卷，在弹出的快捷菜单中选择“更改驱动器号和路径”选项。

② 弹出“更改 E:（新加卷）的驱动器号和路径”对话框，如图 4.24 所示，选择驱动器“E:”，单击“更改”按钮。

③ 弹出“更改驱动器号和路径”对话框，选中“分配以下驱动器号”单选按钮，在其右侧下拉列表中选择指定的驱动器号“F”，如图 4.25 所示。

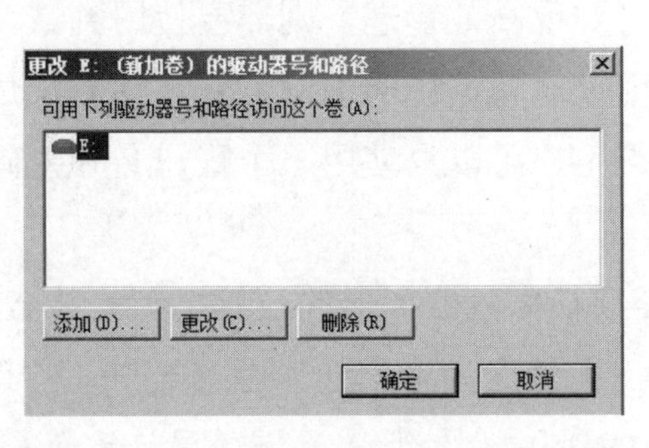

图 4.24 “更改 E:（新加卷）的驱动器号和路径”对话框

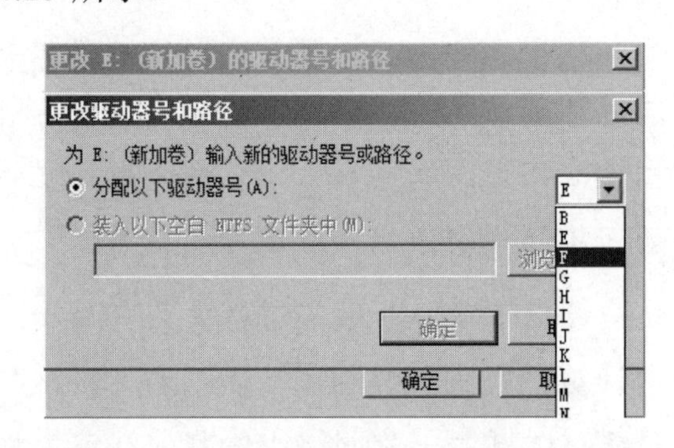

图 4.25 “更改驱动器号和路径”对话框

④ 单击“确定”按钮，弹出提示磁盘管理安全信息，如图 4.26 所示。单击“是”按

钮，驱动器号更改成功。

若删除指定驱动器号，则在如图 4.24 所示的“更改 E:（新加卷）的驱动器号和路径”对话框中单击“删除”按钮即可。

4）压缩基本卷。

① 在“磁盘管理”窗口中右击需要压缩的卷 E，在弹出的快捷菜单中选择“压缩卷”选项。

② 弹出“压缩 E:”对话框，在“输入压缩空间量（MB）”文本框中输入需要压缩的卷容量，单击“压缩”按钮，如图 4.27 所示。

图 4.26　提示磁盘管理安全信息

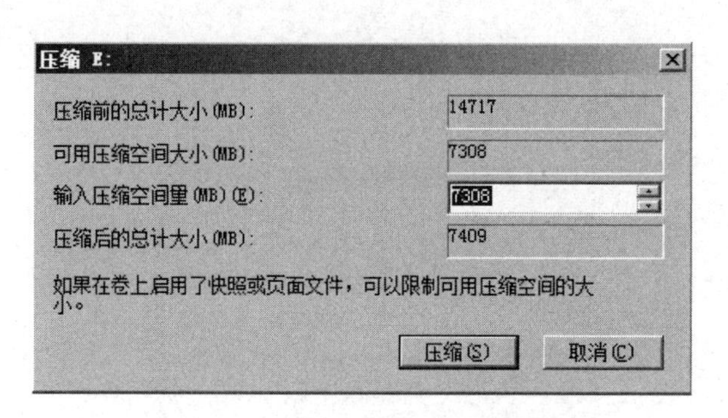

图 4.27　“压缩 E:”对话框

③ 在“磁盘管理”窗口中可以看到卷容量的变化，磁盘压缩结果，如图 4.28 所示。

图 4.28　磁盘压缩结果

磁盘压缩后，磁盘卷的容量缩减为原卷磁盘空间的一半。

（3）建立域管理模式网络

如果企业网络中计算机和用户数量较多，要实现高效管理，则需要使用到域。域是网络的安全边界，用来管理网络资源和防止非法用户对域资源的访问，它将计算机账户和用户及账户密码集中放在一个共享数据库内，使得用户可以只使用一个账户名和密码来访问网络中的计算机。

建立一个 AD 域的过程大致有两步：首先需要在作为服务器的计算机上安装 AD，使这台计算机成为域控制器（Domain Controller，DC）；然后为用户创建用户账户，使其能够登录到 AD 域中，将网络中的其他计算机加入到 AD 域中，使其成为域成员计算机。

Windows Server 2008 可以简化网络资源的管理工作，可以在域控制器上完成绝大部分管理工作。下面来了解如何在域模式下实现网络安全管理。

1）将普通的服务器升级为域控制器。

① 选择“开始”|“运行”选项，在弹出的“运行”对话框中输入“dcpromo”命令，单击“确定”按钮。

② 弹出“Active Directory 域服务安装向导”对话框，如图 4.29 所示。

③ 单击“下一步”按钮，弹出“操作系统兼容性”对话框，操作系统兼容性信息如图 4.30 所示。

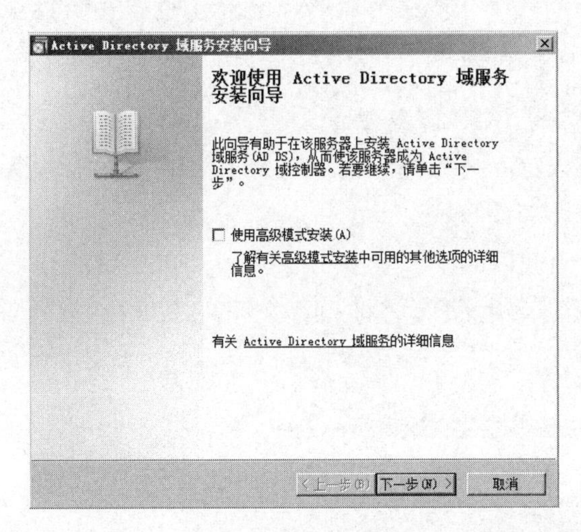

图 4.29 “Active Directory 域服务安装向导”对话框

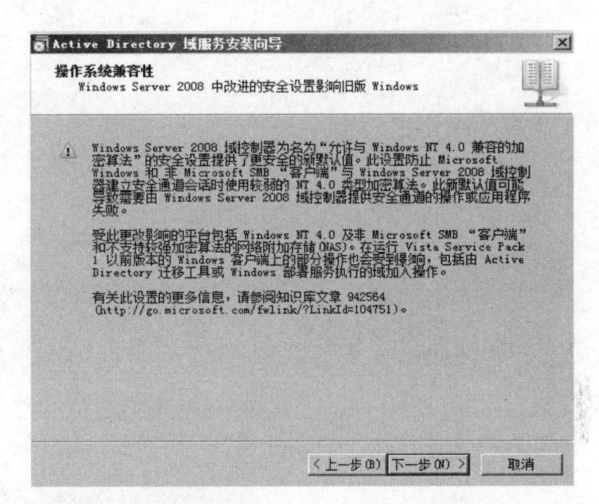

图 4.30 操作系统兼容性信息

④ 单击“下一步”按钮，弹出“选择某一部署配置”对话框，如图 4.31 所示，这里选中“在新林中新建域”单选按钮。

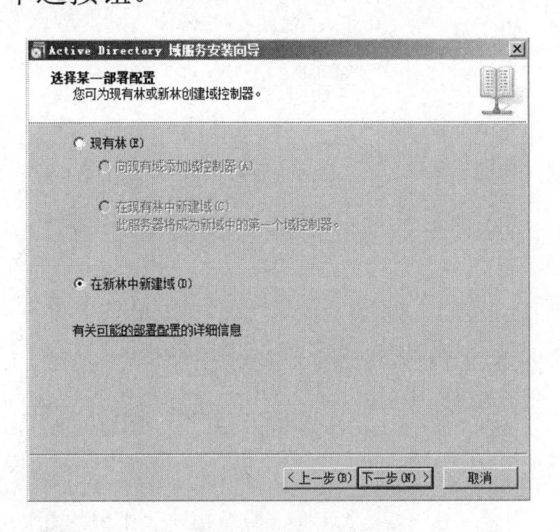

图 4.31 “选择某一部署配置”对话框

⑤ 单击“下一步”按钮，弹出“命名林根域”对话框，输入新域的 DNS 名称“huamingtec.com”。输入域名如图 4.32 所示。

⑥ 单击“下一步”按钮，弹出“设置林功能级别”对话框，如图 4.33 所示。这里选择“Windows Server 2008”选项。

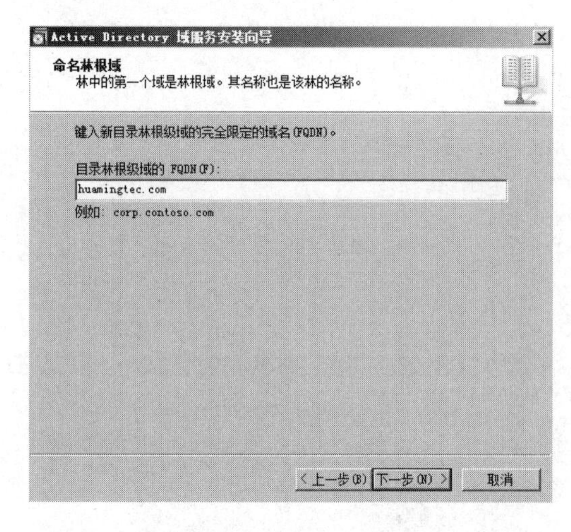

图 4.32　输入域名

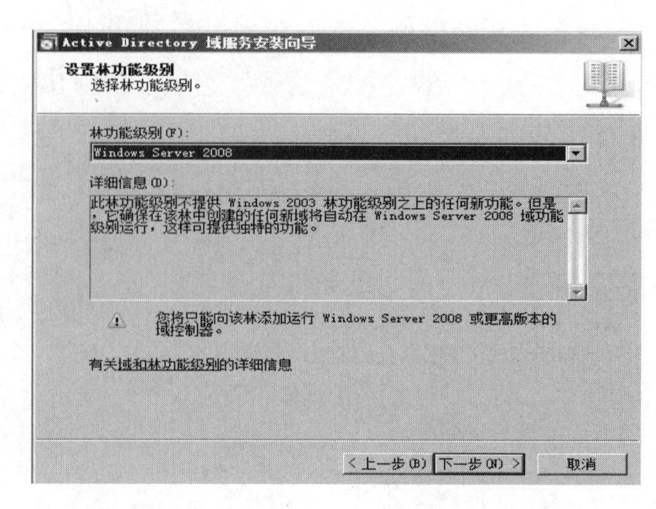

图 4.33　“设置林功能级别”对话框

⑦ 单击“下一步”按钮，弹出“其他域控制器选项”对话框，为此域控制器设置其他选项，如图 4.34 所示，这里使用默认设置即可。

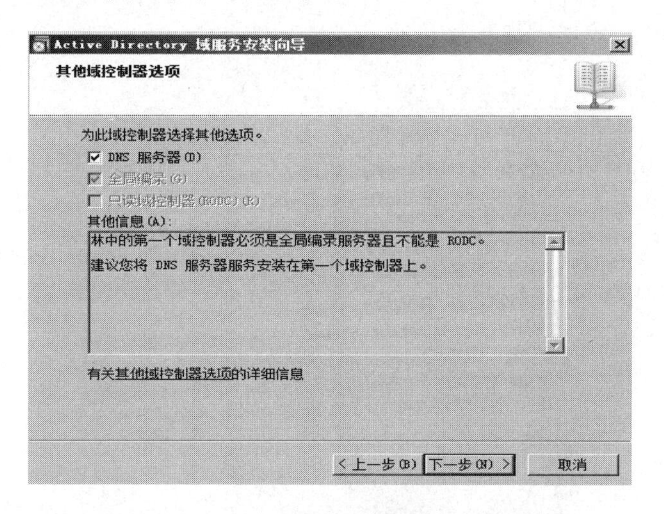

图 4.34　“其他域控制器选项”的设置

⑧ 单击“下一步”按钮，指定 Active Directory 域控制器数据库、日志文件和 SYSVOL 文件夹的存储位置。设置相关文件的位置如图 4.35 所示，这里使用默认选项即可。

⑨ 单击“下一步”按钮，输入目录服务还原模式的 Administrator 密码，如图 4.36 所示。

⑩ 单击“下一步”按钮，显示最终的摘要信息，如图 4.37 所示。

⑪ 单击“下一步”按钮，系统开始安装 Active Directory，安装完成后，系统会提示重新启动计算机，如图 4.38 所示。

2）将客户端加入域。

将客户端 PC1 加入到 huamingtec.com 域中，会自动在域中建立计算机账户 PC1。具体操作如下。

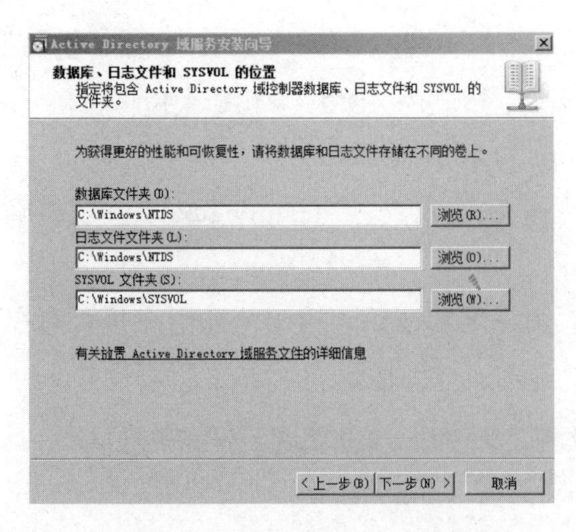

图 4.35　设置相关文件的位置

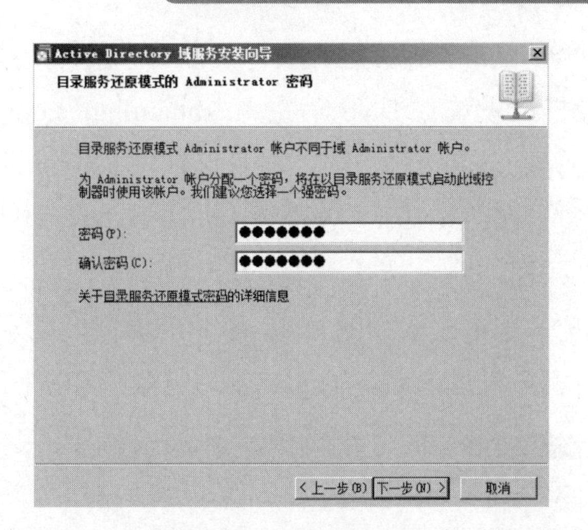

图 4.36　目录服务还原模式的 Administrator 密码

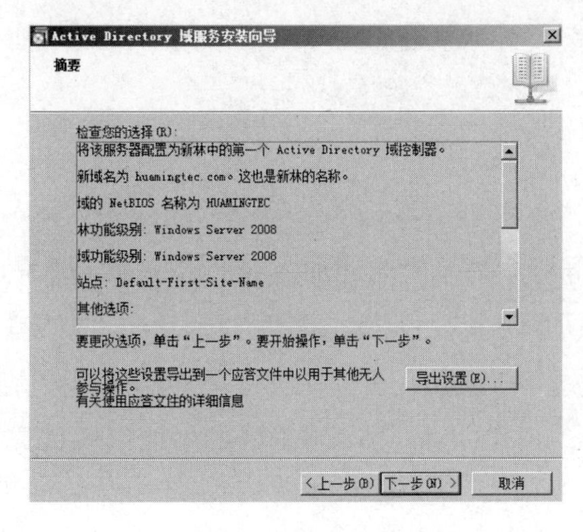

图 4.37　摘要信息

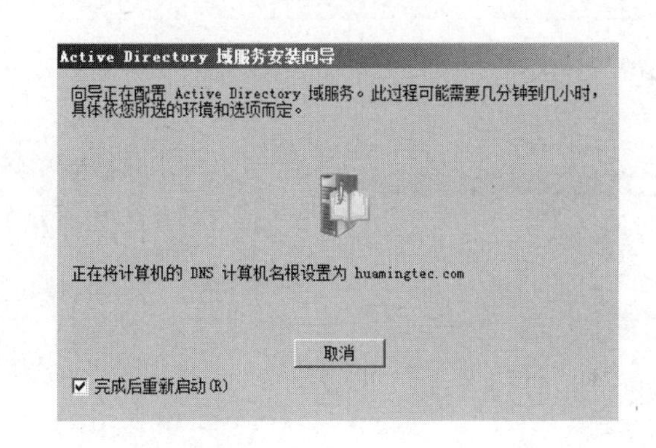

图 4.38　安装 Active Directory

① 在“系统属性”对话框中，选择“计算机名”选项卡，单击“更改”按钮。

② 屏幕将弹出“计算机名/域更改”对话框，如图 4.39 所示，修改计算机名为“PC1”。

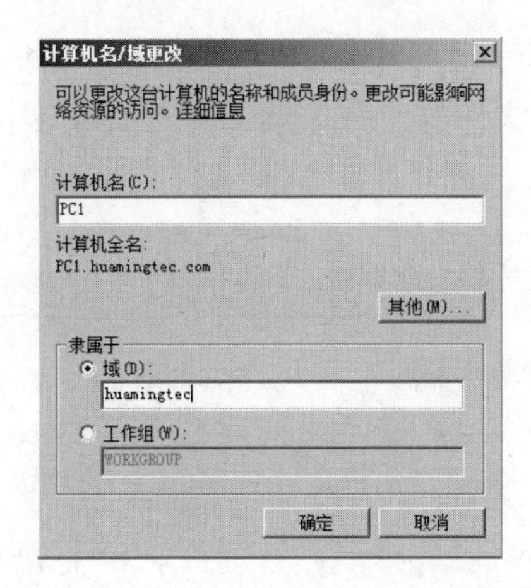

图 4.39　“计算机名/域更改”对话框

③ 单击“计算机全名”下方的“其他”按钮，弹出“DNS 后缀和 NetBIOS 计算机名”对话框，设置主 DNS 后缀为“huamingtec.com”，单击“确定”按钮，如图 4.40 所示，此时计算机全名已经更改，并且已经以 huamingtec.com 为 DNS 后缀。

④ 在“隶属于”选项组中，选中“域”单选按钮，并输入域名“huamingtec”，单击“确定”按钮。

⑤ 屏幕进入如图 4.41 所示的界面，要求输入用户名和密码，用于验证用户是否有权限将客户机加入域，输入域管理员账户和密码，单击“确定”按钮。

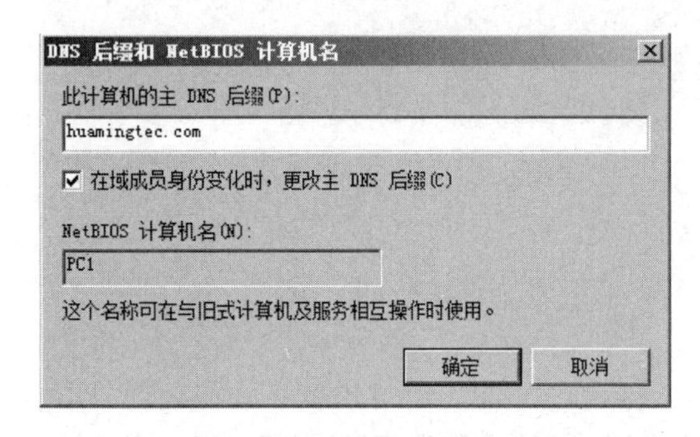

图 4.40 “DNS 后缀和 NetBIOS 计算机名”对话框

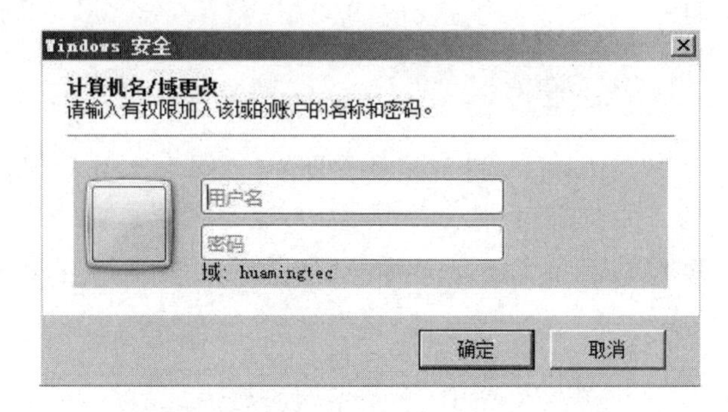

图 4.41 输入域管理员账户和密码

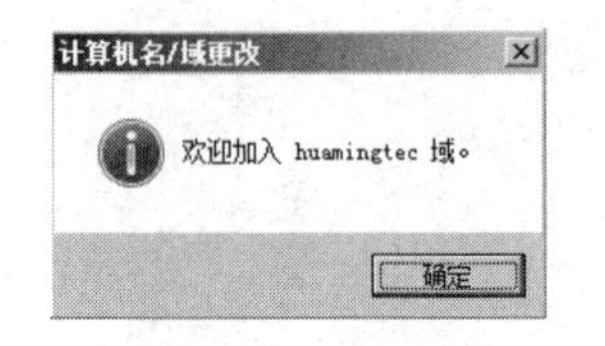

图 4.42 客户机成功加入到域

⑥ 稍等片刻，屏幕会显示“欢迎加入 huamingtec 域”信息，表示客户机成功加入到域，如图 4.42 所示。单击“确定”按钮，提示计算机需重新启动。

当计算机加入到域中以后，会自动在域中添加以该计算机名为账户名的计算机账户，如图 4.43 所示。

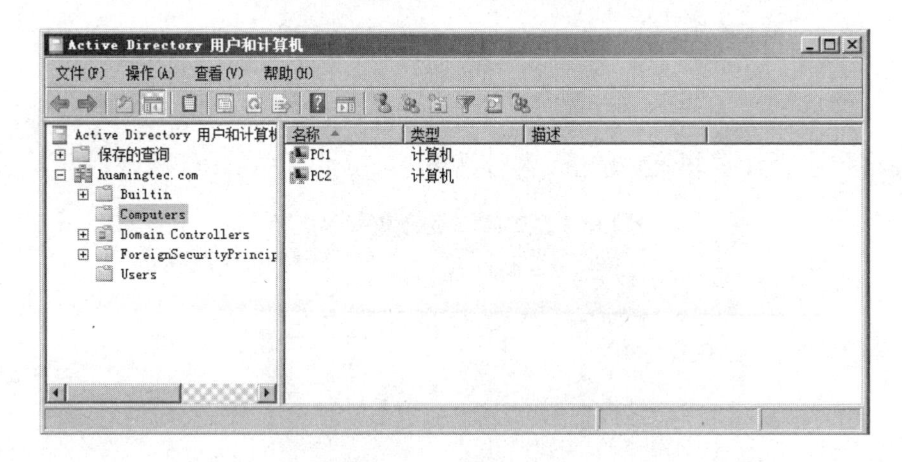

图 4.43 计算机账户

（4）建立 DHCP 服务器

DHCP 是一个简化主机 IP 地址分配管理的 TCP/IP 标准协议。它能够动态地为网络中每台设备分配唯一的 IP 地址，并提供安全、可靠且简单的 TCP/IP 网络配置，确保不发生地址冲突，帮助维护 IP 地址的使用。

要使用 DHCP 方式动态分配 IP 地址，整个网络必须至少有一台安装了 DHCP 服务的服务器。其他使用 DHCP 功能的客户端也必须支持自动向 DHCP 服务器索取 IP 地址的功能。当 DHCP 客户端第一次启动时，它会自动与 DHCP 服务器通信，并由 DHCP 服务器分配给客户端一个 IP 地址，直到租约到期，这个地址会由 DHCP 服务器收回，并将其提供给其他 DHCP 客户机使用。

1）在安装 Windows Server 2008 DHCP 服务器之前，必须注意以下两点。

① DHCP 服务器本身的 IP 地址必须是固定的，即其 IP 地址、子网掩码、默认网关等数据必须是静态分配的。

② 事先规划好可提供给 DHCP 客户端使用的 IP 地址范围，即建立 IP 作用域。

2）安装 DHCP 服务器的步骤如下。

① 选择“开始”|“服务器管理器”选项，打开“服务器管理器”窗口，选择“角色”节点，单击“添加角色”超链接，如图 4.44 所示。

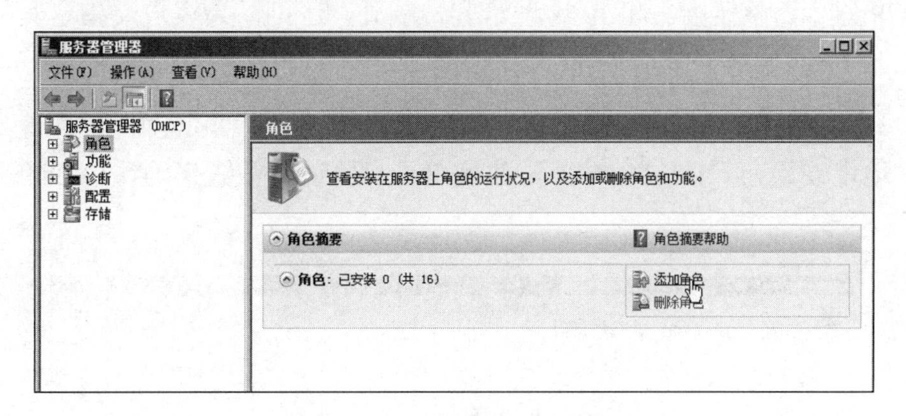

图 4.44 “服务器管理器”窗口

② 弹出“添加角色向导”对话框，进入“开始之前”界面时单击“下一步”按钮。

③ 弹出“选择服务器角色”对话框，选中“DHCP 服务器”复选框，单击“下一步”按钮，如图 4.45 所示。

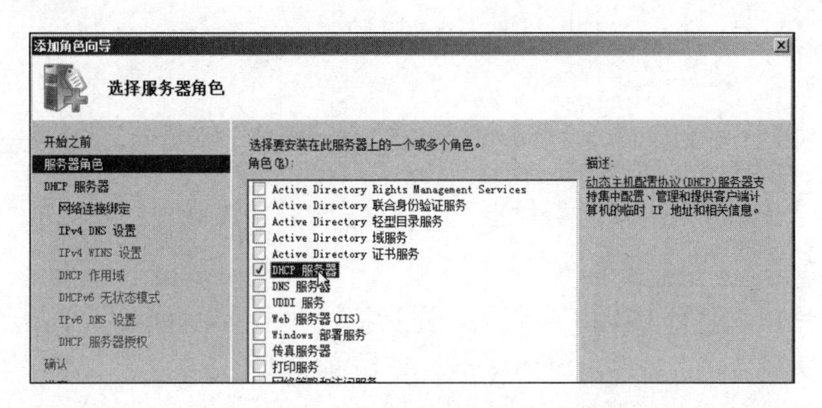

图 4.45 “选择服务器角色”对话框

④ 进入“DHCP 服务器”界面时单击“下一步”按钮。

⑤ 弹出“选择网络连接绑定”对话框，安装程序会自动检测与显示这台计算机中采用静态 IP 地址设置的网络连接，如图 4.46 所示，在此选择要提供 DHCP 服务的网络连接，只有建立了提供 DHCP 服务的网络连接之后，这台服务器才会提供服务。

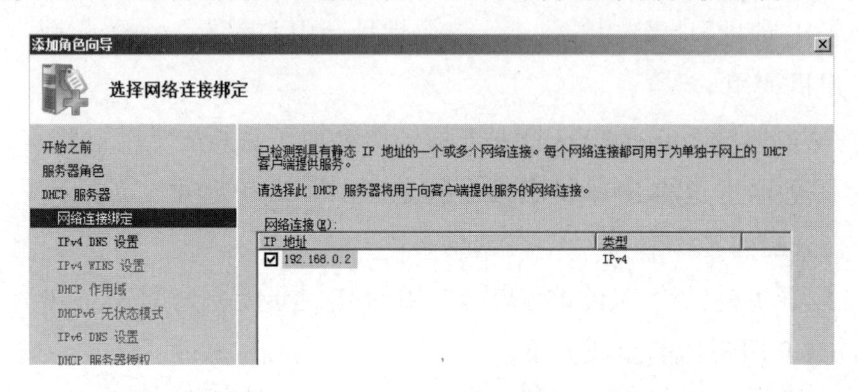

图 4.46 “选择网络连接绑定”对话框

⑥ DHCP 服务器除了会出租 IP 地址给客户端外，还可以为客户端指定其他选项设置，如 DNS 域名与 DNS 服务器的 IP 地址。在如图 4.47 所示“指定 IPv4 DNS 服务器设置”对话框中设置这两个选项，将 DNS 域名（父域）设置为“dc.huamingtec.com”，将首选 DNS 服务器的 IP 地址设置为“192.168.0.1”，建议单击“验证”按钮来确认该 DNS 服务器是否确实存在。

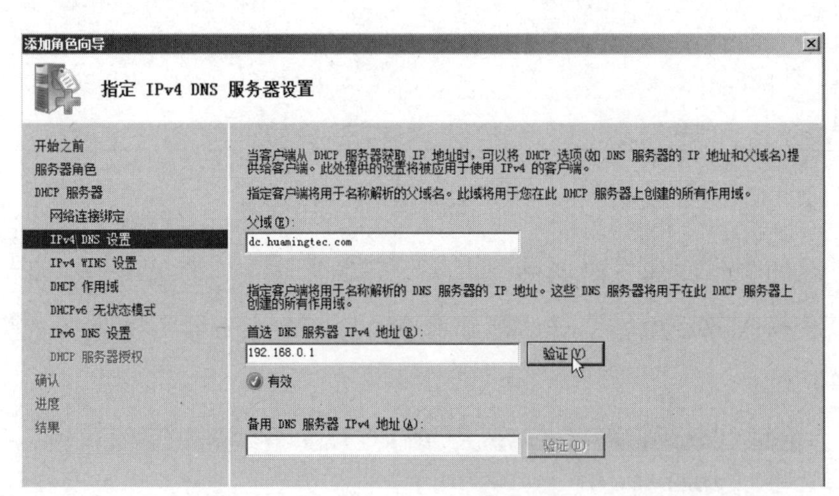

图 4.47 “指定 IPv4 DNS 服务器设置”对话框

⑦ 在“指定 IPv4 WINS 服务器设置”对话框中，保持默认设置，单击“下一步”按钮，如图 4.48 所示。

⑧ 弹出“添加或编辑 DHCP 作用域”对话框，如图 4.49 所示，单击“添加”按钮，设置 IP 地址作用域，即可设置出租给客户端的 IP 地址范围。

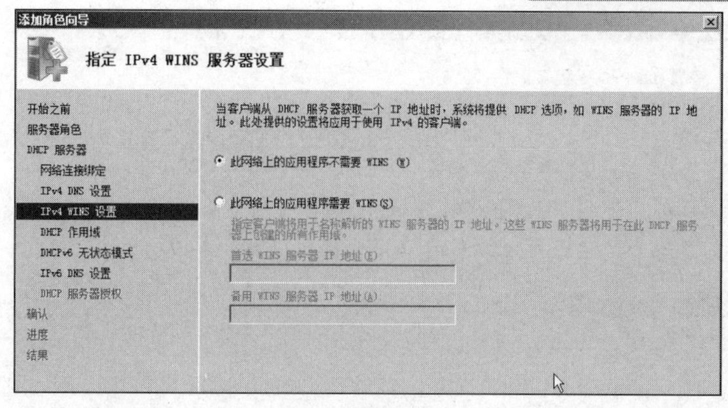

图 4.48 “指定 IPv4 WINS 服务器设置”对话框

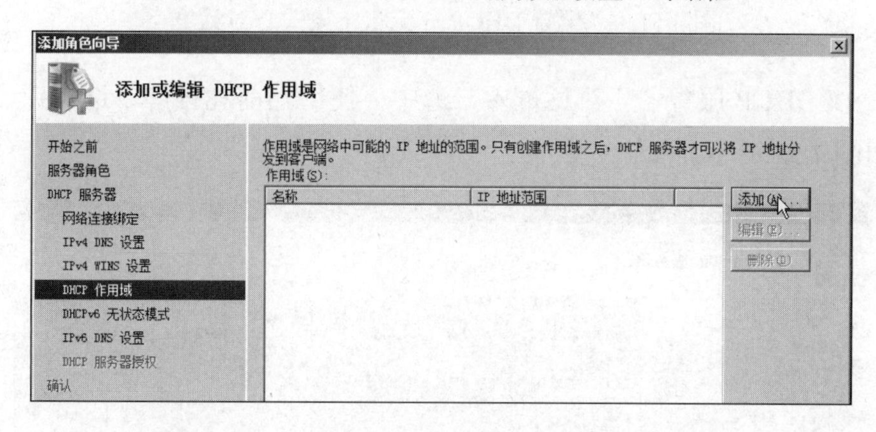

图 4.49 “添加或编辑 DHCP 作用域”对话框

⑨ 弹出“添加作用域”对话框，如图 4.50 所示，为此作用域设置名称、要出租给客户端的 IP 地址范围、子网掩码、默认网关与子网类型（租用期限），设置完成后单击“确定”按钮。

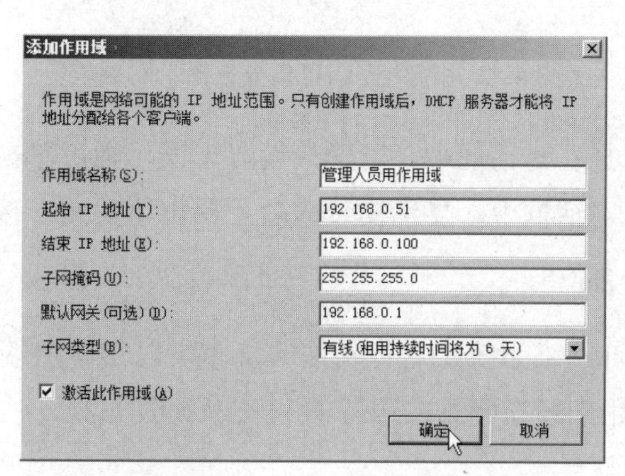

图 4.50 “添加作用域”对话框

⑩ 返回“添加或编辑 DHCP 作用域”对话框，单击“下一步”按钮。

⑪ 在弹出的“配置 DHCPv6 无状态模式”对话框中，选中“对此服务器禁用 DHCPv6 无状态模式”单选按钮，单击“下一步”按钮，如图 4.51 所示。

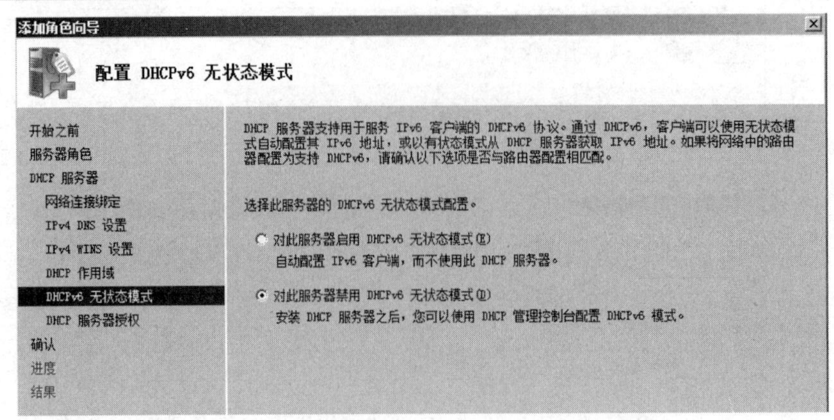

图 4.51　“配置 DHCPv6 无状态模式”对话框

⑫ 在“授权 DHCP 服务器”对话框中，选中“使用当前凭据”单选按钮，单击“下一步”按钮，如图 4.52 所示。

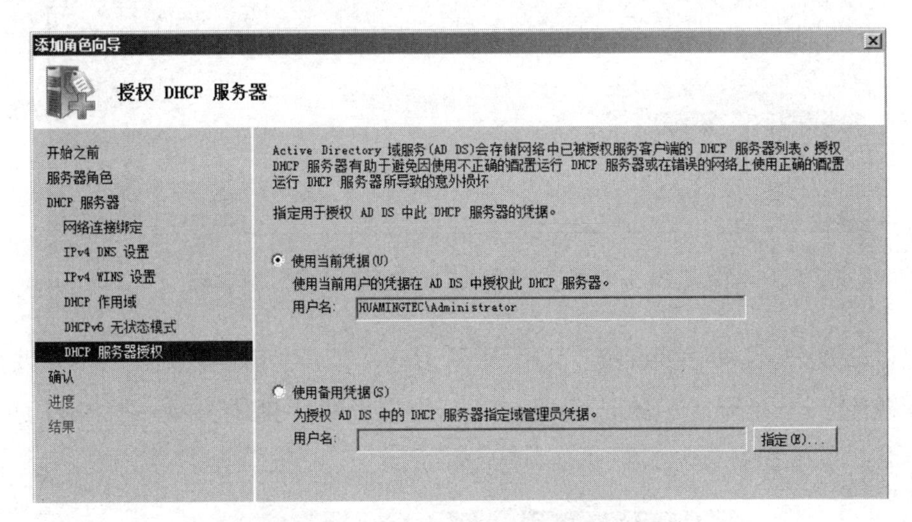

图 4.52　“授权 DHCP 服务器”对话框

⑬ 在“确认安装选择”对话框中，若确认设置无误，则可单击“安装”按钮。

⑭ 在“安装结果”对话框中，显示安装成功后单击“关闭”按钮。

（5）建立 Web 服务器

在局域网内建立内部网络系统，进行网站的发布，以便客户端可以浏览网页，都需要一个服务器的支持，即用于发布网站的服务器——Web 服务器。

1）安装 Web 服务器。

① 选择“开始”|“服务器管理器”选项，打开“服务器管理器”窗口，单击“角色”右侧的“添加角色”超链接。

② 在“开始之前”界面中单击“下一步”按钮。

③ 在“选择服务器角色”对话框中，勾选“Web 服务器（IIS）”复选框，并在弹出的

对话框中单击“添加必需的功能”按钮，如图 4.53 所示。

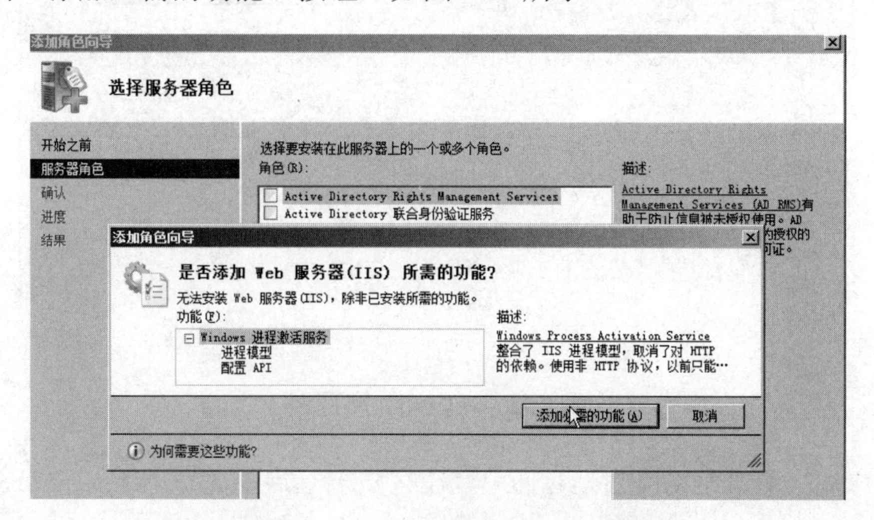

图 4.53　“添加必需的功能”按钮

④ 返回“选择服务器角色”对话框，单击“下一步”按钮。

⑤ 在“Web 服务器（IIS）”对话框中单击“下一步”按钮。

⑥ 在“选择角色服务”对话框中单击“下一步”按钮。

⑦ 在“确认安装选择”对话框中确定选择无误后单击“安装”按钮。

⑧ 在“安装结果”对话框中单击“关闭”按钮。

2）Web 网站的基本管理操作。

① 选择“开始”|“管理工具”|“Internet 信息服务（IIS）管理器”选项。

② 在打开的“Internet 信息服务（IIS）管理器”窗口中，双击左侧窗格目录中的“网站”图标，可以看到“Default Web Site”图标，如图 4.54 所示。

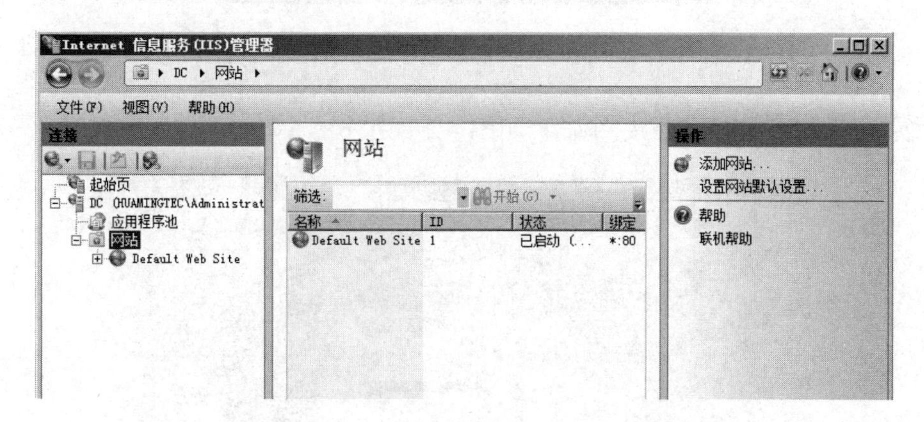

图 4.54　“Internet 信息服务（IIS）管理器”窗口

③ 右击目录中的“Default Web Site”图标，在弹出的快捷菜单中选择“浏览”选项，弹出默认网页所在的文件夹——wwwroot 文件夹，如图 4.55 所示。

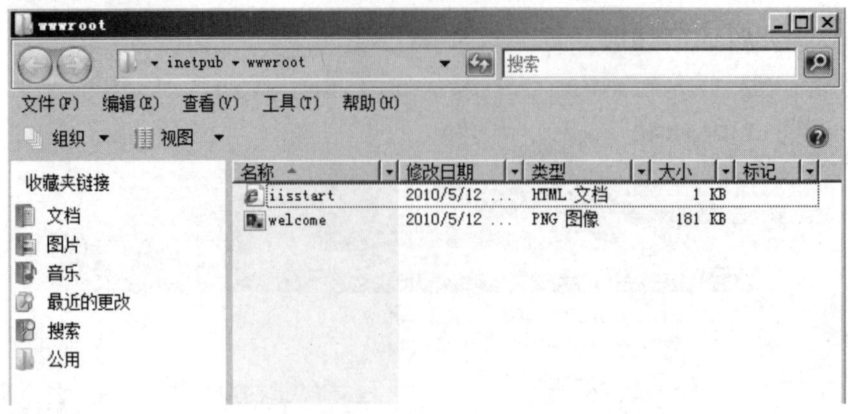

图 4.55　wwwroot 文件夹

④ 在客户端上测试网站是否运行正常。在客户端上启动浏览器 Internet Explorer，通过以下两种方法连接网站。

利用 IP 地址 http://192.168.0.3/连接网站，如图 4.56 所示。

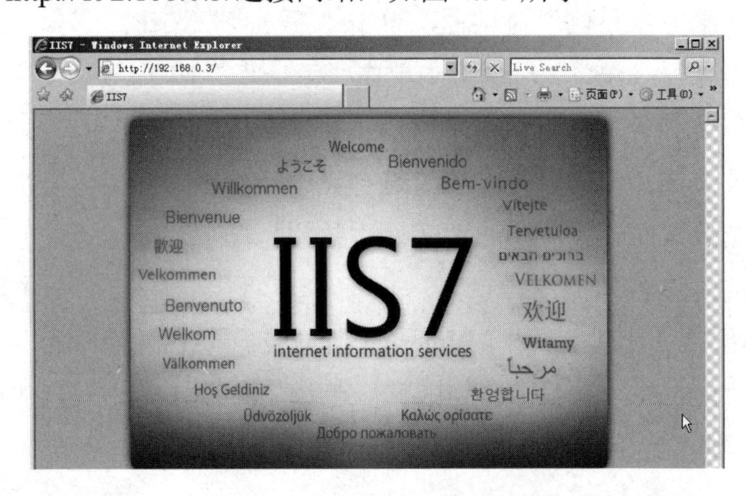

图 4.56　利用 IP 地址连接网站

利用计算机名 http://web/连接网站，如图 4.57 所示。

图 4.57　利用计算机名连接网站

3）创建 Web 站点。

① 新建一个文本文件，编辑 index.html，如图 4.58 所示，再将“新建文本文档.txt”文件更名为“index.html”，存储到 C:\myweb 中。

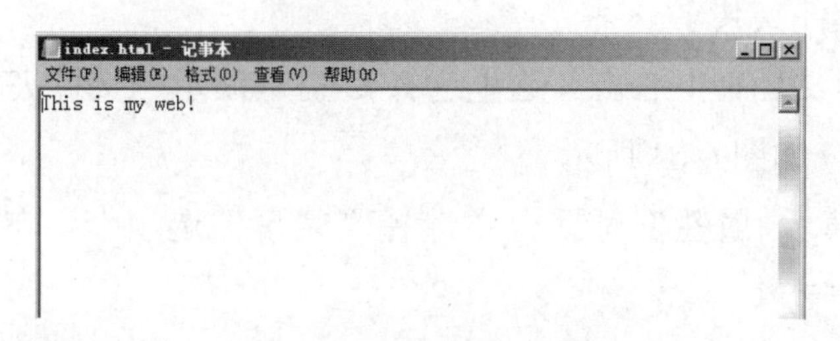

图 4.58　编辑 index.html

② 在“Internet 信息服务（IIS）管理器”窗口中右击目录中的“网站”图标，在弹出的快捷菜单中选择“添加网站”选项，弹出“添加网站”对话框，如图 4.59 所示。

③ 在“添加网站”对话框中，输入如图 4.60 所示的网站信息设置内容，单击“确定”按钮。

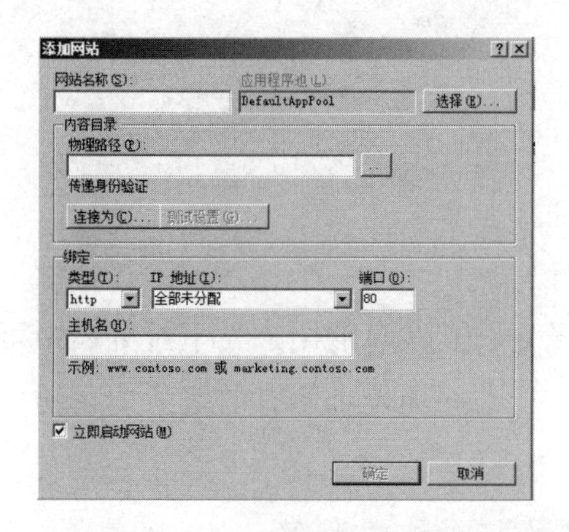

图 4.59　“添加网站”对话框

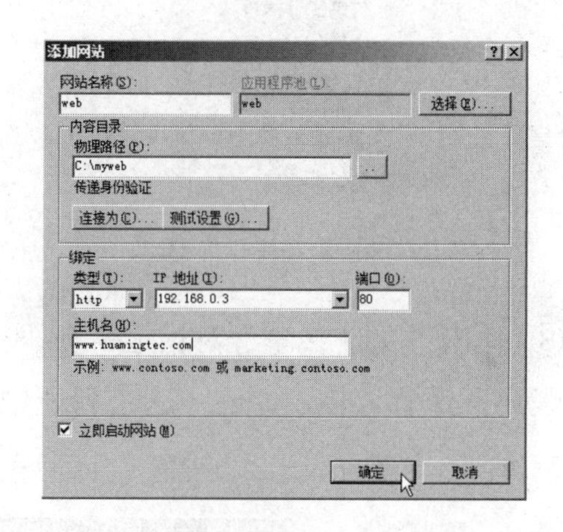

图 4.60　网站信息设置

④ 在“Internet 信息服务（IIS）管理器”窗口中，Web 网站的图标上出现红叉，右击 Web 网站的图标，单击“绑定”按钮，弹出“网站绑定”对话框，如图 4.61 所示。选中列表中类型为 http 的项目，单击“编辑”按钮，弹出“编辑网站绑定”对话框，在“主机名”文本框中输入“www.huamingtec.com”，IP 地址为“192.168.0.3”，完成后单击“确定”按钮，如图 4.62 所示。

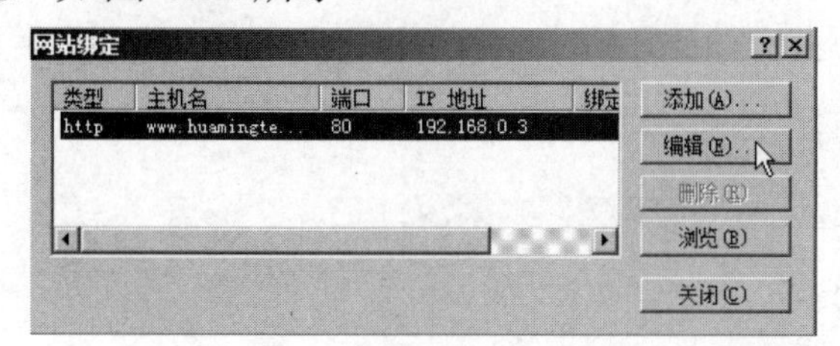

图 4.61　“网站绑定”对话框

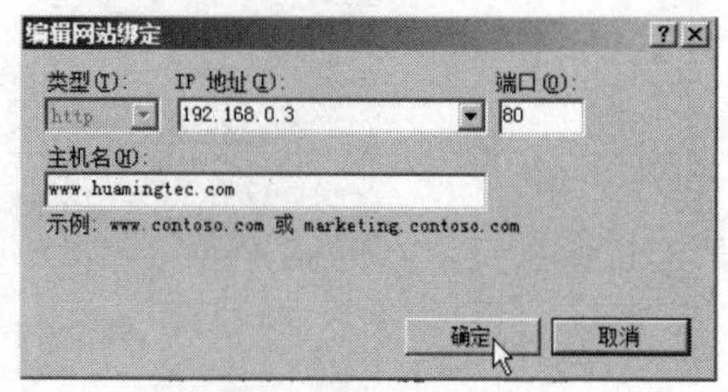

图 4.62　“编辑网站绑定”对话框

⑤ 在客户端上进行测试，启动浏览器 Internet Explorer，键入网址 http://192.168.0.3。

（6）实现文件共享

1）实现简单的文件夹共享。

① 在需要共享的文件夹上右击（这里选择 C 盘“演示”文件夹），在弹出的快捷菜单中选择“共享”选项，如图 4.63 所示。

② 在弹出的“演示 属性”对话框中选择“共享”选项卡，单击“共享”按钮，如图 4.64 所示。

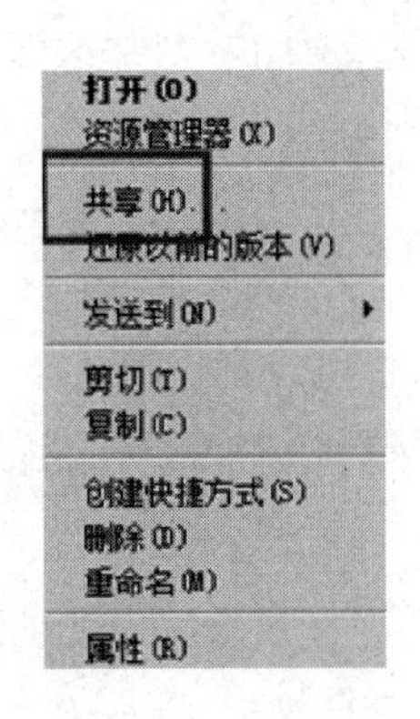

图 4.63 “共享”选项

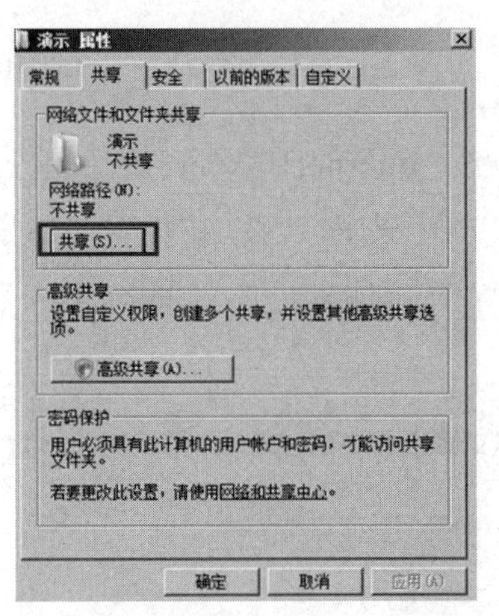

图 4.64 “演示 属性”对话框

③ 弹出“文件共享”对话框，在下方的“选择要与其共享的用户”下拉列表中可选择各种账户，选择“Everyone（这个列表中的所有用户）”选项表示所有的账户均可访问，如图 4.65 所示。

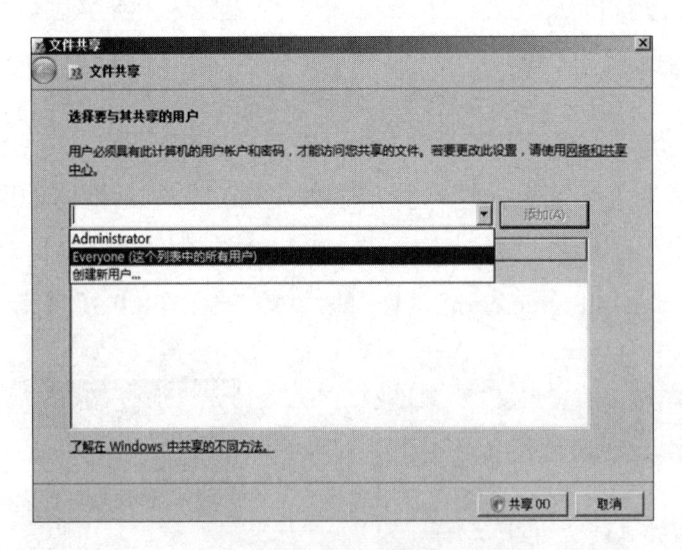

图 4.65 “文件共享”对话框

④ 选择好用户后，单击“添加”按钮，可将用户添加到列表框中。

⑤ 在列表框中单击用户名，弹出菜单，在菜单中选择权限的级别，单击“共享”按钮完成设置，如图 4.66 所示。

权限级别包括“读者”“参与者”“共有者”，其含义如下。

读者：只能查看共享文件夹中的文件。

参与者：查看所有文件、添加文件，以及更改或删除其添加的文件。

共有者：查看、更改、添加和删除共享文件夹中的文件。

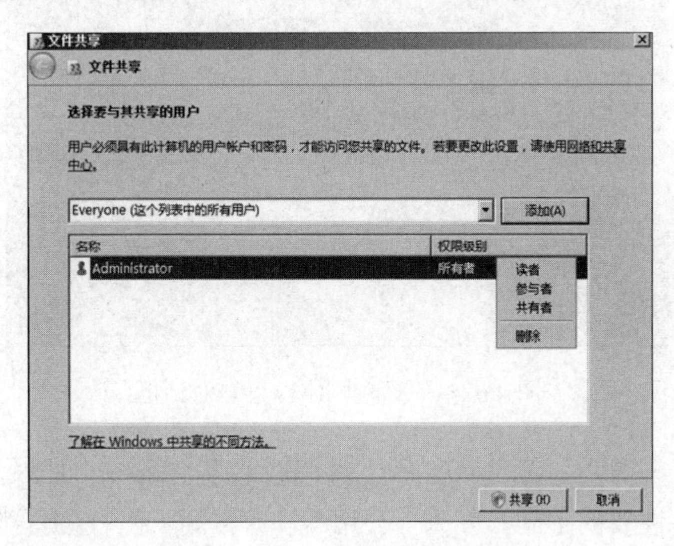

图 4.66　设置权限级别

2）设置共享网络位置的类型。

① 将“网络”图标显示在桌面上。

② 右击桌面上的“网络”图标，在弹出的快捷菜单中选择“属性”选项，打开“网络和共享中心”窗口，选择“自定义”选项，如图 4.67 所示。

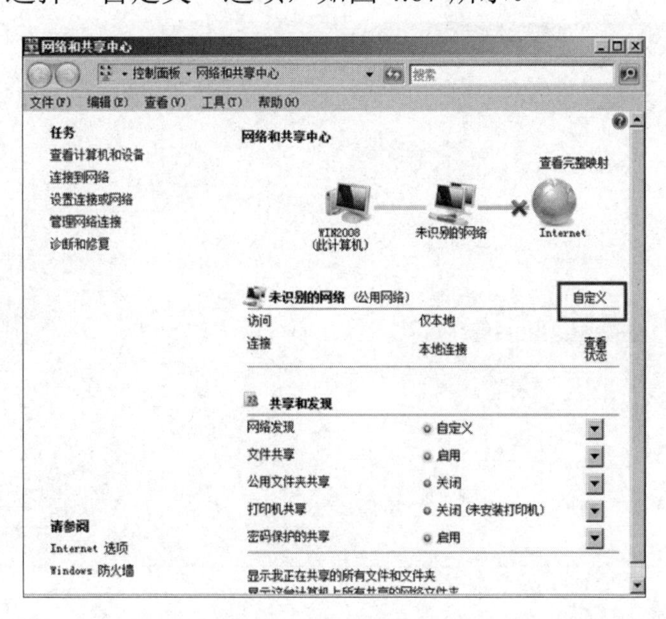

图 4.67　“自定义”选项

③ 弹出“设置网络位置”对话框，在“位置类型”选项组中选中“专用”单选按钮，单击“下一步”按钮，如图4.68所示。

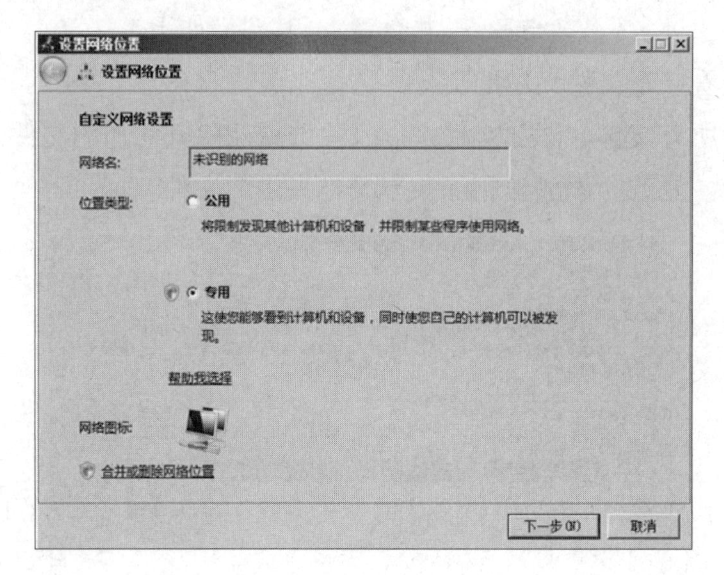

图4.68 “设置网络位置”对话框

许多用户设置好共享后，无法实现网上资源的共享，这可能是因为没有设置好网络位置的类型。根据网络性质的不同，分为“公用”和“专用”两种位置类型，“公用”类型不允许在网络上显示该计算机和共享资源，并限制程序使用网络；“专用”类型则允许计算机被其他网络对象识别，也可以查看网络上的计算机和资源。为了正常共享和使用网络资源，需要设置网络位置类型为“专用”。

④ 设置成功后，对话框中会显示“成功地设置网络设置”信息，单击“关闭”按钮即可，显示信息如图4.69所示。

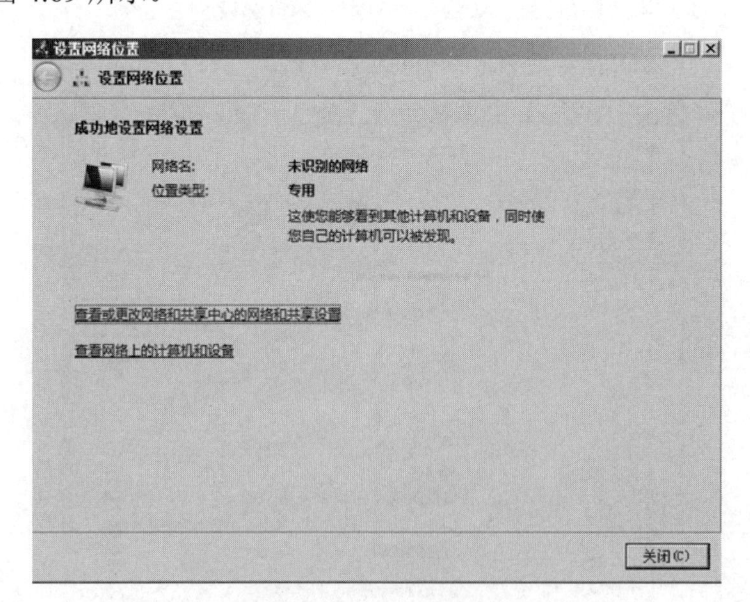

图4.69 显示信息

3）共享公用文件夹。

① 打开“网络和共享中心”窗口，单击“公用文件夹共享”选项右侧的按钮，将其展开。

② 选中“启用共享，以便能够访问网络的任何人都可以打开文件”单选按钮，单击“应用”按钮，如图 4.70 所示。

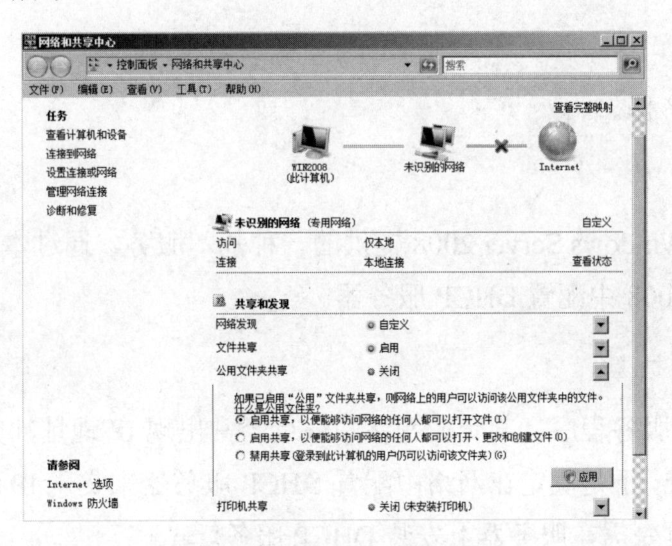

图 4.70　公用文件夹共享设置

选中“启用共享，以便能够访问网络的任何人都可以打开文件” 单选按钮后，网络上的用户即可访问本机公用文件夹中的文件，但不能创建和更改文件。公用文件夹是内置共享文件夹，主要用于不同用户间的文件共享，以及网络资源的共享。打开“计算机”窗口，在左侧窗格中选择“公用”选项，即可打开公用文件夹。

③ 如果安装了打印机并且需要共享，则用户可以在“打印机共享”选项组中选中“启用打印机共享”单选按钮，展开“打印机共享”选项，如图 4.71 所示，单击“应用”按钮。

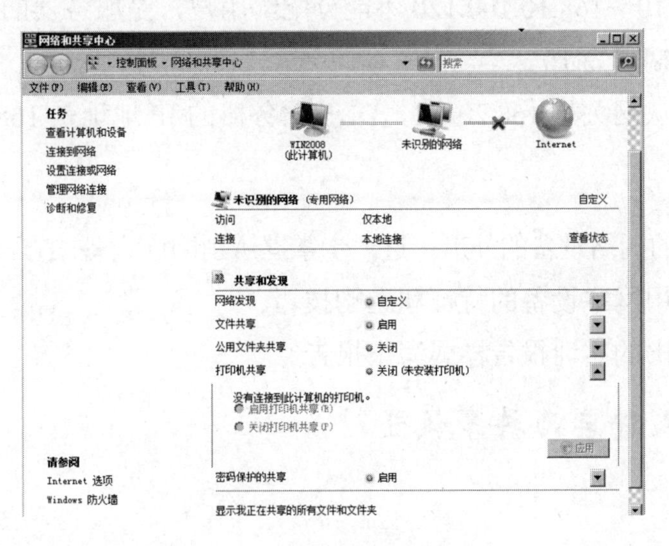

图 4.71　“打印机共享”选项

4.3 技能实训

实训1 配置DHCP服务器

（1）实训题目

配置DHCP服务器。

（2）实训目的

DHCP服务是Windows Server 2008提供的一种基本服务，通过本次实训，要掌握如何在Windows Server 2008中配置DHCP服务器。

（3）实训内容

1）安装DHCP服务程序。某企业网络中最近经常出现IP地址冲突现象，手动进行IP地址的配置比较困难，于是决定在网络中配置DHCP服务器来实现IP地址的动态分配与管理，进行这个操作首先需在服务器上安装DHCP服务。

2）启动、停止和暂停DHCP服务。

3）新建DHCP作用域，配置作用域IP地址范围、排除地址段、保留地址、作用域选项、查看地址租约等。

（4）实训方法

按照以下参数来进行DHCP服务地址区域配置。

1）可供分配的地址为168.20.100.100～168.20.100.254。

2）168.20.100.110～168.10.100.120不能分配给用户，是服务器的保留地址。

3）地址的租用期限为10天。

4）客户端的默认网关是168.20.0.1，DNS服务器的IP地址是168.20.0.1。

（5）实训总结

1）根据观察到的网络设备的外形，进一步掌握辨别网络设备的方法，并进行详细记录。

2）分组交流常用网络设备的特征和选购技巧。

3）按照附录给出的实训报告样式写出报告。

实训2 文件夹的共享设置

（1）实训题目

文件夹的共享设置。

（2）实训目的

通过本次实训，掌握如何在局域网中实现文件夹的共享设置。

（3）实训内容

1）创建共享文件夹并设置其权限。

2）为文件夹映射驱动器。

（4）实训方法

1）在本地磁盘某驱动器（应为 NTFS 格式）中新建一个文件夹，命名为“abc”，将其设为共享文件夹，并将其设为 Guest 用户可以完全控制。

2）在邻近的某台计算机上（假设其计算机名为 stu1）将该文件夹映射为该计算机的 H 驱动器。

3）通过网络访问该共享文件夹。

（5）实训总结

1）进一步掌握创建和设置共享文件夹的方法，并对其结果进行详细记录。

2）分组讨论为共享文件夹设置各种权限的作用。

3）按照附录给出的实训报告样式写出报告。

小　结

（1）网络操作系统的定义

网络操作系统是网络的“心脏”和“灵魂”，是向网络计算机提供服务的特殊操作系统，它在计算机操作系统下工作，使计算机操作系统增加了网络操作所需要的功能。

（2）网络操作系统的分类

目前，在市场上应用较为广泛的网络操作系统有 UNIX、Linux、NetWare、Windows NT/2000 和 Windows Server 2008 等。

（3）网络操作系统的服务功能

网络操作系统目前具有共享资源管理、网络通信、网络服务、网络管理、互操作功能。

（4）Windows Server 2008 网络管理

内容：配置管理、性能管理、故障管理、安全管理和记账管理。

方式：网络性能监视器、事件查看器、任务管理器、网络监视器、命令行管理。

（5）Windows Server 2008 域成员

一个典型的域包括 3 类成员：域控制器、成员服务器和工作站。

（6）活动目录

活动目录实际上是一种用于组织、管理和定位网络资源的企业级工具。AD（Wingdows 服务器操作系统中的目录服务）中存储了网络对象的大量相关信息，网络用户和应用程序可根据不同的授权，使用在AD中发布的有关用户、计算机、文件和打印机等信息。

（7）DHCP

DHCP 是一个简化主机 IP 地址分配管理的 TCP/IP 标准协议，它能够动态地向网络中每台设备分配唯一的 IP 地址，并提供安全、可靠且简单的 TCP/IP 网络配置，确保不发生地址冲突，帮助维护 IP 地址的使用。网络中必须至少有一台 DHCP 服务器。

（8）用户账户和计算机账户

用户账户用于验证用户身份，指派用户的访问权限。用户必须使用用户账户登录到特定的计算机和域中。Windows Server 2008 提供了两个内置域用户账户：Administrator 和 Guest。

计算机账户提供了一种验证和审核计算机访问网络及域资源的方法。连接到网络上的每台计算机都应有自己的唯一的计算机账户。

（9）局域网资源共享

通过共享文件夹可以使用户方便地进行文件交换，还可以设置对应文件夹的访问权限。

（10）磁盘管理

通过磁盘管理，可以创建主磁盘分区和扩展磁盘分区，还可以进行磁盘压缩。

习　题

1. 选择题

（1）通过（　　）方法可安装活动目录。

A. “管理工具”→“配置服务器”

B. “管理工具”→“计算机管理”

C. “管理工具”→“Internet 服务管理器”

D. 以上都不是

（2）下面关于域的叙述中正确的是（　　）。

A. 域是由一群服务器计算机与工作站计算机组成的局域网系统

B. 域中的工作组名称必须都相同，才可以连接服务器

C. 域中的成员服务器可以合并在一台服务器计算机中

D. 以上都对

（3）用户账号中包含（　　）。

A．用户的名称　　　　B．用户的密码

C．用户所属的组　　　　D．用户的权利和权限

（4）下列说法中正确的是（　　）。

A．网络中每台计算机的计算机账户唯一

B．网络中每台计算机的计算机账户不唯一

C．每个用户只能使用同一用户账户登录网络

D．每个用户可以使用不同用户账户登录网络

（5）Windows Server 2008 的域用户账户可分为内置账户和自定义账户，下列属于内置账户的是（　　）。

A．User　　　　B．Anonymous

C．Administrator　　　　D．Guest

（6）使用“DHCP 服务器”功能的好处是（　　）。

A．降低 TCP/IP 网络的配置工作量

B．增加系统安全与依赖性

C．对于那些经常变动位置的工作站，DHCP 能迅速更新位置信息

D．以上都是

（7）要实现动态 IP 地址分配，网络中至少要求有一台计算机的网络操作系统中安装（　　）。

A．DNS 服务器　　　　B．DHCP 服务器

C．IIS 服务器　　　　D．主域控制器

2．填空题

（1）拥有________是计算机接入网络的基础，拥有________是用户登录到网络并使用网络资源的基础。

（2）如果某个用户的账户暂时不使用，则可将其________；若某个用户账户不再被使用，或者作为管理员的用户不再希望某个用户账户存在于安全域中，可将该用户账户________，作为管理员经常需要将用户和计算机账户________到新的组织单元或容器中。

（3）DHCP 服务器的主要功能是动态分配________。

（4）DHCP 服务器安装好后并不会立即给 DHCP 客户端提供服务，它必须经过一个________步骤。未经此步骤的 DHCP 服务器在接收到 DHCP 客户端索取 IP 地址的要求时，并不会给 DHCP 客户端分派 IP 地址。

3．简答题

（1）什么是网络操作系统？

（2）在活动目录中如何创建共享文件夹？

（3）简述 DHCP 的工作过程。

（4）磁盘管理在 Windows Server 2008 中有哪些新特性？

模块5　因特网技术

知识目标

- 掌握因特网常用术语；了解因特网各种接入方式。
- 理解因特网中的信息传递方式；掌握因特网中域名系统的工作方式。
- 掌握 WWW 服务内容；掌握 FTP 服务内容；掌握 E-mail 服务内容；了解 BBS 服务；掌握即时通信服务内容。

能力目标

能够使用 IE 浏览器在因特网上检索信息、浏览网页等；能够使用 CuteFTP 访问 FTP 服务器，下载或上传文件；能够收发电子邮件；能够使用即时通信工具与他人进行交流。

5.1　因特网概述

因特网是目前世界上影响最大的国际性计算机网络。其准确描述如下：因特网是一个网络的网络。它以 TCP/IP 网络协议将各种不同类型、不同规模、位于不同地理位置的物理网络连接成一个整体。它也是一个国际性的通信网络集合体，融合了现代通信技术和现代计算机技术，融各个部门、领域的信息资源为一体，从而构成网上用户共享的信息资源网。它的出现是世界由工业化走向信息化的必然和象征。

1. 因特网常见术语

为了让读者更好地理解因特网，下面对一些因特网中的术语及专有名词进行解释。

（1）BBS

早期的电子公告板系统（Bulletin Board System，BBS）与一般街头和校园内的公告板性质相同，只是通过计算机来传播或获得消息而已。一直到个人计算机开始普及之后，有人尝试将苹果计算机上的BBS转移到个人计算机上，BBS才开始渐渐普及开来。

目前，通过BBS可随时取得国际最新的软件及信息，也可以通过BBS来和其他人讨论计算机软件、硬件、Internet、多媒体、程序设计及医学等各种话题，也可以利用BBS来刊登一些“征友”“廉价转让”“公司产品”等启事，只要拥有一台能够与Internet连接的计算机，就能够进入此领域，进而去使用它。

（2）DNS

DNS（域名系统）用于命名组织到域层次结构中的计算机和网络服务。在Internet中域名与IP地址之间是一一对应的，它们之间的转换工作称为域名解析，需要由专门的服务器来完成，DNS就是进行域名解析的服务器。DNS用于Internet等TCP/IP网络中，通过用户名称查找计算机和服务。当用户在应用程序中输入DNS名称时，DNS服务可以将此名称解析为与之相关的其他信息，如IP地址。上网时输入的网址通过域名解析才能找到相对应的IP地址。

（3）FTP

文件传输协议（File Transfer Protocal，FTP）用于Internet中的控制文件的双向传输。同时，它也是一个应用程序。用户可以通过它把自己的计算机与世界各地所有运行FTP的服务器相连，访问服务器上的大量程序和信息。

（4）Homepage

Homepage即主页，是通过万维网进行信息查询的起始信息页。

（5）HTML

超文本标记语言（Hyper Text Mark-up Language，HTML）是WWW的描述语言。只需使用鼠标在某一文档中点取一个图标，Internet会马上转到与此图标相关的内容，而这些信息可能存放在网络的另一台计算机中。HTML 文本是由 HTML 命令组成的描述性文本，HTML命令可以说明文字、图形、动画、声音、表格、超链接等。HTML的结构包括头部、主体两大部分。其中，头部描述浏览器所需的信息，而主体则包含所要说明的具体内容。

另外，HTML是网络的通用语言，是一种简单的全置标记语言。它允许网页制作者建立文本与图片相结合的复杂页面，这些页面可以被网上其他人浏览到，无论使用的是什么类型的计算机或浏览器。

（6）HTTP

超文本传输协议（Hyper Text Transfer Protocol，HTTP）是用于从 WWW 服务器传输超文本到本地浏览器的传送协议。它可以使浏览器更加高效，使网络传输减少。它不仅要保证计算机正确快速地传输超文本文档，还要确定传输文档中的哪一部分，以及哪部分内容首先显示等。

（7）IM

即时通信（Instant Messaging，IM）是一种可以让使用者在网络上建立某种私人聊天室的实时通信服务。大部分的即时通信服务提供了状态信息的特性——显示联络人名单，联络人是否在线及能否与联络人交谈。目前，互联网上受欢迎的即时通信软件包括百度 Hi、QQ、AOL Instant Messenger、Yahoo! Messenger、NET Messenger Service、Jabber、ICQ 等。

（8）IP 地址

Internet 中的每台主机都有一个唯一的 IP 地址。IP 协议就使用此地址在主机之间传递信息，这是 Internet 能够运行的基础。IP 地址的长度为 32 位，分为 4 段，每段 8 位，用十进制数字表示，每段数字为 0～255，段与段之间用句点隔开，如 159.226.1.1。IP 地址由两部分组成：一部分为网络地址，另一部分为主机地址。IP 地址分为 A、B、C、D、E 共 5 类。常用的是 B 类和 C 类。IP 地址就像家庭住址一样，如果要写信给一个人，就要知道他的地址，这样邮递员才能把信送到，计算机发送信息就好比邮递员，它必须知道唯一的“家庭地址”才不至于把信送错。只是我们的地址是用文字来表示的，计算机的地址是用十进制数字来表示的。

（9）POP3

邮局协议（Post Office Protocol，POP）是一种允许用户从邮件服务器收发邮件的协议。它有两种版本，即 POP2 和 POP3，都具有简单的电子邮件存储转发功能。POP2 与 POP3 本质上类似，都属于离线式工作协议，但是由于使用了不同的协议端口，因此两者并不兼容。POP3 是目前最常用的电子邮件服务协议。

（10）TCP/IP

TCP/IP 是 Internet 使用的一组协议。在 Internet 中，TCP 和 IP 是配合着进行工作的。网际协议负责将消息从一个主机传送到另一个主机。为了安全，信息在传送的过程中被分割成一个个的小包。传输控制协议负责收集这些信息包，并将其按适当的次序放好并进行传送，在接收端收到后再将其正确还原。传输控制协议保证了数据包在传送中准确无误。

（11）Telnet

Telnet 是 TCP/IP 网络的登录和仿真程序。它最初是由 ARPAnet 开发的，但是现在它主

要用于 Internet 会话。它的基本功能是允许用户登录进入远程主机系统。Telnet 是一个将所有用户的输入送到远方主机进行处理的简单的终端程序。它的一些较新的版本能在本地执行更多的处理，可以提供更好的响应，并且减少了通过链路发送到远程主机的信息数量。

（12）URL

统一资源定位符（Uniform Resource Locator，URL）是用于完整地描述 Internet 上网页和其他资源的地址的一种标识方法。Internet 上的每个网页都具有一个唯一的名称标识，通常称之为 URL 地址，这种地址可以是本地磁盘，也可以是局域网上的某一台计算机，还可以是 Internet 上的站点。简单地说，URL 就是 Web 地址。

URL 的一般格式（带方括号[]的为可选项）如下。

protocol://hostname[:port]/path/[;parameters][?query]#fragment

例如，http://www.imailtone.com:80/WebApplication1/WebForm1.aspx？name=tom&age=20#resume

格式说明如下。

① protocol（协议）：指定使用的传输协议，最常用的是 HTTP，它也是目前 WWW 中应用最广的协议。

② hostname（主机名）：指存放资源的服务器的域名系统主机名或 IP 地址。有时，在主机名前也可以包含连接到服务器所需的用户名和密码（格式为 username@password）。

③ :port（端口号）：整数，可选，省略时使用方案的默认端口，各种传输协议都有默认的端口号。例如，HTTP 的默认端口为 80。如果输入时省略，则使用默认端口号。有时候出于安全或其他考虑，可以在服务器上对端口进行重定义，即采用非标准端口号，此时，URL 中不能省略端口号。

④ path（路径）：由零个或多个“/”符号隔开的字符串，一般用来表示主机上的一个目录或文件地址。

⑤ ;parameters（参数）：用于指定特殊参数的可选项。

⑥ ?query（查询）：可选，用于给动态网页传递参数，可有多个参数，用“&”符号隔开，每个参数的名和值用“=”符号隔开。

⑦ fragment：信息片断，字符串，用于指定网络资源中的片断。例如，一个网页中有多个名词解释，可使用 fragment 直接定位到某一名词解释。

注意：Windows 主机不区分 URL 大小写。

（13）WWW

万维网（World Wide Web，WWW）是当前 Internet 上最受欢迎、最为流行、最新的信息检索服务系统。它把 Internet 上现有资源连接起来，使用户能在 Internet 上已经建立了 WWW 服务器的所有站点提供超文本媒体资源文档。

2．因特网接入方式

提到接入网，首先要涉及带宽问题，随着互联网技术的不断发展和完善，接入网的带宽被人们分为窄带和宽带，业内专家普遍认为宽带接入是未来的发展方向。

宽带运营商网络结构如图 5.1 所示，整个城市网络由核心层、汇聚层、边缘汇聚层、接入层组成。社区端到末端用户接入部分就是所谓的最后一千米。

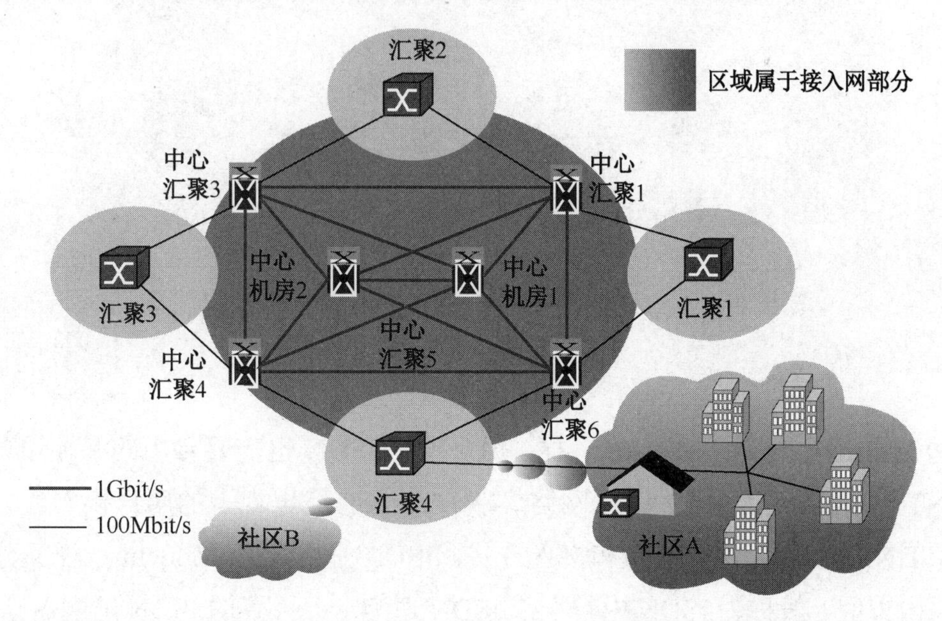

图 5.1　宽带运营商网络结构

在接入网中，目前可供选择的接入方式主要有 PSTN、ISDN、DDN、LAN、ADSL、PON，它们都有各自的优缺点。

（1）PSTN 拨号：使用最广泛

公用电话交换网（Published Switched Telephone Network，PSTN）技术是通过调制解调器拨号实现用户接入的方式。这种接入方式是大家非常熟悉的一种接入方式，目前最高的速率为 56kbit/s，已经达到香农定理确定的信道容量极限，这种速率远远不能满足宽带多媒体信息的传输需求。但由于电话网非常普及，用户终端设备调制解调器很便宜，而且不用申请即可开户，只要家里有计算机，把电话线接入调制解调器即可直接上网。因此，PSTN 拨号接入方式比较经济。

PSTN 接入方式如图 5.2 所示。随着宽带的发展和普及，这种接入方式由于速度原因将被逐渐淘汰。

（2）ISDN 拨号：通话上网两不误

综合业务数字网（Integrated Service Digital Network，ISDN）接入技术俗称“一线通”，它采用数字传输和数字交换技术，将电话、传真、数据、图像等多种业务综合在一个统一的数字网络中进行传输和处理。用户利用一条 ISDN 用户线路，可以在上网的同时拨打电话、收发传真，就像有两条电话线一样。

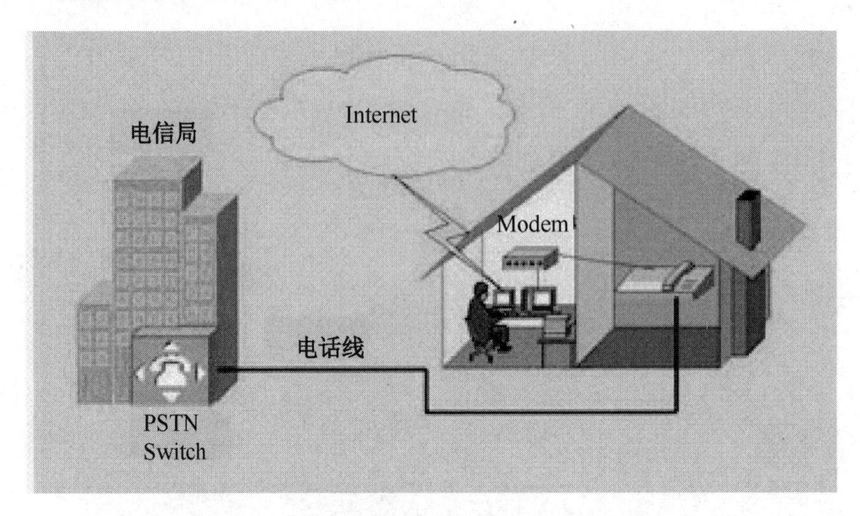

图 5.2 PSTN 接入方式

像普通拨号上网要使用 Modem 一样，用户使用 ISDN 也需要专用的终端设备，主要由网络终端 NT1 和 ISDN 适配器组成。网络终端 NT1 像有线电视上的用户接入盒一样必不可少，它为 ISDN 适配器提供了接口和接入方式。ISDN 适配器和 Modem 一样又分为内置和外置两类，内置的一般称为 ISDN 内置卡或 ISDN 适配卡；外置的 ISDN 适配器则称为 TA。

ISDN 接入技术如图 5.3 所示。用户采用 ISDN 拨号方式接入网络时需要申请开户，初装费根据地区不同而不同。ISDN 的极限带宽为 128kbit/s，各种测试数据表明，双线上网速度并不能翻倍，从发展趋势来看，窄带 ISDN 也不能满足高质量的 VOD 等宽带应用。

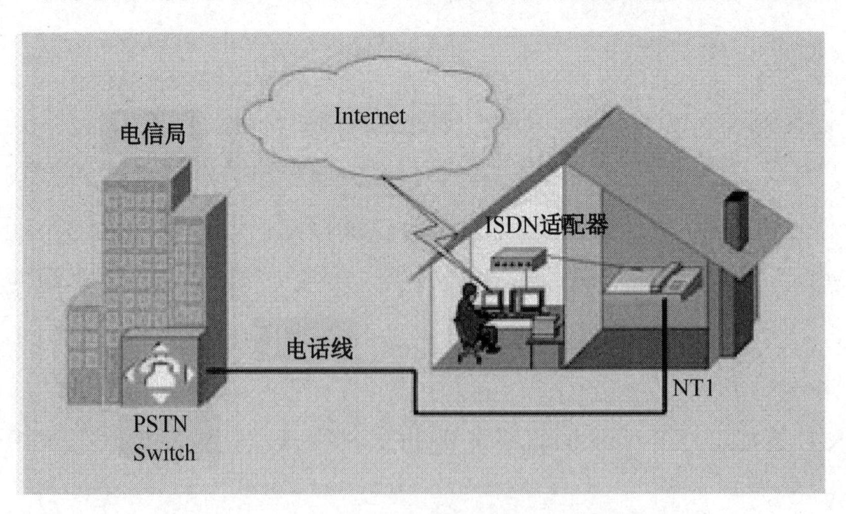

图 5.3 ISDN 接入技术

（3）DDN 专线：面向集团企业

数字数据网（Digital Data Network，DDN）是随着数据通信业务发展而迅速发展起来的一种新型网络。DDN 的主干网传输媒介有光纤、数字微波、卫星信道等，用户端多使用普通电缆和双绞线。DDN 将数字通信技术、计算机技术、光纤通信技术及数字交叉连接技术有机地结合在一起，提供了高速度、高质量的通信环境，可以向用户提供点对点、点对多点透明传输的数据专线出租电路，为用户传输数据、图像、声音等信息。DDN 的通信速率可根据用户需要在 N×64kbit/s（N=1～32）之间进行选择，速度越快租用费用就越高。

用户租用 DDN 业务需要申请开户。DDN 的收费一般可以采用包月制和计流量制，这与一般用户拨号上网的按时计费方式不同。DDN 的租用费较贵，普通用户负担不起，主要面向集团公司等需要综合运用的单位。DDN 按照不同的速率带宽收费也不同，因此它不适合社区住户的接入，只对社区商业用户有吸引力。

（4）ADSL：个人宽带

非对称数字用户环路（Asymmetrical Digital Subscriber Line，ADSL）是一种能够通过普通电话线提供宽带数据业务的技术。ADSL 因其下行速率高、频带宽、性能优、安装方便、不需交纳电话费等特点而深受广大用户喜爱，成为继 PSDN、ISDN 之后的又一种全新的高效接入方式。

ADSL 接入技术如图 5.4 所示。ADSL 方案的最大特点是不需要改造信号传输线路，完全可以利用普通铜质电话线作为传输介质，配上专用的 Modem（调制解调器）即可实现数据的高速传输。ADSL 支持上行速率为 640kbit/s～1Mbit/s，下行速率为 1～8Mbit/s，其有效的传输距离为 3～5km。在 ADSL 接入方案中，每个用户都有单独的一条线路与 ADSL 局端相连，它的结构可以看作星形结构，数据传输带宽是由每个用户独享的。

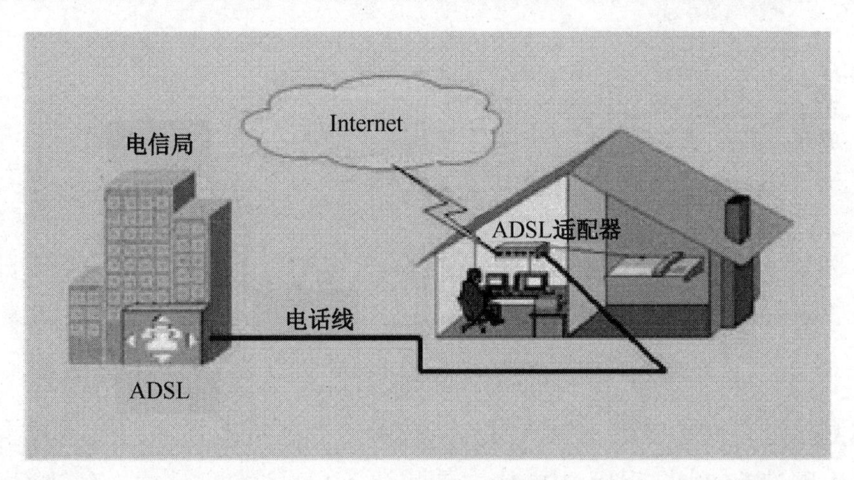

图 5.4　ADSL 接入技术

（5）PON 接入：光纤入户

无源光纤网络（Passive Optical Network，PON）技术是一种点对多点的光纤传输和接入技术，下行采用广播方式，上行采用时分多址方式，可以灵活地组成星形、总线型等拓扑结构，在光分支点不需要节点设备，只需要安装一个简单的光分支器即可，具有节省光缆资源、带宽资源共享、节省机房投资、设备安全性高、建网速度快、综合建网成本低等优点。

PON包括ATM-PON（APON，即基于ATM的无源光纤网络）和Ethernet-PON（EPON，即基于以太网的无源光纤网络）两种。APON技术发展得比较早，它还具有综合业务接入、QoS（服务质量保证）等独有特点，ITU-T G.983建议规范了ATM-PON的网络结构、基本组成和物理层接口，我国也已制定了完善的APON技术标准。

PON（无源光纤网络）接入设备主要由OLT（光线路终端）、ONT（光网络终端）、ONU（光网络单元）组成，由无源光分路器件将OLT的光信号分到树形网络的各个ONU。一个OLT可接32个ONT或ONU，一个ONT可接8个用户，而ONU可接32个用户，因此，一个OLT最大可负载1024个用户。PON技术的传输介质是单芯光纤，局端到用户端最大距离为20km，接入系统总传输容量为上行和下行各155Mbit/s，每个用户使用的带宽可以从64kbit/s到155Mbit/s灵活划分，一个OLT上连接的用户共享155Mbit/s带宽。例如，富士通EPON（以太网无源光纤网络）产品OLT设备有A550，ONT设备有A501、A550，最大有12个PON口，每个PON中下行至每个A501都是100Mbit/s带宽；而每个PON口上连接的A501上行带宽都是共享的。PON接入技术如图5.5所示。

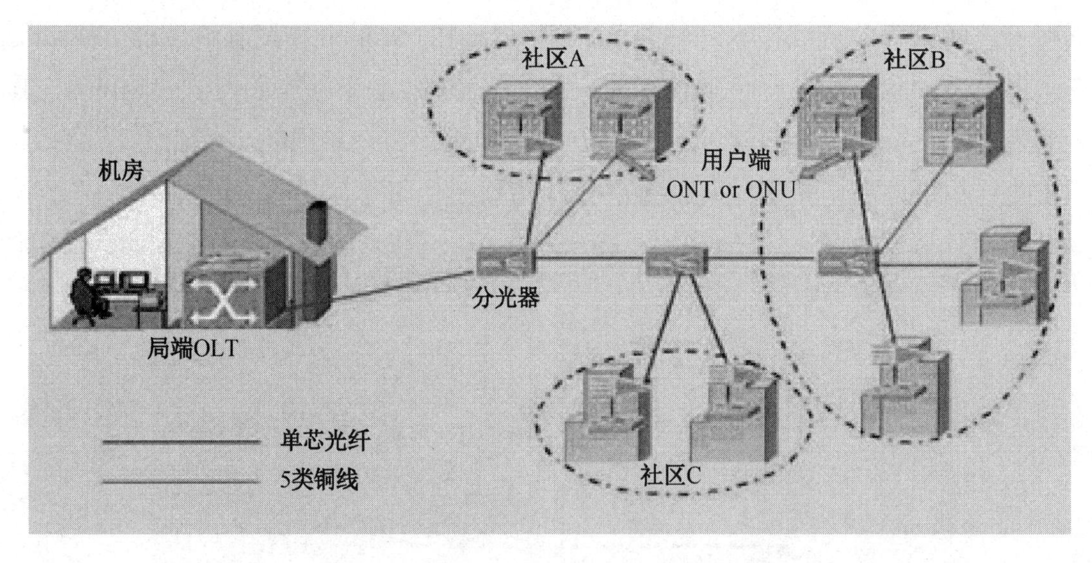

图5.5　PON接入技术

有人分别测算过采用EPON技术与LAN技术的社区成本投入，发现对于一个1000户的社区，如果上网率为8%，采用EPON方案相比LAN方案（室内布线进行了优化）在成本上没有优势，但在以后的维护上会节省费用。而室内布线采用优化和没有采用优化的两种LAN方案在建设成本上差距较大。出现这种差距的原因是，优化方案节省了室内布线的材料，相对而言施工费也降低了。另外，由于采用集中管理方式，交换机的端口利用率大大增加，从而减少了楼道交换机的数量，也就降低了在设备上的投资。

（6）LAN：技术成熟且成本低

LAN 方式接入利用以太网技术，采用光缆+双绞线的方式对社区进行综合布线。具体实施方案如下：从社区机房铺设光缆至住户单元楼，楼内布线采用 5 类双绞线铺设至用户家里，双绞线总长度一般不超过 100m，用户的计算机通过 5 类跳线接入墙上的 5 类模块即可实现上网。社区机房的出口通过光缆或其他介质接入城域网。LAN 方式接入如图 5.6 所示。

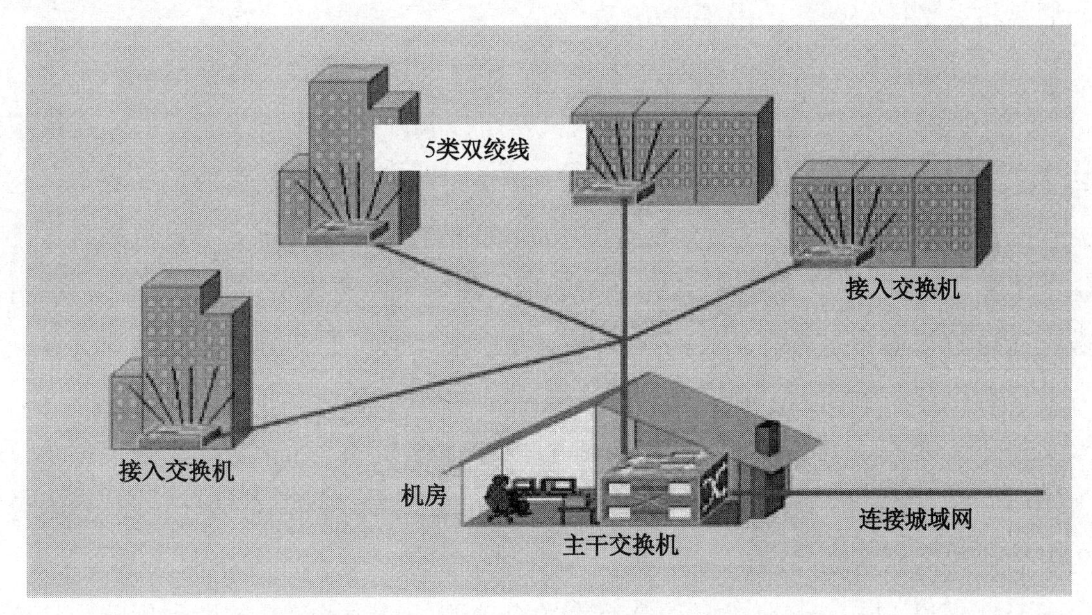

图 5.6　LAN 方式接入

采用 LAN 方式接入可以充分利用小区局域网的资源优势，为居民提供 10Mbit/s 以上的共享带宽，这比拨号上网速度快 180 多倍，并可根据用户的需求升级到 100Mbit/s 以上。

以太网技术成熟、成本低、结构简单、稳定性及可扩充性好；便于网络升级，同时可实现实时监控、智能化物业管理、小区/大楼/家庭保安、家庭自动化（如远程遥控家电、可视门铃等）、远程抄表等，可提供智能化、信息化的办公与家居环境，满足不同层次的人们对信息化的需求。根据统计，社区采用以太网方式接入，比其他的入网方式要经济许多。

5.2　因特网基本工作原理

Internet 是由一些通信介质（如光纤、微波、电缆、普通电话线等）将各种类型的计算机联系在一起，并统一采用 TCP/IP 协议标准，从而实现互相连通、共享信息资源的计算机体系。对于 Internet 用户来说，这些网络像一个整体。

1. 因特网中的信息传递

计算机网络是由许多计算机组成的，要在两个网络的计算机之间传输数据，必须做两件事情：保证数据传输到正确的目的地址和保证数据迅速可靠地传输的措施。强调这两点是因为数据在传输过程中很容易传错或丢失。

Internet 使用专门的协议以保证数据能够安全可靠地到达指定的目的地，即 TCP 和 IP 协议，通常将它们放在一起，用 TCP/IP 表示。

当一个 Internet 用户给其他机器发送一个文本时，TCP 将该文本分解成若干个小数据包，再加上一些特定的信息，以便接收方的机器可以判断传输是正确无误的。连续不断的 TCP/IP 数据包可以经由不同的路由到达同一个地点。路由器位于网络的交叉点上，它决定了数据包的最佳传输途径，以便有效地分散 Internet 的各种业务量载荷，避免系统过于繁忙而发生“堵塞”。当 TCP/IP 数据包到达目的地后，计算机将去掉 IP 的地址标志，利用 TCP 检查数据在传输过程中是否有损失，在此基础上将各数据包重新组合成原文本文件。如果接收方发现有损坏的数据包，则会要求发送端重新发送。

网关使得各种不同类型的网络可以使用 TCP/IP 语言同 Internet 交流。网关将协议转化成 TCP/IP 语言，或者将 TCP/IP 语言转化成计算机网络的本地语言。采用网关技术可以实现使用不同协议的网络之间连接和共享。

对于用户来说，Internet 就像是一个巨大的全球网，对请求可以立即做出响应，这是由计算机、网关、路由器及协议来共同保证的。

2. 因特网中的域名系统

域名系统用于命名组织到域层次结构中的计算机和网络服务。在 Internet 上域名与 IP 地址之间是一一对应的，域名虽然便于人们记忆，但机器之间只能互相认识 IP 地址，它们之间的转换工作称为域名解析，域名解析需要由专门的域名解析服务器来完成，DNS 就是进行域名解析的服务器。DNS 命名用于 Internet 等 TCP/IP 网络中，通过用户名称查找计算机和服务。当用户在应用程序中输入 DNS 名称时，DNS 服务可以将此名称解析为与之相关的其他信息，如 IP 地址。其实，域名的最终指向即是 IP 地址。

（1）DNS 的概念

DNS 可以解释为以下两种说法，一般指的是前者。

第一种解释：域名系统。域名是由圆点分开的一串单词或缩写组成的，每个域名都对应一个唯一的 IP 地址，这一命名的方法或这样管理域名的系统称为域名系统。域名采用层次结构的基于“域”的命令方案，每层都由一个子域名组成，子域名间用“.”分隔，其格式为机器名.网络名.机构名.顶级域名。Internet 上的域名由域名系统统一管理，DNS 是一个分布式数据库系统，由域名空间、域名服务器和地址转换请求程序 3 个部分组成，用来实现域名和 IP 地址之间的转换。

第二种解释：域名服务器。域名虽然便于记忆，但网络中的计算机之间只能识别 IP 地址，它们之间的转换工作称为域名解析，域名解析需要由专门的域名解析服务器来完成，DNS 就是进行域名解析的服务器。

（2）DNS 的工作原理

以访问 www.xxx.com 为例进行说明。

1）客户端首先检查本地 c:\windows\system32\drivers\etc\host 文件中是否有对应的 IP 地址，若有，则直接访问 Web 站点；若无，转到②。

2）客户端检查本地缓存信息，若有，则直接访问 Web 站点；若无，转到③。

3）本地 DNS 检查缓存信息，若有，则将 IP 地址返回给客户端，客户端可直接访问 Web 站点；若无，转到④。

4）本地 DNS 检查区域文件是否有对应的 IP，若有，则将 IP 地址返回给客户端，客户端可直接访问 Web 站点，若无，转到⑤。

5）本地 DNS 根据 cache.dns 文件中指定的根 DNS 服务器的 IP 地址，转向根 DNS 查询。

6）根 DNS 收到查询请求后，查看区域文件记录，若无，则将其管辖范围内.com 服务器的 IP 地址告诉本地 DNS 服务器。

7）.com 服务器收到查询请求后，查看区域文件记录，若无，则将其管辖范围内.xxx 服务器的 IP 地址告诉本地 DNS 服务器。

8）.xxx 服务器收到查询请求后，分析需要解析的域名，若无，则查询失败，若有，则将返回 www.xxx.com 的 IP 地址给本地服务器。

9）本地 DNS 服务器将 www.xxx.com 的 IP 地址返回给客户端，客户端通过这个 IP 地址与 Web 站点建立连接。

5.3 因特网信息服务

1. WWW 服务

WWW 是由遍布在 Internet 上的无数台被称为 WWW 服务器的计算机组成的。一个服务器除了提供自身的独特信息服务，还“指引”存放在其他服务器上的信息。那些被指引的服务器又指引着更多的服务器。各服务器之间通过“链接”操作来完成相互访问。通常这些链接在网页中是带有下画线、具有不同的色彩和亮度的词、词组或者图形等其他标记；当光标移到带有链接的部分时，光标通常变成一只小手的形状。此时，单击链接，计算机会根据链接站点的内容做出相应的响应。例如，跳转到 Internet 上的另一个站点，或跳转到 WWW 上的一个新的网页。

下面具体讲解使用浏览器访问 WWW 站点检索信息的技术。

（1）浏览器

浏览器是可以显示网页服务器或者文件系统的 HTML 文件内容，并让用户与这些文件交互的一种软件。网页浏览器主要通过 HTTP 与网页服务器交互并获取网页，这些网页由 URL 指定，文件格式通常为 HTML，并由 MIME 在 HTTP 中指明。一个网页中可以包括多个文档，每个文档都是分别从服务器中获取的。大部分的浏览器本身都支持除了 HTML 的广泛的格式，如 JPEG、PNG、GIF 等图像格式，并且能够扩展支持众多的插件。另外，许多浏览器支持其他 URL 类型及其相应的协议，如 FTP、Gopher、HTTPS（HTTP 协议的加密版本）。HTTP 内容类型和 URL 协议规范允许网页设计者在网页中嵌入图像、动画、视频、声音、流媒体等。个人计算机上常见的网页浏览器包括 Internet Explorer、Opera、Firefox、Maxthon、MagicMaster（M2）等。浏览器是经常使用的客户端程序。

（2）搜索引擎

搜索引擎是目前 WWW 中使用最广泛的一种网络应用。面对大量网络资源，搜索引擎就像是航船的指南针，引领着人们在网络中浏览。搜索引擎随互联网的出现而获得了巨大的发展，从最初的网页目录式发展为现在的全文检索型。

百度搜索引擎使用了高性能的“网络蜘蛛”程序，可自动地在互联网中搜索信息，可定制、高扩展性的调度算法使得搜索器能在极短的时间内收集到最大数量的互联网信息。百度搜索在中国和美国均设有服务器，搜索范围涵盖了中国大陆、中国香港、中国台湾、中国澳门、新加坡等华语地区以及北美、欧洲的部分站点。百度搜索引擎目前已经拥有世界上最大的中文信息库，总量达到 6000 万页以上，并且还在以每天超过 30 万页的速度不断增长。百度搜索引擎首页如图 5.7 所示。

1）基本搜索。

使用百度搜索引擎时，仅需输入查询内容并按 Enter 键，即可得到相关资料；或者输入查询内容后，单击“百度一下”按钮，也可得到相关资料。输入的查询内容可以是一个词语、多个词语、一句话。例如，可以输入[李白][mp3 下载][蓦然回首，那人却在，灯火阑珊处]。

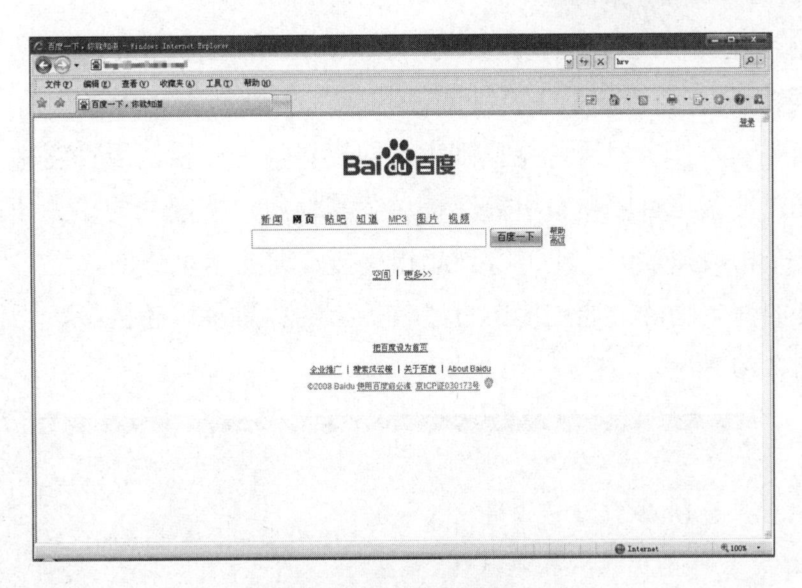

图 5.7　百度搜索引擎首页

输入多个词语搜索，可以获得更精确的搜索结果，注意词语之间加入空格。例如，想了解北京暂住证的相关信息，可在搜索框中进行输入，输入后的显示效果如图 5.8 所示。

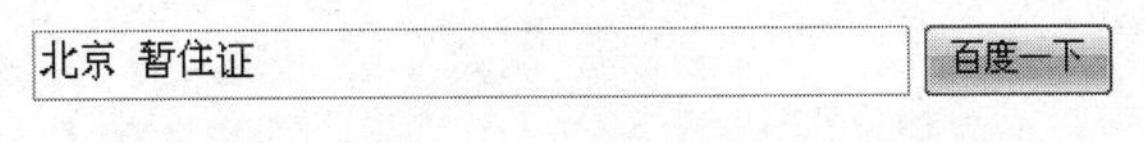

图 5.8　显示效果 1

获得的搜索效果会比输入［北京暂住证］更好。

有时，排除含有某些词语的资料有利于缩小查询范围。百度支持“-”功能，用于有目的地删除某些无关网页，但减号之前必须留一个空格。例如，要搜寻关于“武侠小说”，但不含“古龙”的资料，可在搜索框中进行输入，输入后的显示效果如图 5.9 所示。

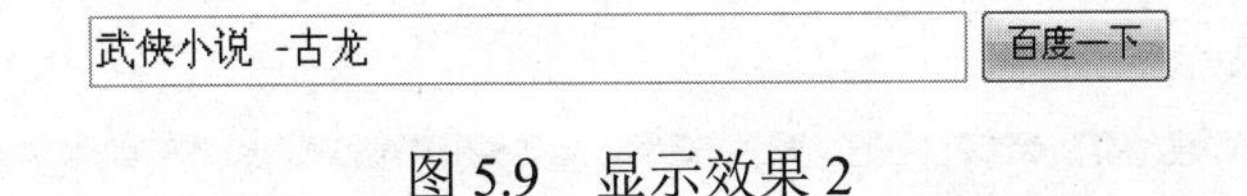

图 5.9　显示效果 2

百度的统计表明，用户找不到资料有两个最常见原因，一是输入的词语中含有错别字，二是未使用多个词语搜索。搜索引擎并不理解网页上的内容，只会找出与输入的词语相关的网页。所以，输入“斑竹”“今天天气”搜索，是找不到“版主”“明天天气”相关资料的；输入“铃羊车的各种图案”“上海到成都列车时刻表”，也是找不到相关资料的，应该输入[铃羊车 图案][上海 成都 列车时刻表]。

百度搜索引擎不区分英文字母大小写。所有的字母均当做小写处理。例如，查询“oicq”、“OICQ”，或者“oIcQ”，结果都是一样的。

2）并行搜索。

使用“A|B”来搜索“或者包含词语 A，或者包含词语 B”的网页。例如，要查询“图片”或“写真”的相关资料，无须分两次查询，只要输入“图片|写真”再搜索即可。百度

会提供与“|”前后任何字词相关的资料，并把最相关的网页排在前列。

3）相关检索。

如果无法确定输入什么词语才能找到满意的资料，则可以试用百度相关检索。可以先输入一个简单词语搜索，百度搜索引擎会提供“其他用户搜索过的相关搜索词语”作为参考。单击其中一个相关搜索词，即可得到此相关搜索词的搜索结果。

以上是百度的基本功能，通过单击百度首页上的“更多”超链接，可使用百度的其他搜索功能，如图 5.10 所示。

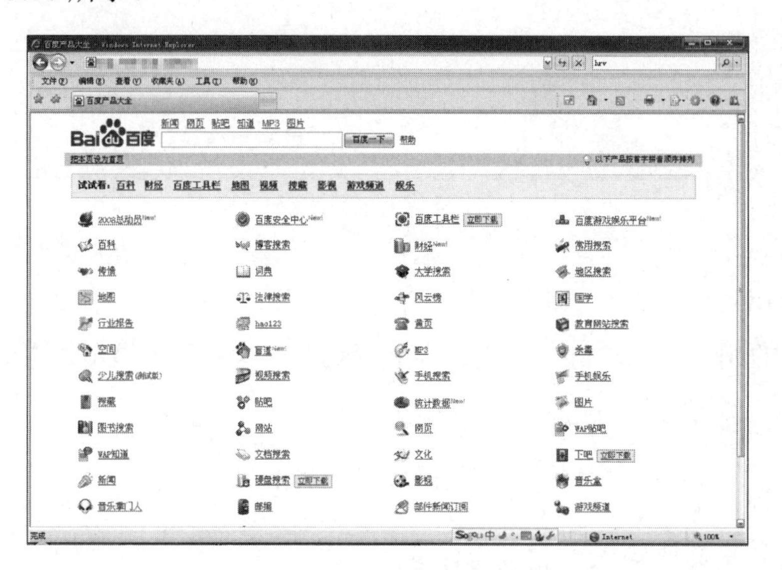

图 5.10　百度的其他搜索功能

还可以通过单击百度网站上的“帮助”超链接或直接在地址栏中输入网址，进入百度帮助中心，如图 5.11 所示，帮助中心有非常丰富的资料，可以提供并完善问题的解决办法，这里不做详细讲解。

图 5.11　百度帮助中心

2. FTP 服务

FTP 用于在 Internet 中控制文件的双向传输。同时，它也是一个应用程序。用户可以通过它把 PC 与世界各地所有运行 FTP 的服务器相连，访问服务器上的大量程序和信息。FTP 的主要作用就是让用户连接上一个远程计算机，查看远程计算机的文件，再把文件从远程计算机上复制到本地计算机，或把本地计算机的文件送到远程计算机中。

一般来说，用户联网的首要目的是实现信息共享，文件传输是信息共享中非常重要的内容之一。连接在 Internet 上的计算机已有成千上万台，而这些计算机可能运行不同的操作系统，有运行 UNIX 的服务器，也有运行 Windows 的计算机和运行 Mac OS 的苹果机等，而各种操作系统之间的文件交流问题，需要建立一个统一的文件传输协议，这就是所谓的 FTP。基于不同的操作系统有不同的 FTP 应用程序，而这些应用程序都遵守同一种协议，这样用户可以把自己的文件传送给别人，或者从其他的用户环境中获得文件。

与大多数 Internet 服务一样，FTP 也是一个客户机/服务器系统。用户通过一个支持 FTP 的客户机程序，连接到远程主机上的 FTP 服务器程序。用户通过客户机程序向服务器程序发出命令，服务器程序执行用户发出的命令，并将执行的结果返回到客户机。例如，用户发出一条命令，要求服务器向用户传送某一个文件的一份副本，服务器会响应这条命令，将指定文件送至用户的机器中。客户机程序代表用户接收到这个文件，将其存放在用户目录中。

在 FTP 的使用中，用户经常遇到两个概念："下载""上传"。"下载"文件是从远程主机复制文件至自己的计算机上；"上传"文件是将文件从自己的计算机中复制至远程主机上。

使用 FTP 时必须首先登录，在远程主机上获得相应的权限以后，便可上传或下载文件。也就是说，要想用哪一台计算机传送文件，就必须具有那台计算机的适当授权。换言之，除非有用户 ID 和口令，否则无法传送文件。这种情况违背了 Internet 的开放性，Internet 上的 FTP 主机成千上万，不可能要求每个用户在每台主机上都拥有账号。匿名 FTP 就是为解决这个问题而产生的。

匿名 FTP 是一种机制，用户可通过它连接到远程主机上，并从其下载文件，而无须成为其注册用户。系统管理员建立了一个特殊的用户 ID，名称为 anonymous，Internet 上的任何人在任何地方都可使用该用户的 ID。

通过 FTP 程序连接匿名 FTP 主机的方式同连接普通 FTP 主机的方式差不多，只是在要求提供用户标识 ID 时必须输入 anonymous，该用户 ID 的口令可以是任意的字符串。习惯上，用自己的 E-mail 地址作为口令，使系统维护程序能够记录谁在存取这些文件。值得注意的是，匿名 FTP 不适用于所有 Internet 主机，它只适用于那些提供了这项服务的主机。

作为一个 Internet 用户，可通过 FTP 在任何两台 Internet 主机之间复制文件。但是，实际上大多数人只有一个 Internet 账户，FTP 主要用于下载公共文件，如共享软件、各公司技术支持文件等。Internet 中有成千上万台匿名 FTP 主机，这些主机上存放着数不清的文件，供用户免费复制。

Internet 中有数目巨大的匿名 FTP 主机及更多的文件，那么怎样才能知道某一特定文件位于哪个匿名 FTP 主机上的那个目录中呢？这正是 Archie 服务器要完成的工作。Archie 将自动在 FTP 主机中进行搜索，以构造一个包含全部文件目录信息的数据库，这样就可以直接找到所需文件的位置信息。

使用 FTP 需要专门的客户端软件，如 CuteFTP、LeapFTP 等，一般浏览器也可以实现有限的 FTP 客户端功能，如下载文件等。如图 5.12 所示为利用 IE 访问 FTP 站点。FTP 服务器的Internet地址与通常在Web网站中使用的URL略有不同，其协议部分需要写为“ftp://”而不是“http://”。例如，由 Microsoft 创建并提供大量技术支持文件的匿名 FTP 服务器地址为 ftp://ftp.microsoft.com。

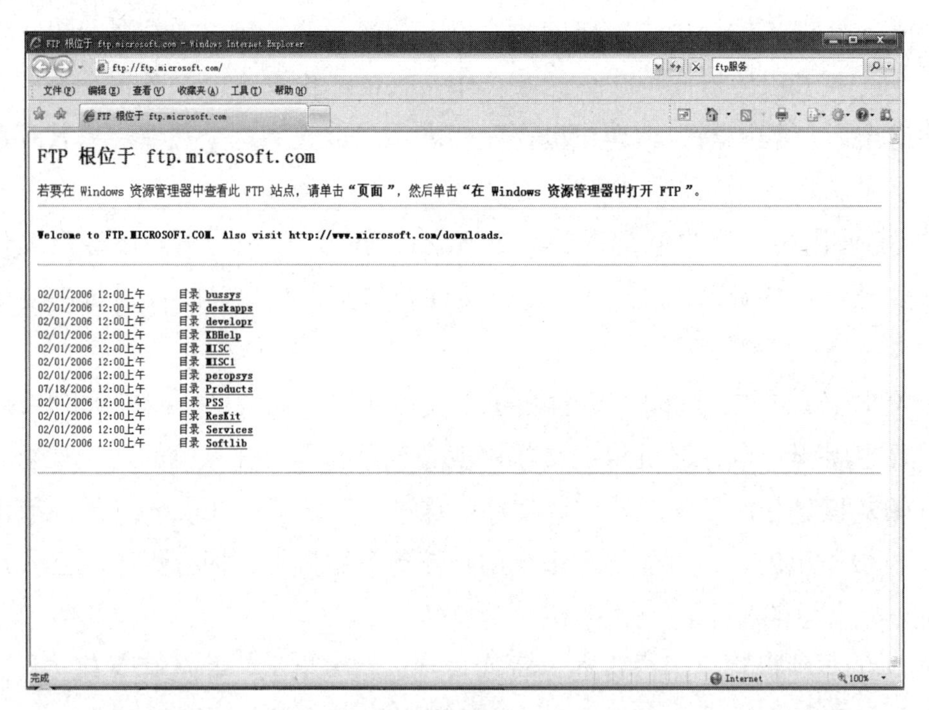

图 5.12　利用 IE 访问 FTP 站点

3. E-mail 服务

电子邮件（E-mail）是一种用电子手段提供信息交换的通信方式，是 Internet 应用最广的服务。通过电子邮件系统，用户可以用非常低廉的价格，以非常快速的方式（几秒之内），与世界上任何一个地方的网络用户联系，这些电子邮件可以是文字、图像、声音等。同时，用户可以得到大量免费的新闻、专题邮件，并实现轻松的信息搜索。这是任何传统的方式都无法相比的。正是由于电子邮件的使用简易、投递迅速、收费低廉、易于保存、全球畅通无阻，使得电子邮件被广泛应用，它使人们的交流方式得到了极大地改变。另外，电子邮件可以进行一对多的邮件传递，同一邮件可以一次发送给许多人。最重要的是，电子邮件是整个 Internet 中直接面向人与人之间信息交流的系统，它的数据发送方和接收方都是人，所以极大地满足了大量存在的人与人通信的需求。

（1）电子邮件的格式

在 Internet 中，邮件地址如同自己的身份，一般而言，邮件地址的格式如下：somebody@domain_name。此处的 domain_name 为域名的标识符，即邮件必须要交付到的邮件目的地的域名。而 somebody 则是在该域名上的用户邮箱地址。后缀一般代表了该域名的性质，以及地区的代码，如 com、edu.cn、gov、org 等。

（2）电子邮件协议

常见的电子邮件协议有以下几种：SMTP、POP3、Internet 邮件访问协议（Internet Mail Access Protocol IMAP）。这几种协议都是由 TCP/IP 协议簇定义的。

SMTP：负责底层的邮件系统如何将邮件从一台机器传送至另外一台机器。

POP：目前的版本为 POP3，是把邮件从电子邮箱传输到本地计算机的协议。

IMAP：目前的版本为 IMAP4，是 POP3 的一种替代协议，提供了邮件检索和邮件处理的新功能，这样用户可以完全不必下载邮件正文即可看到邮件的标题摘要，从邮件客户端软件可以对服务器上的邮件和文件夹目录等进行操作。IMAP 协议增强了电子邮件的灵活性，也减少了垃圾邮件对本地系统的直接危害，相对节省了用户查看电子邮件的时间。除此之外，IMAP 可以记忆用户在脱机状态下对邮件的操作，在下一次打开网络连接的时候会自动执行。IMAP 可以离线使用，在网络不佳的情况下，也可以正常阅读邮件内容。

当前的两种邮件接收协议和一种邮件发送协议都支持安全的服务器连接。在大多数流行的电子邮件客户端程序中都集成了对 SSL（安全套接字协议）连接的支持。

（3）电子邮件的工作过程

电子邮件的工作过程遵循客户机/服务器模式。每份电子邮件的发送都要涉及发送方与接收方，发送方构成客户端，而接收方构成服务器，服务器含有众多用户的电子邮箱。发送方通过邮件客户程序，将编辑好的电子邮件向邮局服务器（SMTP 服务器）发送。邮局服务器识别接收者的地址，并向管理该地址的邮件服务器（POP3 服务器）发送消息。邮件服务器将消息存放在接收者的电子邮箱内，并告知接收者有新邮件到来。接收者通过邮件客户程序连接到服务器后，可看到服务器的通知，进而打开自己的电子邮箱来查收邮件。

通常，Internet 上的个人用户不能直接接收电子邮件，而是通过申请 ISP（互联网接入服务商）主机的一个电子邮箱，由 ISP 主机负责电子邮件的接收。一旦有用户的电子邮件到来，ISP 主机就将邮件移到用户的电子邮箱内，并通知用户有新邮件。因此，当发送一封电子邮件给另一个客户时，电子邮件首先从用户计算机发送到他的 ISP 主机，再到 Internet，然后到收件人的 ISP 主机，最后到收件人的个人计算机。

ISP 主机起着“邮局”的作用，管理着众多用户的电子邮箱。每个用户的电子邮箱实际上就是用户申请的账号。每个用户的电子邮箱都要占用 ISP 主机一定容量的硬盘空间，由于这一空间是有限的，因此用户要定期查收和阅读电子邮箱中的邮件，以便接收新的邮件。

下面以 163 邮箱为例介绍电子邮箱的使用。

① 打开浏览器，在地址栏中输入“http://mail.163.com/”，163 免费邮箱的首页如图 5.13 所示。

图 5.13　163 免费邮箱的首页

② 输入用户名、密码，单击“登录邮箱”按钮，进入邮箱页面，在该页面中可以查看收件箱的情况，如图 5.14 所示。

③ 单击“收信”按钮，可以查看邮件列表，如图 5.15 所示。

④ 单击“写信”按钮，可以撰写邮件，如图 5.16 所示。填好收件人邮箱地址、邮件主题、邮件正文，也可以添加附件，单击“发送”按钮即可发送电子邮件。

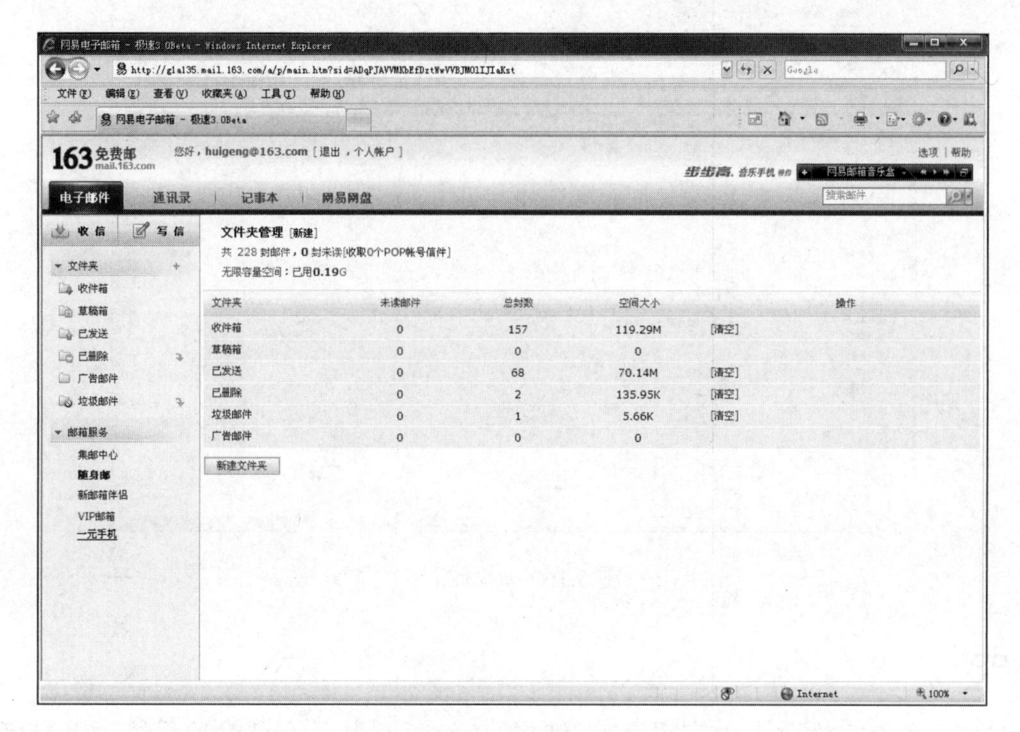

图 5.14　收件箱的情况

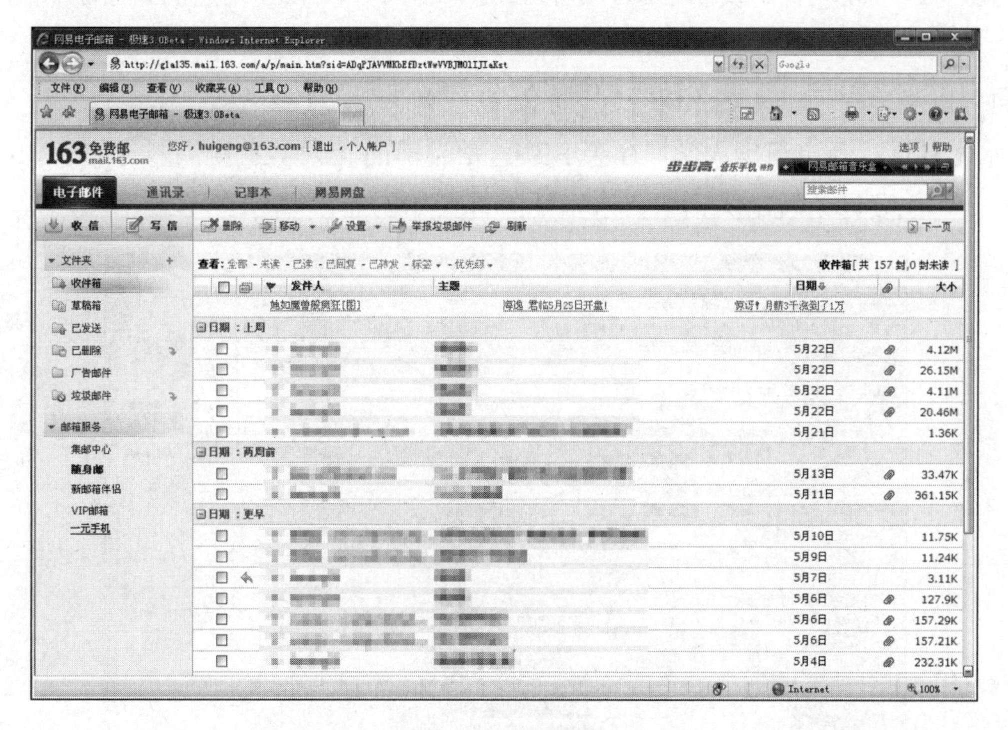

图 5.15　邮件列表

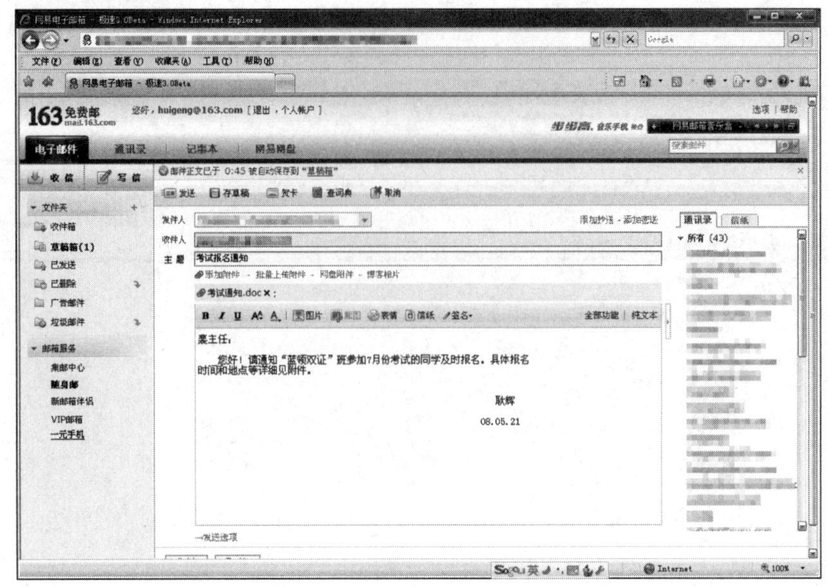

图 5.16　撰写邮件

4．BBS

BBS 是一种交互性强、内容丰富而及时的 Internet 电子信息服务系统。用户可以通过 Modem 和电话线登录 BBS 站点，也可以通过 Internet 登录。用户在 BBS 站点上可以获得各种信息服务：下载软件、发布信息、进行讨论、聊天等。BBS 站点的日常维护由 BBS 站长负责。

下面列出当前中国的一些 BBS 及其简介。

1）水木社区：源自清华大学，社会 BBS，是当前面向大学生提供服务的 BBS 中人数最多的一个，主要讨论技术类话题，水木社区首页如图 5.17 所示。

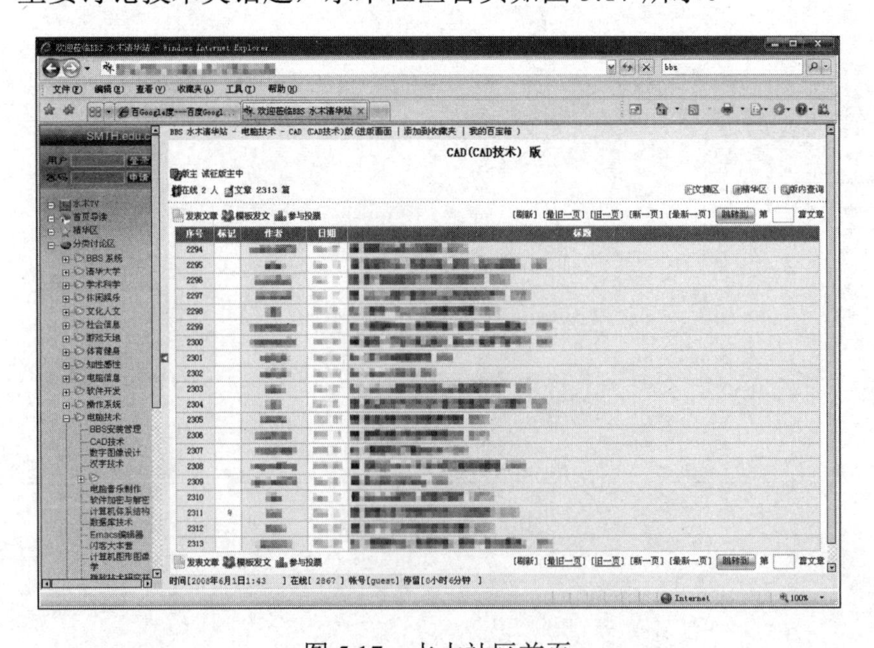

图 5.17　水木社区首页

2）新一塌糊涂 BBS：源自北京大学，社会 BBS，主要讨论人文社科、经验信息类话题。

3）南大小百合 BBS：南京大学 BBS，高校 BBS，主要用于该校学生交流，仅对该校学生开放注册。

4）日月光华 BBS：复旦大学 BBS，高校 BBS，主要用于该校学生交流，仅对该校学生开放注册。

5）北邮人论坛：北京邮电大学 BBS，高校 BBS，主要用于该校学生交流，面向社会开放注册。

6）CSDN 论坛：计算机方面的 BBS，社区 BBS，CSDN 论坛首页如图 5.18 所示。

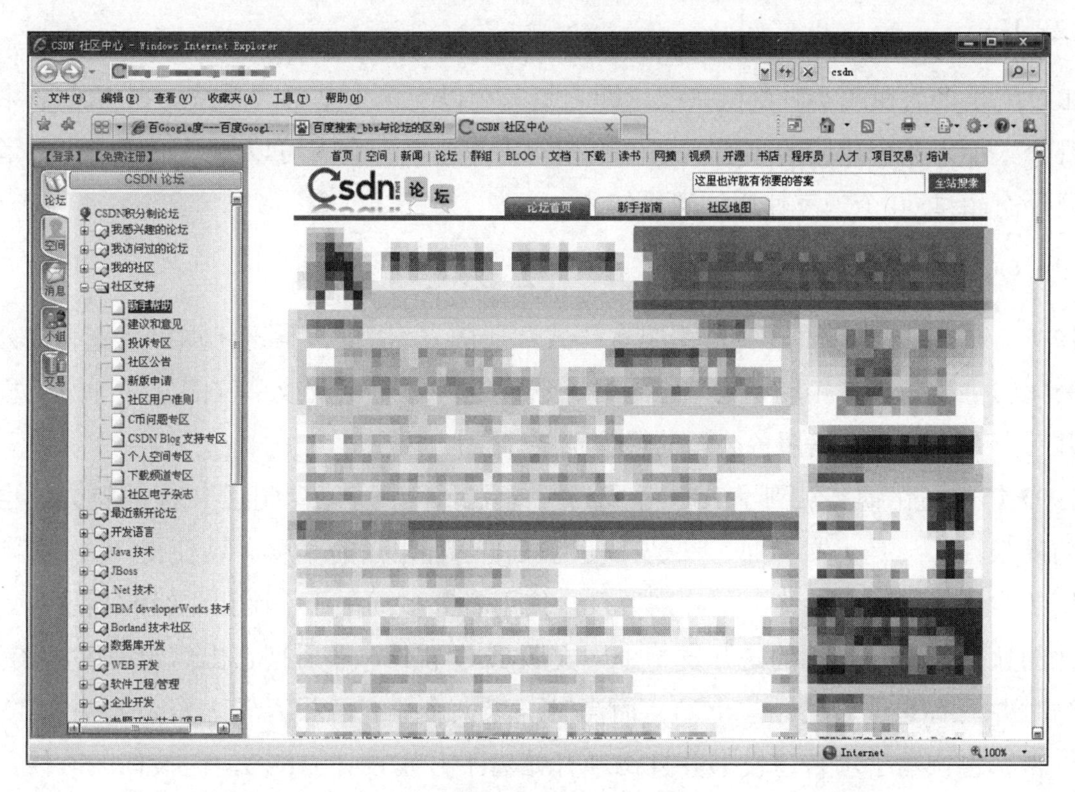

图 5.18　CSDN 论坛首页

其他在线较多的 BBS 还有飘缈云水间 BBS、饮水思源 BBS、兵马俑 BBS、蓝色星空 BBS、大话西游 BBS 等。

5．IM

通常 IM 服务会在使用者通话清单上的某人连上 IM 时发出信息通知使用者，使用者便可据此与此人通过互联网开始进行实时通信。除了文字，在频宽充足的前提下，大部分 IM 服务事实上也提供视频通信的功能。实时传信与电子邮件最大的不同在于不用等候，不需要每隔 2min 按一次“传送与接收”，只要两个人同时在线，就能像多媒体电话一样，传送文字、档案、声音、影像给对方，只要有网络，无论双方隔得多远都可以即时通信。

（1）Jabber

Jabber 是一个以 XML（可扩展标记语言）为基础，跨平台、开放源代码，且支持 SSL 加密技术的实时通信协议，Jabber 的开放式架构使世界各地都可以拥有 Jabber 的服务器，不再受限于官方。一些 Jabber 的爱好者还尽心研发了 Jabber 的协议转换程序，让 Jabber 使用者能与其他实时通信程序的使用者交谈，这是其他知名实时通信软件都无法做到的。

（2）IRC

IRC 就是多人在线实时交谈系统，即它是一个以交谈为基础的系统。在 IRC 之中，可以将几个人加入某个相同的频道，来讨论相同的主题，一个人可以加入不止一个频道。至今，已经有超过 60 个国家使用这套系统。

（3）QQ

1998 年 11 月 12 日，马化腾、张志东正式注册成立“深圳市腾讯计算机系统有限公司”。当时公司的主要业务是拓展无线网络寻呼系统，这种针对企业或单位的软件开发工程可以说是几乎所有中小型网络服务公司的最佳选择。

1997 年，马化腾接触到了 ICQ 并成为它的用户，亲身感受到了 ICQ 的魅力，也看到了它的局限性：一是英文界面，二是在使用操作上有相当的难度。这使得 ICQ 在国内虽然使用的也比较广，但始终不是特别普及，使用者大多局限于“网虫”级的高手里。马化腾和他的伙伴们一开始想的是开发一个中文版 ICQ 软件，然后把它出售给有实力的企业，腾讯当时并没有想过自己经营 ICQ。而当时一家大企业有意投入较大资金到中文 ICQ 领域中，腾讯也撰写了项目建设书并且已经开始着手开发设计 OICQ，但投标的时候，腾讯公司没有中标，于是腾讯决定自己做 ICQ。直至今天，腾讯 QQ 已经成为最受欢迎的 IM 软件之一。

（4）百度 Hi

百度 Hi 是一款集文字消息、音视频通话、文件传输等功能为一体的即时通信软件，通过它可以方便地找到朋友，并随时与好友联络感情。

推出 IM 的原因是强化百度社区、百度贴吧用户群体的稳定性。这样，百度用户群体可以通过“百度 Hi”自由切换百度空间、百度贴吧、百度搜索来完成产品一系列的运作。

5.4 移动互联网

1. 移动互联网的定义

移动互联网是互联网与移动通信各自独立发展后互相融合的新兴市场，目前呈现出互联网产品移动化强于移动产品互联网化的趋势。从技术层面来定义，以宽带 IP 为技术核心，可以同时提供语音、数据和多媒体业务的开放式基础电信网络；从终端来定义，用户使用手机、上网本、笔记本式计算机、平板计算机等移动终端，通过移动网络获取移动通信网络服务和互联网服务。移动互联网的核心是互联网，因此一般认为移动互联网是桌面互联网的补充和延伸，应用和内容仍是其根本所在。

2. 移动互联网的特点

虽然移动互联网与桌面互联网共享着互联网的核心理念和价值观，但移动互联网有实时性、隐私性、便携性、准确性、可定位的优点，资源日益丰富、智能的移动装置是移动互联网的重要特征之一。移动互联网的特点可以概括为以下几点。

（1）终端移动性

移动互联网业务使得用户可以在移动状态下接入和使用互联网服务，移动的终端便于用户随身携带和随时使用。

（2）业务使用的私密性

在使用移动互联网业务时，所使用的内容和服务更私密，如手机支付业务等。

（3）终端和网络的局限性

移动互联网业务在便携的同时，也受到了来自网络能力和终端能力的限制：在网络能力方面，受到了无线网络传输环境、技术能力等因素的限制；在终端能力方面，受到终端大小、处理能力、电池容量等的限制。无线资源的稀缺性决定了移动互联网必须遵循按流量计费的商业模式。

（4）业务与终端、网络的强关联性

由于移动互联网业务受到了网络及终端能力的限制，因此，其业务内容和形式也需要适合特定的网络技术规格和终端类型。

3. 移动互联网技术

(1) 手机 App 技术

App 通常专指手机上的应用软件，或称手机客户端。手机 App 就是手机的应用程序。2008 年 3 月 6 日，苹果对外发布了针对 iPhone 的应用开发包（SDK），供用户免费下载，以便第三方应用开发人员开发针对 iPhone 的应用软件。这使得 App 开发者们从此有了直接面对用户的机会，同时也催生了国内众多 App 开发商的出现。2010 年，Android 平台在国内手机上迅速发展，虽说 Android 平台的应用开发并不那么友好，但许多人仍然坚信开发应用在这个平台的 App 具有广阔前景。

(2) 移动支付

移动支付是指消费者通过移动终端（通常是手机、PAD 等）对消费的商品或服务进行账务支付的一种支付方式。客户通过移动设备、互联网或者近距离传感直接或间接向银行等金融企业发送支付指令产生货币支付和资金转移，实现资金的移动支付，实现了终端设备、互联网、应用提供商及金融机构的融合，完成货币支付、缴费等金融业务。

(3) WAP

无线应用协议（Wireless Application Protocol，WAP）是一种技术标准，该协议融合了计算机、网络和电信领域的诸多新技术，旨在使电信运营商、Internet 内容提供商和各种专业在线服务供应商能够为移动通信用户提供一种全新的交互式服务，即让手机用户可以享受到 Internet 服务，如接收新闻、电子邮件及订票、电子商务等专业服务。

一些手持设备，如 PAD，安装微型浏览器后，可借助 WAP 接入 Internet，虽然 WAP 能支持 HTML 和 XML，但 WML 才是专门为小屏幕和无键盘手持设备服务的语言。无线应用协议定义了可通用的平台，把目前 Internet 网上 HTML 信息转换为用 WML 描述的信息，显示在移动电话的显示屏上。WAP 只要求移动电话和 WAP 代理服务器的支持，而不要求现有的移动通信网络协议做任何改动，因而可以广泛地应用于 GSM、CDMA、TDMA、3G 等多种网络中。

(4) 二维码

二维码是用特定的几何图形按一定规律在平面（二维方向）上分布的黑白相间的图形，是所有信息数据的一把钥匙。它是一种比一维码更高级的条码格式。一维码只能在一个方向（一般是水平方向）上表达信息，而二维码在水平和垂直方向都可以存储信息。一维码只能由数字和字母组成，而二维码能存储汉字、数字和图片等信息，因此二维码的应用领域要广得多。在现代商业活动中，二维码可实现的应用十分广泛，如产品防伪/溯源、广告推送、网站链接、数据下载、商品交易、定位/导航、电子凭证、车辆管理、信息传递、名片交流、Wi-Fi 共享等。

（5）位置服务

位置服务（Location Based Services，LBS）又称定位服务，是指通过移动终端和移动网络的配合，确定移动用户的实际地理位置，提供位置数据给移动用户本人或他人及通信系统，实现各种与位置相关的业务，实质上，它是一种概念较为宽泛的与空间位置有关的新型服务业务。

5.5 技能实训

实训 1 搜索引擎的使用

（1）实训题目

搜索引擎的使用。

（2）实训目的

通过登录搜索引擎搜索相应信息，学会使用 IE 浏览器浏览网页及掌握搜索引擎的使用方法。

（3）实训内容

教师给出搜索题目，学生通过搜索引擎查找相应内容。

例如，查找关于 IPv6 的相关信息。

1）IPv6 的含义。

2）IPv6 的地址长度。

（4）实训方法

1）教师给出搜索题目。

2）学生登录搜索引擎查找相应信息，并进行保存。

3）教师公布答案，学生自行判断自己搜索到的信息与答案是否相符。

（5）实训总结

根据搜索步骤，写出报告，要求写出搜索关键字，搜索结果及 URL。

实训 2 CuteFTP 下载

（1）实训题目

CuteFTP下载。

（2）实训目的

通过登录 FTP 网站，浏览下载文件，理解 FTP 的工作过程，掌握 CuteFTP 的使用方法。

（3）实训内容

教师给出 FTP 服务器地址，学生通过 CuteFTP 登录到服务器上，浏览其目录，并下载教师指定的某个文件。

例如，登录北京大学 FTP 服务器，并下载根目录中的 welcome.msg 文件。

（4）实训方法

1）利用网络搜索下载 CuteFTP 安装程序并安装。

2）启动 CuteFTP，以匿名方式登录到教师指定的 FTP 服务器。

3）浏览其目录，并下载教师所指定目录中的文件。

（5）实训总结

根据下载步骤，写出报告，要求写出使用 CuteFTP 登录及下载的详细过程。

实训 3 收发电子邮件

（1）实训题目

收发电子邮件。

（2）实训目的

通过接收和发送电子邮件，理解电子邮件传输的过程，掌握电子邮件的使用方法。

（3）实训内容

学生之间互相发送邮件，并验证是否收到。

（4）实训方法

1）注册免费电子邮箱（若已有电子邮箱，则可跳过此步骤），并登录。

2）向自己的同学索取电子邮箱地址，给他发送一封电子邮件，并要求其回信。

3）接收同学发送的电子邮件，阅读并回复。

（5）实训总结

根据发送和接收步骤，写出报告，要求写出发送和接收电子邮件的详细过程及应该注意的问题。

小　结

（1）因特网概念

因特网以 TCP/IP 网络协议将各种不同类型、不同规模、位于不同地理位置的物理网络连接成一个整体。

（2）因特网接入方式

目前，可供选择的接入方式主要有 PSTN、ISDN、DDN、ADSL 等，它们都有各自的优缺点。

（3）因特网的信息传递

Internet 使用专门的协议以保证数据能够安全可靠地到达指定的目的地，即 TCP 和 IP，通常将它们放在一起，用 TCP/IP 表示。

（4）DNS

DNS 用于命名组织到域层次结构中的计算机和网络服务。在 Internet 上，将域名与 IP 地址进行转换的工作称为域名解析，域名解析需要由专门的域名解析服务器来完成，DNS 就是进行域名解析的服务器。

域名采用层次结构的基于“域”的命令方案，每一层由一个子域名组成，子域名间用“.”分隔，其格式为机器名.网络名.机构名.顶级域名。Internet 上的域名由域名系统统一管理。

（5）因特网的信息服务

因特网的信息服务主要包括：WWW 服务、FTP 服务、E-mail 服务、BBS 和 IM 服务等。

（6）WWW

WWW 是 Internet、超文本和超媒体技术相结合的产物。

最流行的 WWW 服务的程序是 Microsoft 公司的 IE 浏览器。浏览器是可以显示网页服务器或者文件系统的 HTML 文件内容，并使用户与这些文件交互的一种软件。网页浏览器主要通过 HTTP 与网页服务器交互并获取网页。

搜索引擎是目前 WWW 中使用最广泛的一种网络应用。

（7）FTP

FTP 是一个应用程序，用户可以通过它把自己的 PC 与世界各地所有运行 FTP 的服务器相连，访问服务器上的大量程序和信息。FTP 的主要作用是让用户连接一个远程计算机，查看远程计算机的文件，然后把文件从远程计算机上复制到本地计算机中，或把本地计算机的文件送到远程计算机中。

（8）E-mail

E-mail 是一种用电子手段提供信息交换的通信方式，是 Internet 应用最广的服务。常见的电子邮件协议有以下几种：SMTP、POP3、IMAP。这几种协议都是由 TCP/IP 协议簇定义的。

（9）BBS

BBS 是一种交互性强、内容丰富而及时的 Internet 电子信息服务系统。用户可以通过 Modem 和电话线登录 BBS 站点，也可以通过 Internet 登录。用户在 BBS 站点上可以获得各种信息服务：下载软件、发布信息、进行讨论、聊天等。

（10）IM

IM 是一种可以让使用者在网络上建立某种私人聊天室的实时通信服务。通常，IM 服务会在使用者通话清单上的某人连上 IM 时发出信息通知使用者，使用者便可据此与此人通过互联网开始进行实时通信。实时通信不用等候，只要两个人同时在线即可传送文字、档案、声音、影像给对方。目前，在互联网上比较受欢迎的即时通信软件包括百度 Hi、QQ 等。

 习　题

1．名词解释

ARPAnet　BBS　DNS　FTP　HTML　HTTP　ICP　ISP　IM　POP3　PPP
PPPOE　SMTP　TCP/IP　Telnet　URL　WWW

2．选择题

（1）Internet 是一个（　　）。

A．大型网络　　B．局域网
C．计算机软件　　D．网络的集合

（2）下面（　　）文件类型代表 WWW 页面文件。

A．HTM 或 HTML　　B．GIF

C．JPEG　　D．MPEG

（3）IPv4 地址是由（　　）的二进制数字组成的。

A．8 位　　B．16 位

C．32 位　　D．64 位

（4）在 Internet 中，实现超文本传输的协议是（　　）。

A．HTTP　　B．FTP

C．WWW　　D．Hypertext

（5）在 Internet 中，实现文件传输的协议是（　　）。

A．HTTP　　B．FTP

C．WWW　　D．Hypertext

（6）浏览 WWW 使用的地址称为 URL，URL 是指（　　）。

A．IP　　B．主页

C．统一资源定位符　　D．主页域名

3．简答题

（1）接入 Internet 的方法有哪些？

（2）DNS 在 Internet 中有何作用？

（3）简述文件传输的工作过程。

（4）简述电子邮件的工作过程。

模块 6　网络安全技术

知识目标

- 理解网络安全的概念；了解网络安全的重要性。
- 了解网络攻击的步骤、原理和方法。
- 理解加密认证过程。
- 了解防火墙的体系结构及配置防火墙的基本原则。

能力目标

- 学会安装防火墙。
- 能够使用并设置防火墙。

6.1　基本概念

网络安全是指网络系统的硬件、软件及其系统中的数据受到保护，不受偶然的或者恶意的原因而遭到破坏、更改、泄露，系统连续、可靠、正常地运行，网络服务不中断。

网络安全从其本质上来讲就是网络上的信息安全。从广义来说，凡是涉及网络上信息的保密性、完整性、可用性、真实性、可控性的相关技术和理论都是网络安全的研究领域。

1. 网络安全的重要性

在信息社会中，信息具有和能源同等的价值，在某些时候甚至具有更高的价值。具有价值的信息必然存在安全性问题，对于企业更是如此。一旦某些机密被泄漏，不但会给企业，甚至会给国家造成严重的经济损失。网络安全要从以下几个方面考虑。

（1）网络系统的安全

1）网络操作系统存在网络安全漏洞。

2）来自外部的安全威胁。

3）来自内部用户的安全威胁。

4）通信协议软件本身缺乏安全性。

5）病毒感染。

6）应用服务的安全性。

（2）局域网安全

局域网采用广播方式，在同一个广播域中可以侦听到在该局域网中传输的所有信息包，是不安全的因素。

（3）Internet 互连安全

其中包括非授权访问、冒充合法用户、破坏数据完整性、干扰系统正常运行、利用网络传播病毒等。

（4）数据安全

1）本地数据安全：本地数据被人删除、篡改，他人非法进入系统。

2）网络数据安全：数据在传输过程中被人窃听、篡改。例如，数据在通信线路上传输时被他人搭线窃取，数据在中继节点上被人篡改、伪造、删除等。

2. 网络攻击

网络中的安全漏洞无处不在。网络攻击正是利用这些存在的漏洞和安全缺陷对系统和资源进行攻击的。

目前的网络攻击模式呈现多方位、多手段化，让人防不胜防。概括来说，网络攻击可分为四大类：服务拒绝攻击、利用型攻击、信息收集型攻击、假消息攻击。

（1）服务拒绝攻击

服务拒绝攻击企图通过使服务计算机崩溃来阻止向用户提供服务，服务拒绝攻击是最容易实施的攻击行为，如电子邮件炸弹。

概念：电子邮件炸弹是最古老的匿名攻击之一，通过设置一台机器不断地、大量地向同一地址发送电子邮件，攻击者能够耗尽接收者网络的带宽。

防御：对邮件地址进行配置，自动删除来自同一主机过量或重复的消息。

（2）利用型攻击

利用型攻击是一类试图直接对机器进行控制的攻击，如特洛伊木马。

概念：特洛伊木马是一种或直接由一个黑客，或通过一个不令人起疑的用户秘密安装到目标系统的程序。一旦安装成功并取得管理员权限，安装此程序的人就可以直接远程控制目标系统。

防御：避免下载可疑程序并拒绝执行可疑程序，运用网络扫描软件定期监视内部主机上的监听 TCP 服务。

（3）信息收集型攻击

信息收集型攻击并不对目标本身造成危害，这类攻击被用来为进一步入侵提供有用的信息，如地址扫描。

概念：运用 ping 命令探测目的地址，对此做出响应，表示其存在。

防御：在防火墙上过滤掉 ICMP 应答消息。

（4）假消息攻击

假消息攻击用于攻击目标配置不正确的消息，如伪造电子邮件。

概念：由于 SMTP 并不对邮件发送者的身份进行鉴定，因此黑客可以对内部客户伪造电子邮件，声称是来自某个客户认识并相信的人，并附带可安装的特洛伊木马程序，或者是一个引向恶意网站的链接。

防御：使用 PGP 等安全工具并安装电子邮件证书。

6.2 数据加密和数字签名

计算机网络的安全主要涉及传输数据和存储数据的安全问题。它包含两个主要内容：一是数据保密性，即防止非法地获取数据；二是数据完整性，即防止非法地编辑数据。解决这个问题的基础是现代密码学。

对于网络中传输的数据，通常有两种攻击形式，一种是被动窃听，这是数据保密性的问题，通常是指非法搭线窃听，截取通信内容进行密码分析；另一种是主动窃听，对应数据完整性的问题，通常是指非法修改传输的报文，如插入一条非法的报文、重发原来的报文、删除一条报文、修改一条报文等。网络通信安全的威胁如图 6.1 所示。

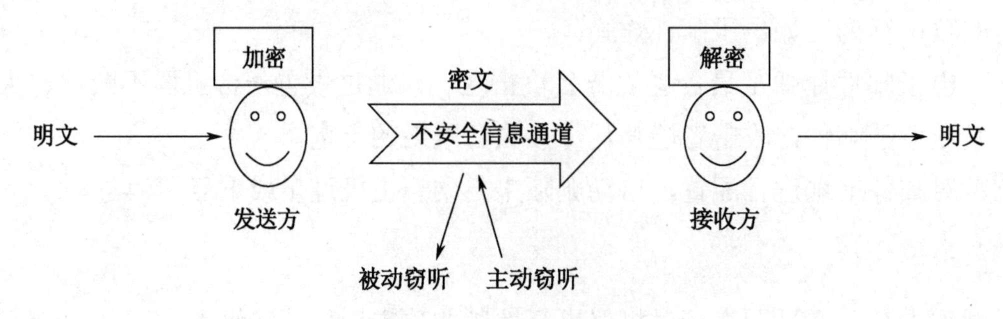

图 6.1 网络通信安全的威胁

对于存储的数据，在保密性方面通常采用 5 种不同的控制方法，即密码控制、访问控制、漏洞扫描、入侵监测和防火墙等。此外，还包括备份与数据恢复等手段。这里仅介绍数据传输过程中的数据加密和数字签名技术。

1. 数据加密

用户在网络上相互通信，其主要危险是被非法窃听。例如，采用搭线窃听，对线路上传输的信息进行截获；采用电磁窃听，对用无线电传输的信息进行截获等。因此，对网络传输的报文进行数据加密，是一种很有效的反窃听手段。通常采用某种算法对原文进行加密，然后将密码电文进行传输，即使被截获，一般也难以及时破译。以下几个相关概念读者必须理解。

① 加密（Encryption，记为 E）：将计算机中的信息进行一组可逆的数学变换的过程。

② 明文（Plaintext，记为 P）：信息的原始形式，即加密前的原始信息。

③ 密文（Ciphertext，记为 C）：明文经过了加密后即为密文。

④ 解密（Decryption，记为 D）：授权的接收者接收到密文后，进行与加密相逆的变换去掉密文的伪装，恢复明文的过程，即为解密。

可见，加密和解密是两个相反的数学变换过程，为了有效地控制这种数学变换，需要一组参与变换的参数，这种在变换过程中通信双方掌握的专门的信息即为密钥（Key）。加密过程是在加密密钥（记为 K_e）的参与下进行的，同样的，解密过程是在解密密钥（记为 K_d）的参与下完成的。数据加密和解密的模型如图 6.2 所示。

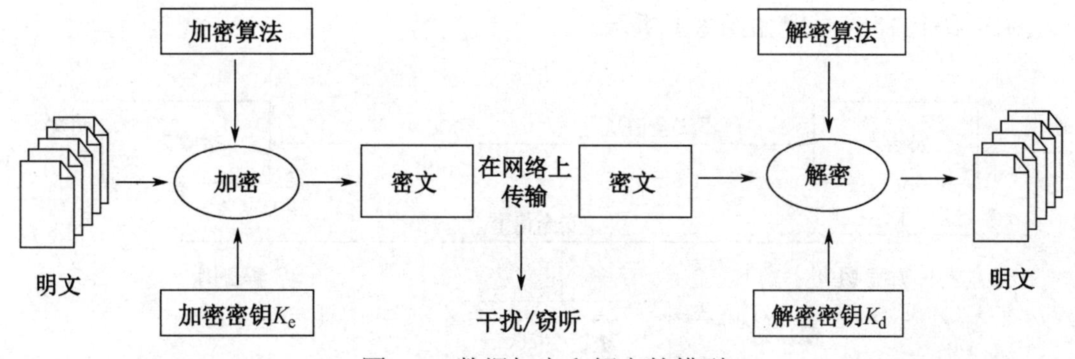

图 6.2 数据加密和解密的模型

计算机密码学的发展可以分为两个阶段。第一阶段称为传统方法的密码学阶段。这一阶段认为解密是加密的逆过程，两者所用的密钥是可以互相推导的，无论加密密钥还是解密密钥都必须严格保密。第二阶段向两个方向发展，一个方向是传统的私钥密码体制（DES）；另一个方向是公开密钥密码（RSA）。

（1）传统加密算法

传统的加密方法，其密钥是由简单的字符串组成的，可以经常改变。因此，这种加密模型是稳定的，其优点在于可以秘密而又方便地变换密钥，从而达到保密的目的。传统加密方法可以分为两大类：替代密码和换位密码。

1）替代密码用一组密文字母代替一组明文字母，但保持明文字母的位置不变。在替代法加密体制中，使用了密钥字母表。其替代过程是在明文和密码字符之间进行一对一或一对多的映射。举例如下。

明文：canyoubelieveher。

密钥

3	4	2	1	8	7	6	5
c	a	n	y	o	u	b	e
9	10	11	12	20	19	18	17
i	i	e	v	e	h	e	r

密文：34218765910111220191817。

2）换位密码根据一定的规则重新安排明文字母，使之成为密文。换位密码是采用移位法进行加密的。它把明文中的字母重新排列，字母不变，但位置改变了。最简单的例子是把明文中的字母顺序颠倒过来，然后以固定长度的字母组发送或记录，例如，明文为 computer systems，密文为 smetsys retupmoc。

（2）私钥密码体制

DES 是对称加密算法中最具代表性的一种，又称为对称密码或私钥密码。DES 是两种基本的加密方法——替代和换位细致而复杂的结合。它通过反复应用这两项技术来提高其强度，私钥密码体制的原理如图 6.3 所示。

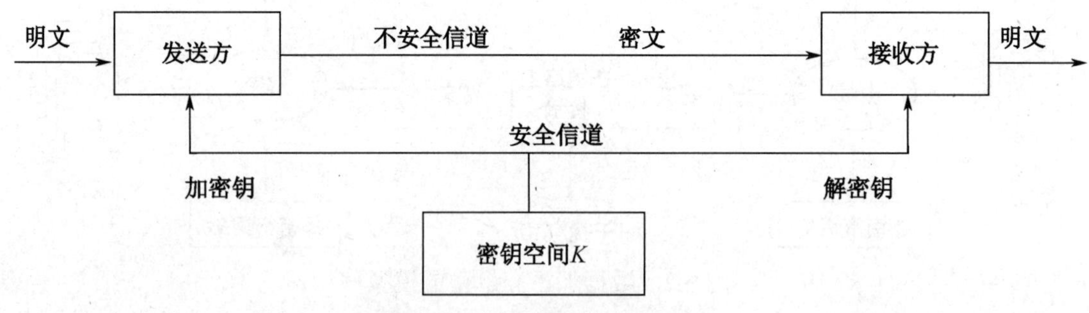

图 6.3 私钥密码体制的原理

DES 由于加密和解密时所用的密钥是相同或者相似的，因此，可由加密密钥推导得出解密密钥，反之亦然。密钥采用另外一个安全信道来发送。

DES 的优点：安全性高，加密解密速度快。DES 的缺点：随着网络规模的扩大，密钥的管理成为一个难点；无法解决消息确认问题；缺乏自动检测密钥泄露的功能。

（3）公钥密码体制

公开密钥加密技术的出现是密码学方面的一个巨大进步，它需要使用一对密钥来分别完成加密和解密操作。这对密钥中的一个公开发布，称为公开密钥（Public-Key）；另一个由用户自己安全保存，称为私有密钥（Private-Key）。信息发送者首先用公开密钥加密信息，而信息接收者则用相应的私有密钥解密。通过数学的手段保证加密过程是一个不可逆过程，即用公钥加密的信息只能用与该公钥配对的私有密钥才能解密。

在通信过程中，使用公钥技术进行信息加密和解密的流程如图 6.4 所示。

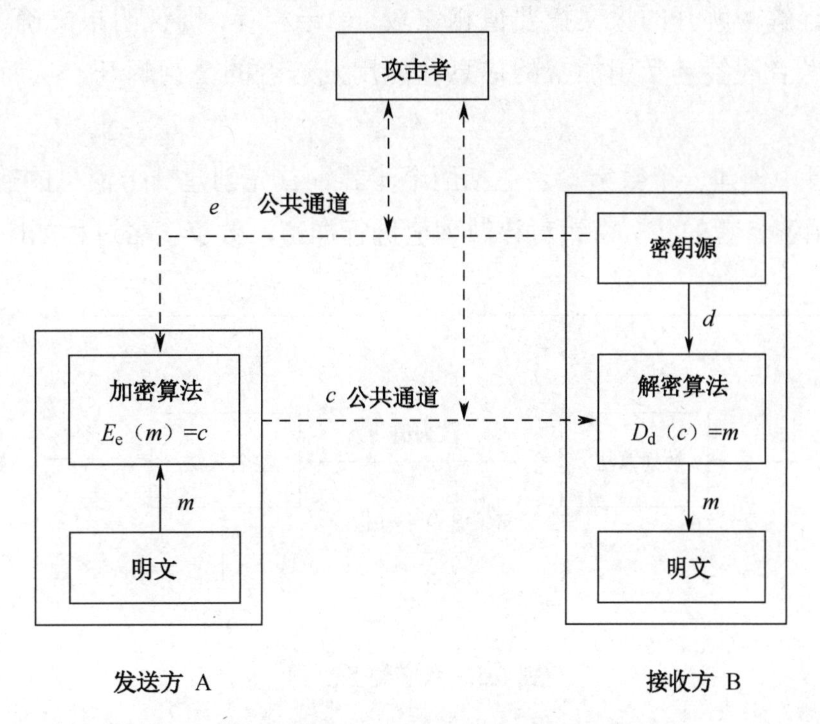

图 6.4　使用公钥技术进行信息加密和解密的流程

虽然公钥体制从根本上取消了对称密码算法中的密钥分配问题，但并没有提供一个完整的解决方案，仍然有很多缺点。如果用户同时向 3 个人发送同样的信息，使用公钥体制，则必须进行 3 次加密处理；对公钥算法相对对称算法来讲，其计算速度非常慢。另外，公钥算法也要求一种使公钥能广为发布的方法和体制，如认证机构（CA）或公钥基础设施（PKI）系统等。

2．数字签名

在日常生活中，通过对某文档进行手写签名来保证文档的真实有效性，可以对签字方进行约束，并把文档与签名同时发送以作为日后查证的依据。在网络环境中，可以用数字签名来模拟手写签名，从而为电子商务提供不可否认服务。把 Hash 函数和公钥算法结合起来，可以在提供数据完整性的同时来保证数据的真实性。而把这两种机制结合起来即可产生所谓的数字签名。

Hash 函数简单地说就是一种将任意长度的消息压缩到某一固定长度的消息摘要的函数。将报文按双方约定的 Hash 算法计算得到一个固定位数的报文摘要值。只要改动报文的任何一位，重新计算出的报文摘要就会与原来的值不符，这样就保证了报文的不可更改。再把该报文的摘要值用发送者的私有密钥加密，并将该密文同原报文一起发送给接收者，所产生的报文即为数字签名。

接收方收到数字签名后，用同样的 Hash 算法对报文计算摘要值，然后与用发送者的公开密钥进行解密解开的报文摘要值相比较。如果相等，则说明报文确实来自发送者，因为只有用发送者的签名私钥加密的信息才能用发送者的公钥解开，从而保证了数据的真实性。

从一个消息中创建一个数字签名包括两个步骤。首先创建一个消息的散列值，然后创建签名，即利用签名者的私有密钥对该散列值进行加密，数字签名过程如图 6.5 所示。

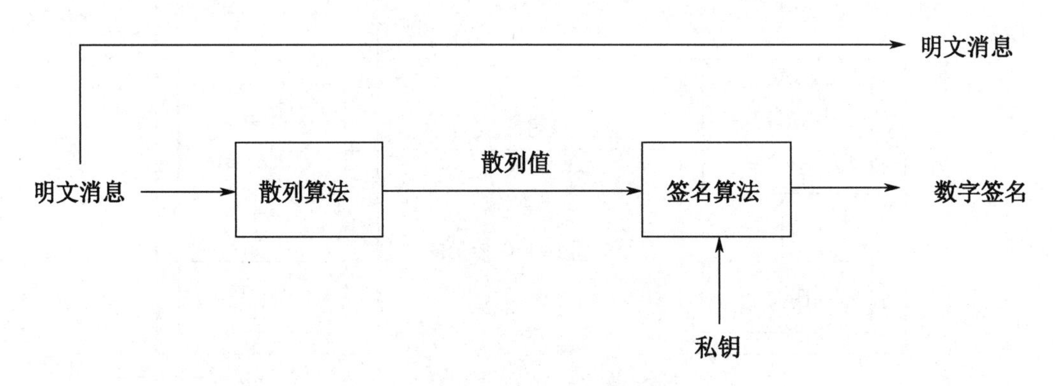

图 6.5　数字签名过程

为了验证一个数字签名，必须同时获得原始消息和数字签名。首先，利用同签名相同的方法计算消息的散列值，然后，利用签名者的公钥解密签名获取原散列值，如果两个散列值相同，则可以验证发送者的数字签名，数字签名验证过程如图 6.6 所示。

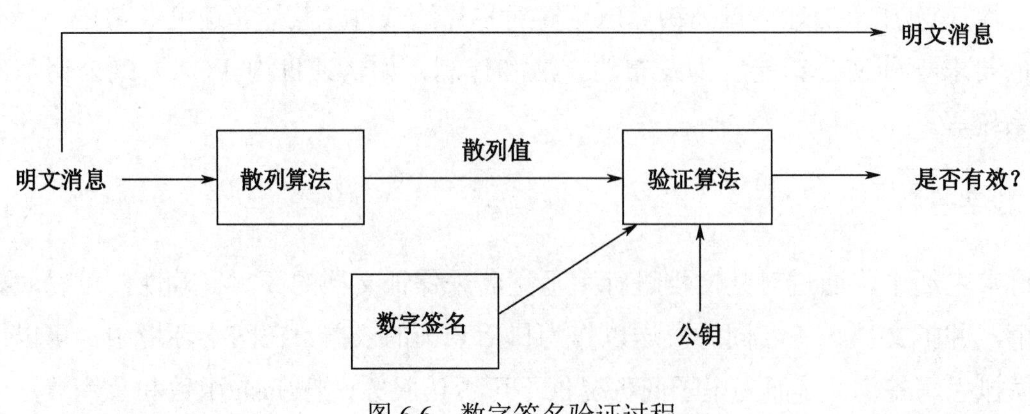

图 6.6　数字签名验证过程

6.3 网络安全技术

1. 防火墙

在各种网络安全工具中，最早成熟、使用得最多的应属防火墙产品。防火墙是一种综合性的科学技术，涉及网络通信、数据加密、安全决策、信息安全、硬件研制、软件开发等综合性课题。

（1）防火墙的基本概念

防火墙是指设置在不同网络或网络安全域之间的一系列部件的组合。它是不同网络或网络安全域之间信息的唯一出入口，能根据企业的安全策略控制（允许、拒绝、监测）出入网络的信息流，且本身具有较强的抗攻击能力。它是提供信息安全服务、实现网络和信息安全的基础设施。

在逻辑上，防火墙是一个分离器、一个限制器，也是一个分析器。它有效地监控了内部网和 Internet 之间的任何活动，保障了内部网络的安全。

（2）防火墙的体系结构

按体系结构可以把防火墙分为包过滤防火墙、屏蔽主机防火墙、屏蔽子网防火墙和一些防火墙结构的变体等。

1）包过滤防火墙。

包过滤防火墙往往可以用一台屏蔽路由器来实现，对所接收的每个数据包做出允许或拒绝的决定，即存储或转发，如图 6.7 所示。路由器审查每个数据包以便确定其是否与某一条包过滤规则匹配。包头信息中包括 IP 源地址、IP 目的地址、内装协议、TCP/UDP 目的端口、ICMP（互联网控制报文协议）消息类型和 TCP 包头中的 ACK 位。包的入接口和出接口如果有匹配，并且规则允许该数据包通过，那么该数据包会按照路由表中的信息被转发。如果有匹配，但规则拒绝该数据包，那么该数据包会被丢弃。如果没有匹配规则，则用户配置的默认参数会决定是转发还是丢弃数据包。

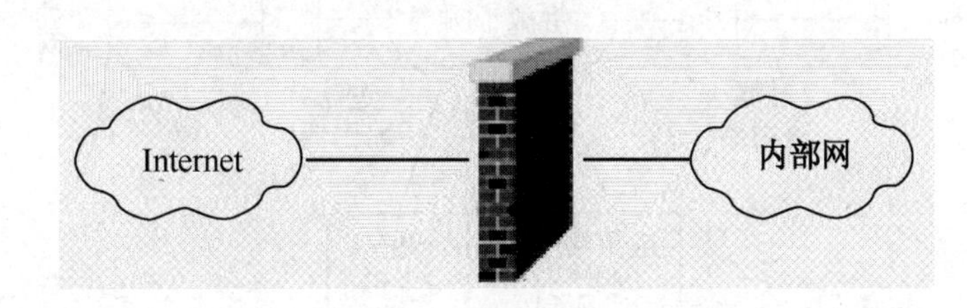

图 6.7　包过滤防火墙

2）屏蔽主机防火墙。

这种防火墙强迫所有的外部主机与一个堡垒主机相连接，而不让它们直接与内部主机相连。为了实现这个目的，专门设置了一个过滤路由器，通过它把所有外部到内部的连接都路由到堡垒主机上。屏蔽主机防火墙的结构如图 6.8 所示。

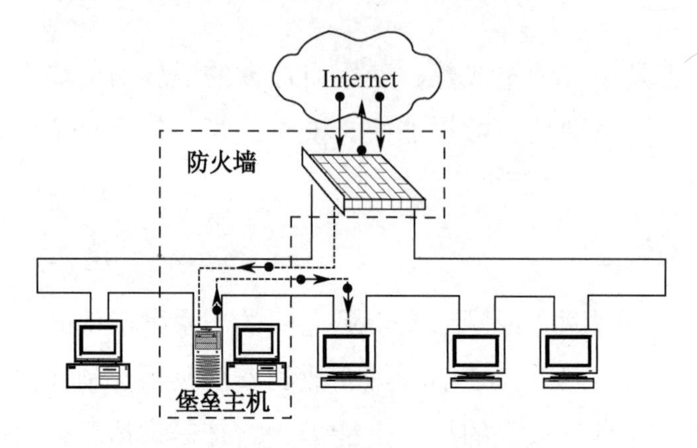

图 6.8　屏蔽主机防火墙的结构

在这种体系结构中，屏蔽路由器需要进行适当配置，使所有的外部连接被路由到堡垒主机上，还可以根据安全策略允许或禁止某种服务的入站连接。

对于出站连接，可以采用不同的策略。对于一些服务，如 Telnet（远程登录协议），可以允许它直接通过屏蔽路由器连接到外部网而不通过堡垒主机，其他服务（如 WWW 和 SMTP 等）必须经过堡垒主机才能连接到 Internet，并在堡垒主机上运行该服务的代理服务器。

因为这种体系结构有堡垒主机被绕过的可能，而堡垒主机与其他内部主机之间没有任何保护网络安全的措施存在，所以人们开始趋向另一种体系结构——屏蔽子网。

3）屏蔽子网防火墙。

屏蔽子网在本质上和屏蔽主机是一样的，但是增加了一层保护体系——周边网络，堡垒主机位于周边网络上（DMZ），周边网络和内部网络被内部屏蔽路由器分开，屏蔽子网体系结构如图 6.9 所示。

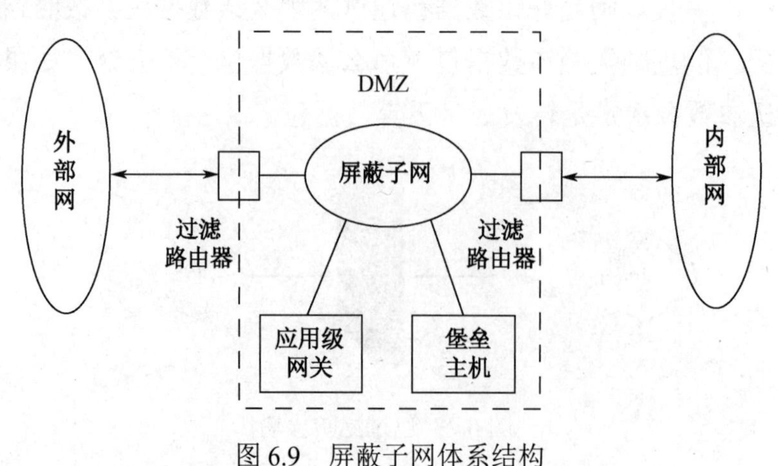

图 6.9　屏蔽子网体系结构

周边网络也称为“停火区”，网络管理员将堡垒主机、信息服务器、Modem 组及其他公用服务器放在其中。周边网络很小，处于 Internet 和内部网络之间。在一般情况下，将周边网络配置成使用 Internet 和内部网络系统能够访问周边网络上数目有限的系统，而通过周边网络直接进行信息传输是严格禁止的。

（3）配置防火墙的基本原则

默认情况下，所有的防火墙都是按以下两种情况配置的。

1）拒绝所有的流量，这需要在网络中特殊指定能够进出的流量类型。

2）允许所有的流量，这种情况需要特殊指定要拒绝的流量的类型。

在防火墙的配置中，首先要遵循的原则是安全实用，从这个角度考虑，在防火墙的配置过程中需坚持以下 3 个基本原则。

① 简单实用：对防火墙环境设计来讲，越简单越好。设计越简单，越不容易出错，防火墙的安全功能越容易得到保证，管理也就越可靠和简便。

② 全面深入：一方面体现在防火墙系统的部署上，多层次的防火墙部署体系，即采用集互联网边界防火墙、部门边界防火墙和主机防火墙于一体的层次防御；另一方面将入侵检测、网络加密、病毒查杀等多种安全措施结合在一起而形成多层安全体系。

③ 内外兼顾：防火墙的一个特点是防外不防内，其实在现实的网络环境中，80%以上的威胁都来自内部，所以要树立防内的观念，对内部威胁可以采取其他安全措施，如入侵检测、主机防护、漏洞扫描、病毒查杀。这方面体现在防火墙配置方面就是引入全面防护的观念。

（4）防火墙产品

这里主要介绍几款目前市场上常见的防火墙产品。这些产品都具有其独特的技术特点，因此能够在业界占有一席之地。当然，随着国内防火墙厂商的成熟，在防火墙的低端应用上，国内防火墙依靠其明显的售后服务优势已经可以与国外防火墙媲美。但在防火墙的高端应用上，国外防火墙仍然占有主导地位。

1）Firewall-1 防火墙。

CheckPoint 是一家专业从事网络安全产品开发的公司，是软件防火墙领域中的佼佼者，其开发的软件防火墙产品 CheckPoint Firewall-1 在全球软件防火墙产品中排名靠前。Firewall-1 是一个综合的、模块化的安全产品，基于策略的解决方案，能够使管理员指定网络访问按部署的时间段进行控制，Firewall-1 能够将处理任务分散到一组工作站上，从而减轻相应防火墙服务器、工作站的负担。Firewall-1 防火墙的操作在操作系统的核心层进行，而不是在应用程序中进行，让防火墙系统达到最高的性能、最佳的扩展与升级，Firewall-1 支持基于 Web 的多媒体和 UDP 应用程序，采用多重验证模板和方法，使网络管理员能简单地验证客户端、会话和用户对网络的访问。

而 Checkpoint 由于架构不依赖硬件，因此理论上功能是可以无限扩充的，它能给客户更多的控制和定制功能。同时，CheckPoint Firewall-1 是一个跨平台防火墙系统，目前支持 Windows 98/NT/2000/XP，SUN OS、IBM AIX、HP-UN、FreeBSD 及各类 Linux 系统。就目前来讲，Firewall-1 是全球认可的软件防火墙产品。当然，价格偏高是此防火墙的不足之处。

2）Microsoft ISA Server 软件防火墙。

Microsoft ISA Server 企业级防火墙是 Microsoft 公司发布的防火墙产品。作为 Microsoft Windows Server System 的成员之一，ISA Server 2008 企业级防火墙是一个安全、易于使用且经济高效的解决方案，可帮助 IT 专业人员抵御不断涌现的新的安全威胁。ISA Server 2008 是一个应用层防火墙，旨在改善用户的网络安全。它实现了对应用层攻击的防护，数据传输来后，ISA Server 2008 企业级防火墙会将应用层内容打开，同时对包头部分及应用层内容进行检测，如果发现与已知攻击代码相符，则立刻将该数据流作为不合法数据流进行阻止，严禁攻击数据流发送到服务器，从而能够比较有效地防护这种伪装起来的攻击，使其实现了高级防护，最大程度地保护应用程序。

Microsoft ISA Server 企业级防火墙是在应用层对网络包进行检查的，在安装过防火墙之后，会对网络传输速度有影响，造成一种网络资源的消耗。Microsoft ISA Server 企业级防火墙目前只支持 Windows 操作系统，部署采用客户机/服务器模式安装相应的防火墙软件。

3）Cisco PIX 系列防火墙。

Cisco PIX 是具有代表性的硬件防火墙。由于它采用了自有的实时嵌入式操作系统，因此减少了黑客利用操作系统漏洞进行攻击的可能性。就性能而言，Cisco PIX 是同类硬件防火墙产品中的佼佼者，对 100Base-T 可达线速。因此，对于在数据流量要求高的场合，如大型的 ISP 场合，它应该是不错的选择。但是，其优势在软件防火墙面前便不明显了。其缺点主要有 3 个：价格昂贵，升级困难，管理复杂。

与 Microsoft ISA Server 防火墙管理模块类似，Cisco 公司也提供了集中式的防火墙管理工具 Cisco Security Policy Manager。PIX 可以阻止可能造成危害的 SMTP 命令，但是在 FTP 方面，它不能像大多数产品那样控制上传和下载操作。在日志管理、事件管理等方面，它远比不上 ISA Server 防火墙管理模块那么强劲易用，在对第三方厂商产品的支持方面尤其不足。

4）Cyberwall PLUS 防火墙。

Network-1 公司是制作分布式网络入侵防护产品方面的先驱，其安全产品 Cyberwall PLUS 为电子商务的安全开展提供了保障。其中，主机驻留式防火墙 Cyberwall PLUS-SV 是全球第一个支持 Windows NT/2000/XP 的嵌入式防火墙。它提供的网络入侵防护功能保护了重要的信息服务器免受内部人员进行的访问破坏。

Cyberwall PLUS 防火墙分为两个版本：Cyberwall PLUS-SV 和 Cyberwall PLUS-WS。前者是服务器版本，对服务器的安全提供了新一代的先进保护机制。而后者是工作站版本，采用了企业级的防护技术来为台式机、笔记本式计算机和工作站提供完备的安全保证。

Network-1 致力于基于主机的安全保护领域，能够提供主机级的存取控制，因此相当于企业网络边缘的边界防火墙。Cyberwall PLUS 防火墙的过滤引擎使用简单的程序运行结构，使得数据包的状态分析变得更有效率，从而快速判断主机的数据包是否允许通过或需要加以拒绝。状态检测使用协议强迫校正的方式，而不是列举所有已知的有害偏差行为与事件，来处理相关协议的弱点。这种将处理焦点关注在弱点的方式，使 Cyberwall PLUS 防火墙能够保护主机系统免受新型攻击的威胁，因为用户无须经常更新攻击特征库。

2. 防黑客攻击

（1）常见黑客技术

通过对黑客入侵手法的分析，可以知晓如何防止自己被入侵。下面将常见的黑客攻击手段进行简单介绍，以做到知己知彼，有效达到防入侵的目的。

1）驱动攻击。

当有些表面看来无害的数据被邮寄或复制到 Internet 主机上并被执行发起攻击时，就会发生数据驱动攻击。例如，一种数据驱动的攻击会造成一台主机修改与安全相关的文件，从而使入侵者下一次更容易入侵该系统。

2）系统漏洞攻击。

UNIX 操作系统是公认的最安全、最稳定的操作系统之一，但它也像其他软件一样有漏洞，一样会受到攻击。UNIX 操作系统可执行文件的目录，如/bin/who 可由所有用户进行访问，攻击者可以从可执行文件中得到其版本号，从而知道它具有什么样的漏洞，并针对这些漏洞发动攻击。

3）信息攻击法。

攻击者通过发送伪造的路由信息，构造源主机和目的主机的虚假路径，从而使流向目的主机的数据包均经过攻击者的主机。这样就给攻击者提供了敏感的信息和有用的密码。

4）信息协议的弱点攻击法。

IP 源路径选项允许 IP 数据报自己选择一条通往目的主机的路径。设想攻击者试图与防火墙后面的一个不可到达主机 A 连接，其只需要在送出的请求报文中设置 IP 源路径选项，使报文有一个目的地址指向防火墙，而最终地址是主机 A。当报文到达防火墙时会被允许通过，因为它指向防火墙而不是主机 A。防火墙的 IP 层处理该报文的源路径域，并发送到内部网上，报文即可到达本不可到达的主机A。

5）系统管理员失误攻击法。

网络安全的重要因素之一是人，因而人为的失误，如WWW服务器系统的配置差错，普通用户使用权限扩大等，均会给黑客造成可乘之机，黑客经常利用系统管理员的失误，使攻击生效。

（2）防范黑客入侵的措施

1）选用安全的口令。

用户在设置口令时应该含有大小写字母、数字，最好有控制符；不要用 admin、生日、电话号码等便于猜测的字符组作为口令；应秘密保存口令并经常改变口令，间隔一段时间要修改超级用户口令，不要把口令记录在非管理人员能接触到的位置。

2）实施存取控制。

存取控制规定何种主体对何种实体具有何种操作权力。存取控制是内部网络安全理论的重要方面，它包括人员权限、数据标识、权限控制、控制类型、风险分析等内容。管理人员应管理好用户权限，在不影响用户工作的情况下，应尽量减小用户对服务器的权限，以免一般用户越权操作。

3）确保数据的安全。

最好通过加密算法对数据处理过程进行加密，并采用数字签名及认证来确保数据的安全。

4）谨慎开放缺乏安全保障的应用和端口。

开放的服务越多，系统被攻破的风险就越大，应以尽量少的服务来提供最大的功能。

5）定期分析系统日志。

一般黑客在攻击系统之前会进行扫描，管理人员可以通过记录进行预测，做好应对准备。

6）不断完善服务器系统的安全性能。

很多服务器系统会被发现有不少漏洞，服务商会不断地在网上发布系统的修复程序。为了保证系统的安全性，应随时关注这些信息，及时完善自己的系统。

7）进行动态站点监控。

应及时发现网络遭受攻击情况并加以追踪和防范，避免对网络造成更大损失。

8）用安全管理软件测试自己的站点。

测试网络安全的最好方法是自己定期地尝试进攻自己的系统，最好能在入侵者发现安全漏洞之前先发现，并对其进行修复。

9）做好数据的备份工作。

这是非常关键的一个步骤，有了完整的数据备份，当遭到攻击或系统出现故障时才有可能迅速地恢复系统。

10）使用防火墙。

防火墙正在成为控制网络系统访问的方法。事实上，在 Internet 上的 Web 网站中，超过三分之一的 Web 网站是由某种形式的防火墙加以保护的，这是对黑客防范最严、安全性较强的一种方式，任意关键性的服务器都应放在防火墙之后。任何对关键服务器的访问都必须通过代理服务器，这虽然降低了服务器的交互能力，但为了安全，这是值得的。

6.4 技能实训

实训 1　天网防火墙的安装

（1）实训题目

天网防火墙的安装。

（2）实训目的

了解防火墙的基本知识，掌握防火墙的安装过程。

（3）实训内容

安装防火墙软件。

（4）实训方法

天网防火墙是由天网安全实验室研发制作给个人计算机使用的网络安全工具。它能够提供强大的访问控制、应用选通、信息过滤等功能。它会帮助抵挡网络入侵和攻击，防止信息泄露，保障用户机器的网络安全。天网防火墙把网络分为本地网和互联网，可以针对来自不同网络的信息，设置不同的安全方案，它适用于以任何方式连接上网的个人用户，是国内比较流行的个人防火墙。

打开天网防火墙安装程序，欢迎界面如图 6.10 所示。

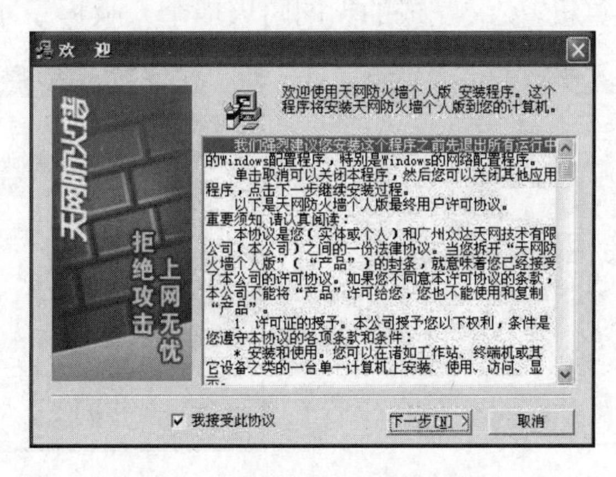

图 6.10　欢迎界面

选择安装的路径，天网防火墙个人版预设的安装路径是 C:\ProgramFiles\SkyNet\FireWall，但也可以通过单击“目标文件夹”右边的“浏览”按钮来自行设定安装的路径。选择安装路径，如图 6.11 所示。

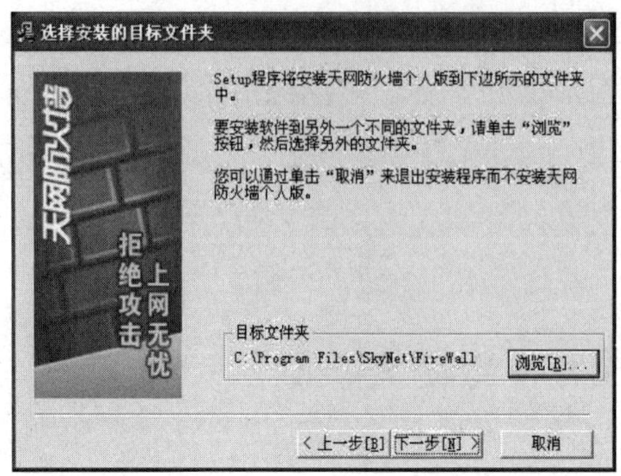

图 6.11　选择安装路径

在设定好安装路径后，程序会提示建立程序组快捷方式的位置。选择程序组如图 6.12 所示，单击“下一步”按钮可以开始安装，如图 6.13 所示。

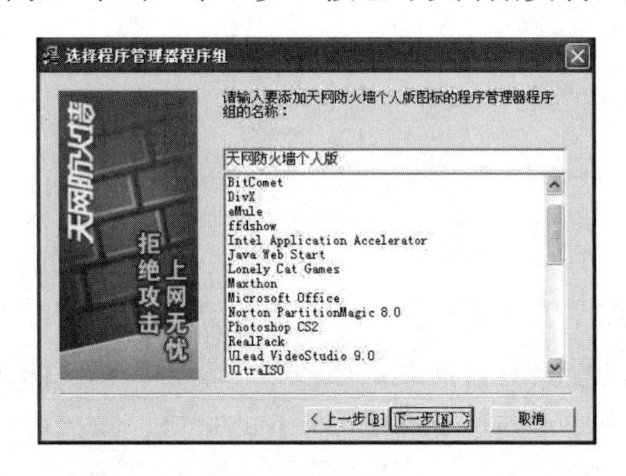

图 6.12　选择程序组

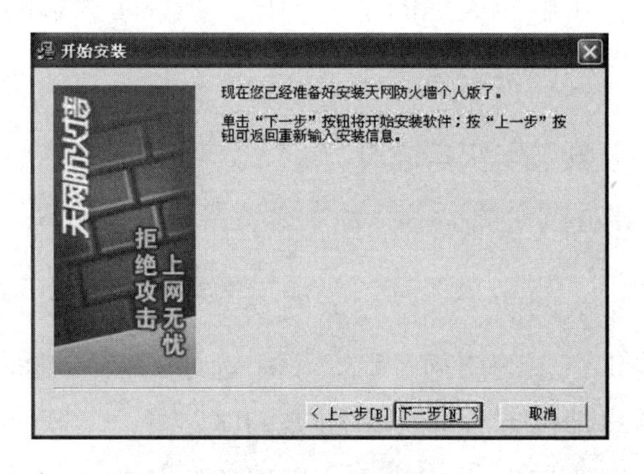

图 6.13　开始安装

单击“下一步”按钮，执行一个复制文件的过程，如图 6.14 所示。在复制文件完成后系统会提示必须重新启动计算机，安装完成的天网防火墙个人版程序才会生效，如图 6.15 所示。

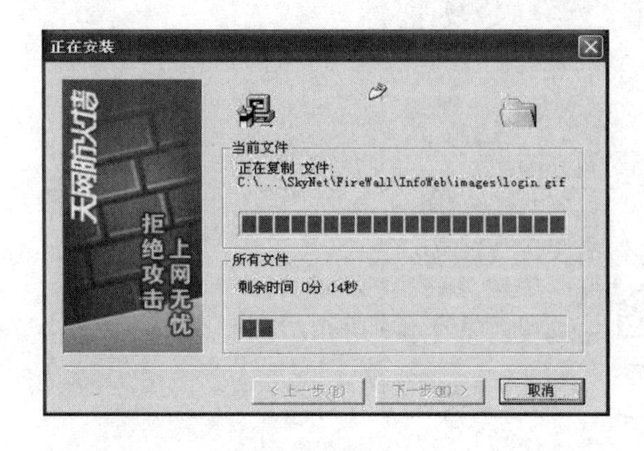

图 6.14　复制文件

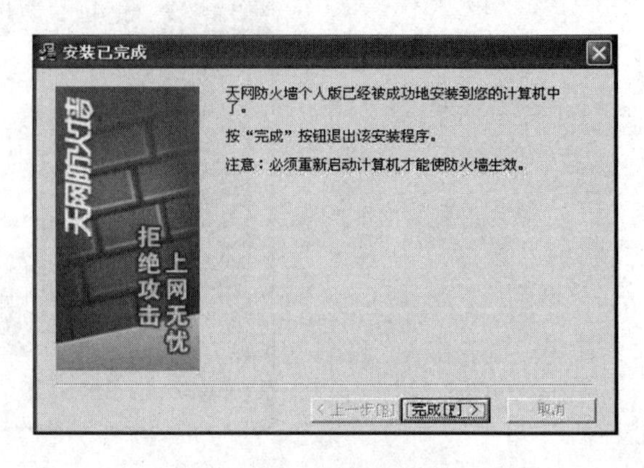

图 6.15　安装完成

程序复制完毕之后，安装程序会打开防火墙设置向导，以帮助用户合理地设置防火墙，如图6.16所示。用户可以根据此向导一步一步设置好适合自己使用的防火墙规则。

单击“确定”按钮，重新启动计算机即可，安装结束如图6.17所示。

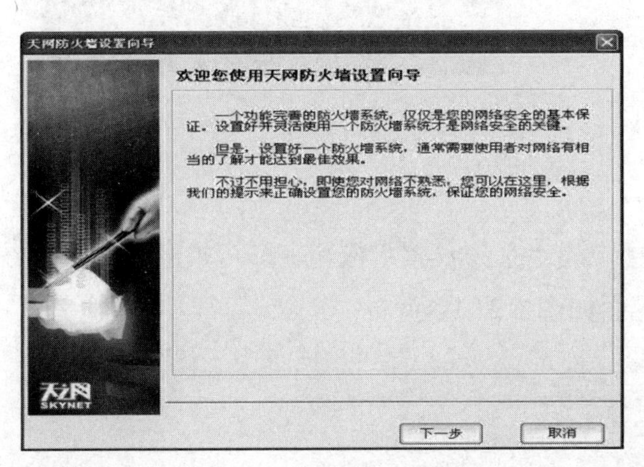

图6.16　防火墙设置向导

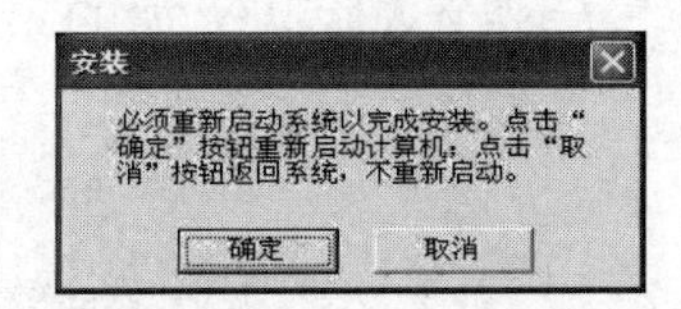

图6.17　安装结束

（5）实训总结

1）了解TCP/IP协议的基本知识对学习防火墙的基本操作有促进作用。

2）软件防火墙的安装过程与其他软件的安装过程大同小异，应注意安装后的配置向导提示，按照提示一步步操作完成全部安装。

实训2　防火墙的操作与使用说明

（1）实训题目

防火墙的操作与使用说明。

（2）实训目的

认识天网防火墙的操作界面，掌握防火墙的基本设置。

（3）实训内容

防火墙的基本设置，IP规则的设置，应用程序规则的设置。

（4）实训方法

1）认识天网防火墙的基本操作界面。

天网防火墙提供了“天网2006”“深色优雅”“经典”3种风格界面供用户选择，选择后单击“确定”按钮即可生效，“天网2006”风格界面如图6.18所示；“深色优雅”风格界面如图6.19所示；“经典”

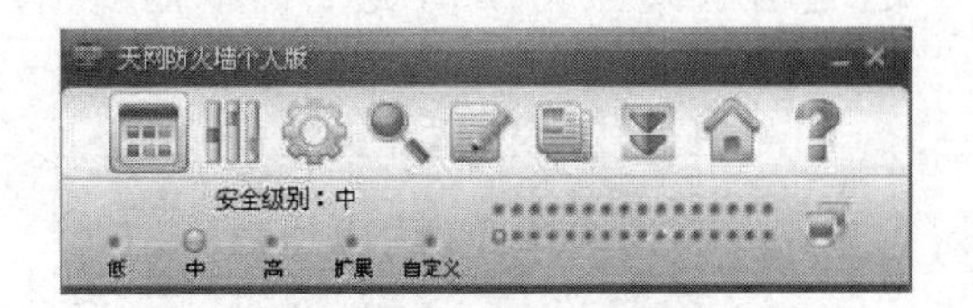

图6.18　“天网2006”风格界面

风格界面如图 6.20 所示。

图 6.19　“深色优雅”风格界面

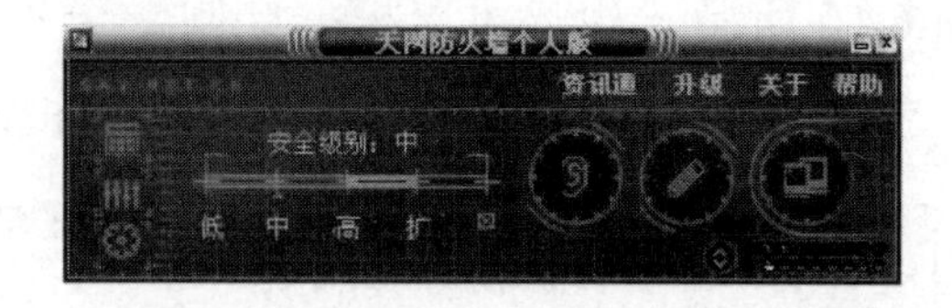

图 6.20　“经典”风格界面

2）操作与使用说明。

① 系统设置。在防火墙的控制面板中单击“系统设置”按钮，即可展开防火墙系统设置面板。天网个人版防火墙的系统设置界面如图 6.21 所示。

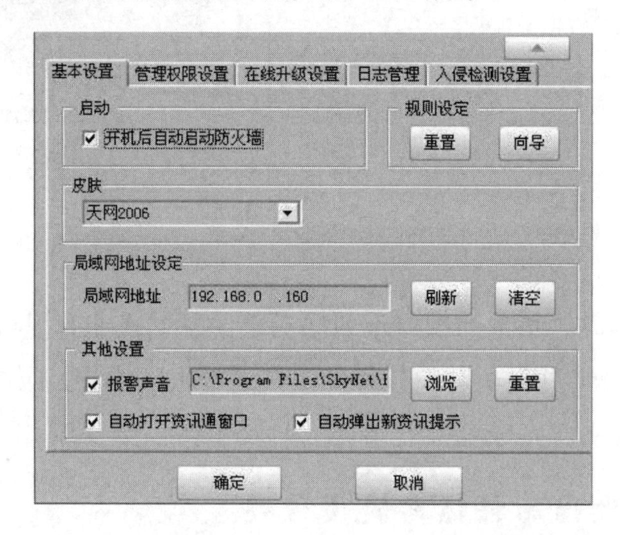

图 6.21　天网个人版防火墙的系统设置界面

启动设置：选中“开机后自动启动防火墙”复选框，天网防火墙个人版将在操作系统启动的时候自动启动，否则需要手工启动天网防火墙。

防火墙自定义规则重置：单击“重置”按钮，弹出的提示信息，如图 6.22 所示。

单击“确定”按钮，天网防火墙将把防火墙的安全规则全部恢复为初始设置，对安全规则的修改和加入的规则会全部被清除。

应用程序权限设置：设置应用程序权限，如图 6.23 所示，勾选“在允许某应用程序访问网络时，不需要输入密码”复选框后，所有应用程序对网络的访问都默认为通行不拦截。这适用于某些特殊情况下，不需要对所有访问网络的应用程序都做审核的时候。

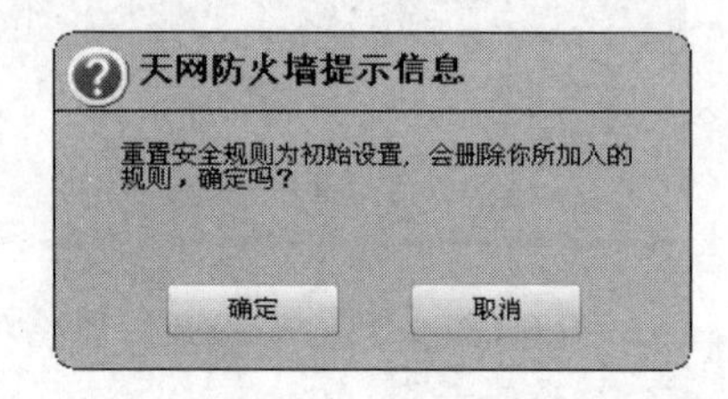

图 6.22　提示信息

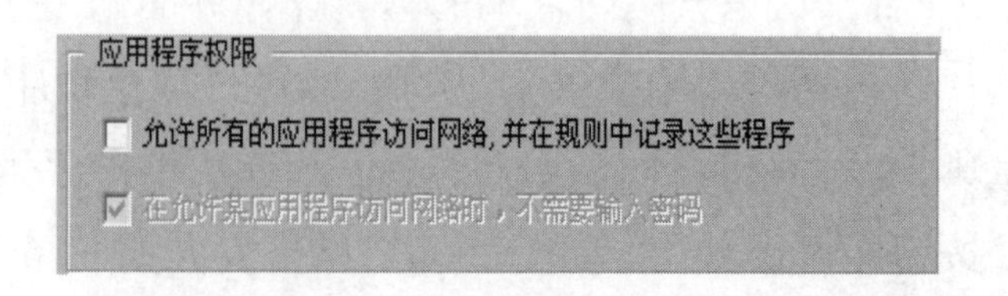

图 6.23　设置应用程序权限

局域网地址设置：在“局域网地址”文本框中设置局域网内的 IP 地址。IP 地址设置如图 6.24 所示。

注意：如果机器是在局域网中使用的，则一定要设置好此地址。因为防火墙会以此地址来区分局域网或者 Internet 的 IP 来源。

管理权限设置：允许用户设置管理员密码保护防火墙的安全设置，防止未授权用户随意改动设置、退出防火墙等。密码设置如图 6.25 所示。

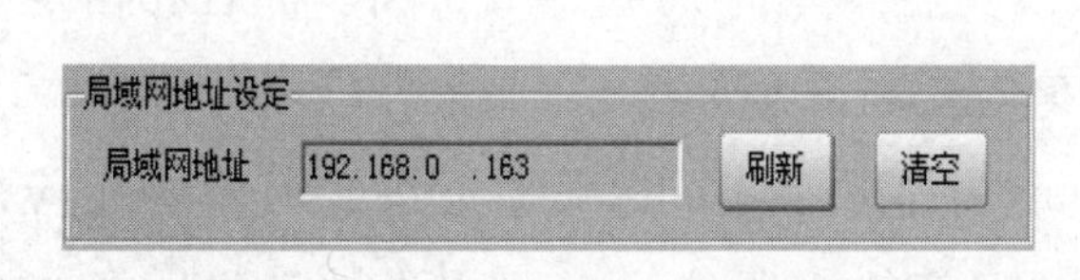

图 6.24 IP 地址设置

图 6.25 密码设置

初次安装防火墙时没有设置密码。单击“设置密码”按钮，用户设置好管理员密码，确定后密码生效。用户可选择在允许某应用程序访问网络时，需要或者不需要输入密码。单击“清除密码”按钮，输入正确的密码，确定后即可清除密码。

注意：设置管理员密码后对修改安全级别等操作也需要再次输入密码。

日志管理：用户可根据需要，设置是否自动保存日志、日志保存路径、日志大小和提示，如图 6.26 所示。

选中“自动保存日志”复选框，天网防火墙将会自动保存日志记录，默认路径为 C:\Program Files\SkyNet\FireWall\log，可以单击“浏览”按钮设定日志的保存路径，还可以通过拖动日志大小中的滑块在 1～100MB 中选择保存日志的大小。

入侵检测设置：用户可以在这里进行入侵检测的相关设置，如图 6.27 所示。

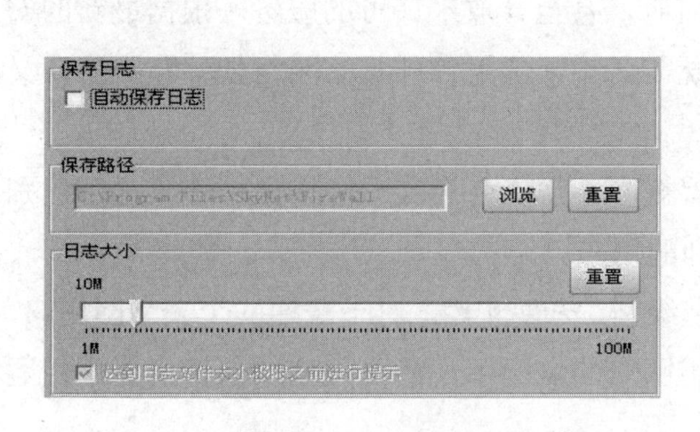

图 6.26 日志管理

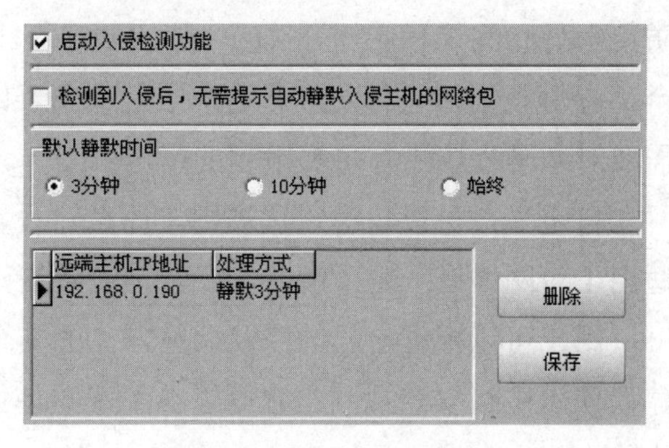

图 6.27 入侵检测设置

选中“启动入侵检测功能”复选框，在防火墙启动时入侵检测开始工作，不选中此复选框则入侵检测功能是关闭状态。当开启入侵检测，检测到可疑的数据包时，防火墙会弹出入侵检测提示对话框。

选中“检测到入侵后，无须提示自动静默入侵主机的网络包”，当防火墙检测到入侵时则不会弹出入侵检测提示对话框，它将按照用户设置的默认静默时间，禁止此 IP，并记录在入侵检测的 IP 列表中。

用户可以在“默认静默时间”选项组中选择设置为 3 分钟、10 分钟和始终静默。

在入侵检测的 IP 列表中用户可以查看、删除已经禁止的 IP，单击“保存”按钮后操作生效。

② 安全级别设置。天网个人版防火墙的预设安全级别分为低、中、高、扩展和自定义等级，默认的安全等级为中级，其中各等级的安全设置说明如下。

低：所有应用程序初次访问网络时都将询问，已经被认可的程序则按照设置的相应规则运作。计算机将完全信任局域网，允许局域网内部的机器访问自己提供的各种服务（文件、打印机共享服务），但禁止互联网上的机器访问这些服务，适用于在局域网中提供服务的用户。

中：所有应用程序初次访问网络时都将询问，已经被认可的程序则按照设置的相应规则运作。禁止访问系统级别的服务（如 HTTP、FTP 等）。局域网内部的机器只允许访问文件、打印机共享服务。使用动态规则管理，允许授权运行的程序开放的端口服务，如网络游戏或者视频语音电话软件提供的服务，适用于普通个人上网用户。

高：所有应用程序初次访问网络时都将询问，已经被认可的程序则按照设置的相应规则运作。禁止局域网内部和互联网的机器访问自己提供的网络共享服务（文件、打印机共享服务），局域网和互联网上的机器将无法看到本机器。除了已经被认可的程序打开的端口，系统会屏蔽掉向外部开放的所有端口。这是最严密的安全级别。

扩展：基于“中”安全级别并配合一系列专门针对木马和间谍程序的扩展规则，可以防止木马和间谍程序打开 TCP 或 UDP 端口监听，甚至开放未许可的服务。根据最新的安全动态对规则库进行升级。这个级别适用于既需要频繁试用各种新的网络软件和服务，又需要对木马程序进行足够限制的用户。

自定义：可以自己设置规则。注意，设置规则不正确会导致无法访问网络。这个级别适用于对网络有一定了解并需要自行设置规则的用户。

用户可以根据自己的需要调整自己的安全级别，方便实用。对于普通的个人上网用户，建议使用中级安全规则，它可以在不影响使用网络的情况下，最大限度地保护机器不受网络攻击。

③ 自定义 IP 规则。简单地说，规则是一系列的比较条件和一个对数据包的动作，即根据数据包的每个部分来与设置的条件比较，当符合条件时，可以确定对该包放行或者阻挡。通过合理设置规则可以把有害的数据包阻拦在机器之外。

工具条：工具条如图 6.28 所示。

自定义IP规则

图 6.28　工具条

可以通过单击“增加规则”按钮、“修改规则”按钮、“删除规则”按钮来自定义 IP 规则。由于规则判断是由上而下执行的，因此还可以通过单击“上移”按钮或“下移”按钮调整规则的顺序，或单击“导出”按钮和“导入”按钮导出/导入已预设和已保存的规则。当调整好顺序后，可单击“保存”按钮保存所做的修改。若需要删除全部 IP 规则，则可单击“清空所有规则”按钮。

规则列表：列出了所有规则的名称、对应的数据包的方向、控制的协议、本机端口、对方地址和端口，以及当数据包满足本规则时所采取的策略，如图 6.29 所示。列表的左边为规则是否有效的标志，选中表示该规则有效，否则表示无效。

关于修改 IP 规则编辑的说明：单击“增加”按钮或选择一条规则后单击“修改”按钮，均可激活编辑窗口。“修改 IP 规则”窗口如图 6.30 所示。

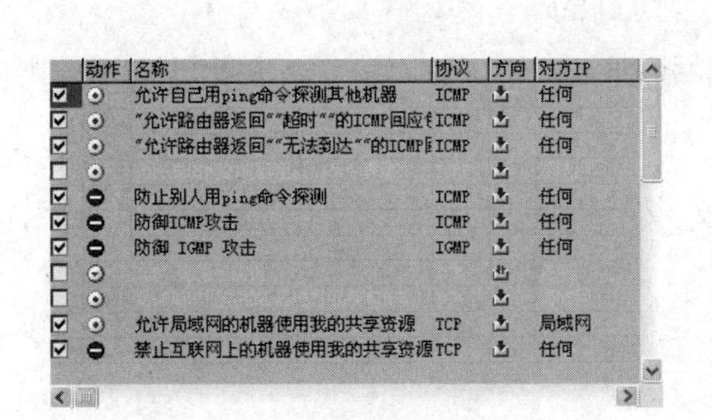

图 6.29　规则列表

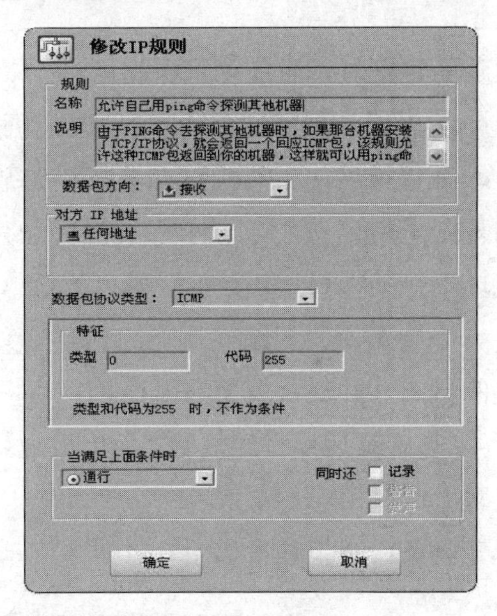

图 6.30　“修改 IP 规则”窗口

输入规则的“名称”和“说明”，以便于查找和阅读。

选择该规则是对进入的数据包还是对输出的数据包有效。

“对方 IP 地址”用于确定选择数据包从哪里来或者去哪里。

- “任何地址”：无论数据包从哪里来，都适合本规则。
- “局域网网络地址”：指数据包来自和发向局域网。
- “指定地址”：可以自己输入一个地址。
- “指定的网络地址”：可以自己输入一个网络和掩码。

除了设置上述内容，还要设定该规则对应的协议。

● “TCP”要填入本机的端口范围和对方的端口范围，如果只是指定一个端口，那么可以在起始端口处输入该端口，在结束端口处输入同样的端口即可。如果不想指定任何端口，则只要在起始端口处输入 0 即可。TCP 标志比较复杂，可以查阅其他资料，如果不选择任何标志，那么将不会对标志进行检查。

● “ICMP”规则要填入类型和代码。如果输入 255，则表示任何类型和代码都符合本规则；“IGMP”不用填写内容。

当一个数据包满足上面的条件时，可以对该数据包进行操作。

“通行”指让该数据包畅通无阻地进入或发出；“拦截”指让该数据包无法进入机器；“继续下一规则”指不对该数据包做任何处理，由该规则的下一条同协议规则来决定对该包的处理。

在执行这些规则的同时，还可以定义是否记录这次规则处理和这次规则处理的数据包的主要内容，并用右下角的“天网防火墙个人版”图标是否闪烁来发出“警告”，或发出声音提示。

建立规则时，应注意下面几点。

● 防火墙的规则检查顺序与列表顺序是一致的。

● 在局域网中，只想对局域网开放某些端口或协议（但对互联网关闭）时，可对局域网的规则采用允许“局域网网络地址”的某端口、协议的数据包“通行”的规则，再用“任何地址”的某端口、协议的规则“拦截”，即可达到目的。

● 不要滥用“记录”功能，一个定义不好的规则加上记录功能，会产生大量没有任何意义的日志，并耗费大量的内存。

④ 自定义应用程序规则。简单地说，自定义应用程序规则是设定的应用程序访问网络的权限。

工具条：其工具条如图 6.31 所示。

应用程序访问网络权限设置

图 6.31　工具条

可以单击“增加规则”按钮来增加规则，还可以单击“刷新列表”按钮、“导入”按钮、“导出”处理已预设和已保存的规则。如果需要删除全部应用程序规则，则可单击“清空所有规则”按钮删除全部应用程序规则。

应用程序规则列表：这里列出了所有应用程序的名称、版本、路径等信息，如图 6.32 所示。在列表的右边是该规则访问权限选项，选中表示一直允许该应用程序访问网络，问号表示该应用程序每次访问网络的时候会弹出询问是否让该应用程序访问网络的对话框，叉选号表示一直禁止该应用程序访问网络。用户可以根据自己的需要来设定应用程序访问网络的权限。

关于新增应用程序规则的说明：单击“增加规则”按钮，会激活“增加应用程序规则”窗口，如图 6.33 所示。

图 6.32　应用程序规则列表

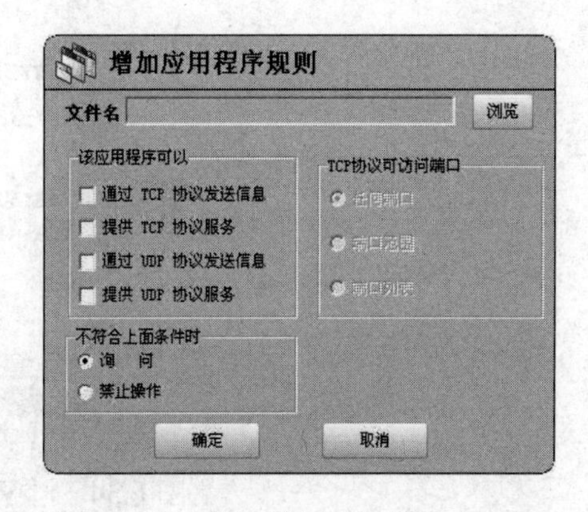

图 6.33　“增加应用程序规则”窗口

单击“浏览”按钮，选择要添加的应用程序。

其他设置可参见“高级应用程序规则设置”。

（5）实训总结

1）学习防火墙的具体应用及配置操作。

2）结合所学知识，进一步了解防火墙的 IP 规则设置。

3）天网防火墙配置有两方面的内容：IP 规则和应用程序规则。

实训 3　Windows 防火墙的设置

（1）实训题目

Windows 防火墙的设置。

（2）实训目的

掌握 Windows 防火墙的基本设置方法，了解 Windows 防火墙与第三方防火墙软件的区别。

（3）实训内容

Windows防火墙的启动与设置。

（4）实训方法

1）Windows 防火墙的启动有以下几种方法。

方法一：选择“开始→控制面板”选项，打开“控制面板”窗口，双击“Windows 防火墙”图标，弹出“Windows 防火墙”对话框，如图 6.34 所示。

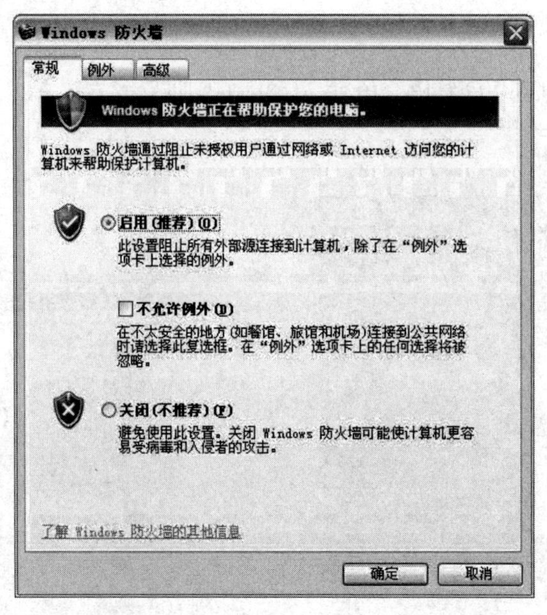

图 6.34 “Windows 防火墙”对话框

方法二：右击“网络邻居”图标，在弹出的快捷菜单中选择“属性”选项，在“本地链接”图标上右击，在弹出的快捷菜单中选择“属性”选项，选择“高级”选项卡，单击“设置”按钮，弹出防火墙对话框。

方法三：选择“开始→控制面板”选项，打开“控制面板”窗口，双击“安全中心”图标，再选择“Windows 防火墙”选项，弹出“Windows 防火墙”对话框。

2）Windows 防火墙的设置。

① “常规”选项卡：在 Windows 防火墙的“常规”选项卡中有如下 3 种设置。

启用（推荐）：可以“启用”或“关闭”Windows 防火墙，如果启用了防火墙，可以选中“不允许例外”复选框，这将阻止所有主动连接到计算机的通信，并且在阻止时不通知用户，这将适用于较不安全的网络环境。

不允许例外：在默认情况下，Windows 防火墙允许例外，在“例外”选项卡中列出了 4 个程序和服务，并默认允许远程协助，如图 6.35 所示。其他 3 个程序和服务将根据 Windows 的设置自动启用。例如，如果设置了共享文件夹，则“文件和打印机共享”复选框会被自动启用。当其他程序被阻止时，会询问用户，如果选择解除阻止，则该程序被添加到“例外”列表框中。

当选中“不允许例外”复选框时，Windows 防火墙将拦截所有连接到计算机的网络请求，包括在“例外”选项卡列表中的应用程序和系统服务。另外，防火墙也将拦截文件、打印机共享及网络设备的侦测。使用“不允许例外”选项的 Windows 防火墙比较适用于连接在公共网络中的个人计算机。例如，在宾馆和机场公共使用的计算机，即使用了“不允许例外”的 Windows 防火墙，仍然可以浏览网页，发送和接收电子邮件，或者使用通信软件。

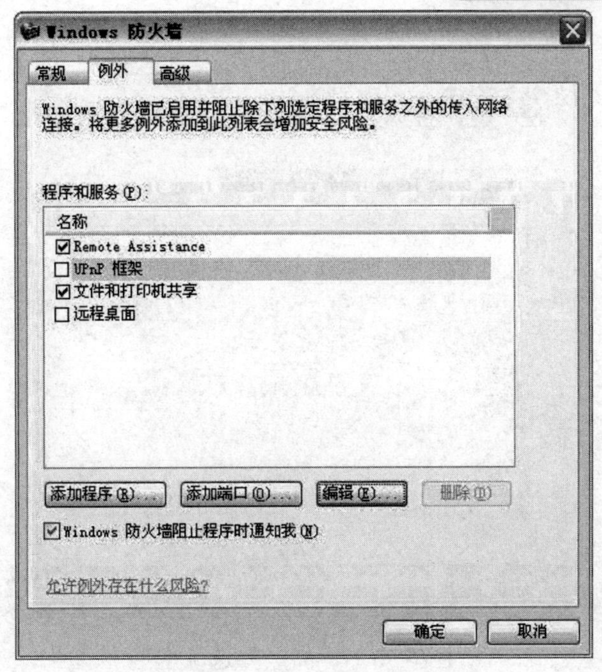

图 6.35 “例外”选项卡

关闭（不推荐）：这是避免使用的一项，因为关闭了 Windows 防火墙会使计算机更容易受到病毒的侵害。

② “例外”选项卡：在该选项卡中允许添加阻止规则外的程序和端口来允许特定的进站通信。对于每个“例外”项，都可以相应地设置一个作用域。对于家用和小型办公室应用网络，推荐设置作用域为可能的本地网络。当然，用户也可以手工设置作用域中 IP 地址的范围。这样，只有来自特定 IP 地址范围的网络请求才能被接收。

在“例外”选项卡中有“添加程序”按钮。如果希望网络中（防火墙外）的其他客户端能够访问本地的某个特定的程序或服务，而又不知道这个程序或服务将使用哪一个端口和哪一种类型的端口，这种情况下可以将这个程序或者服务添加到 Windows 防火墙的“例外”中以保证它能被外部访问。例如，要允许 Windows Messenger 通信，则单击“添加程序”按钮，选择应用程序“C:\Windows\system32\svchost.exe”，然后单击“确定”按钮将它加入列表。

例如，将 QQ 添加到“例外”选项卡中，具体操作步骤如下。

选择“开始→控制面板”选项，打开“控制面板”窗口，双击“Windows 防火墙”图标，弹出“Windows 防火墙”对话框，选择“例外”选项卡，单击“添加程序”按钮，从列表中选择“腾讯 QQ 程序”，单击“确定”按钮后即可正常运行 QQ。

③ “高级”选项卡：在“高级”选项卡中包含了网络连接设置、安全日志记录、ICMP 设置和还原默认设置等选项，可以根据实际情况进行配置，如图 6.36 所示。

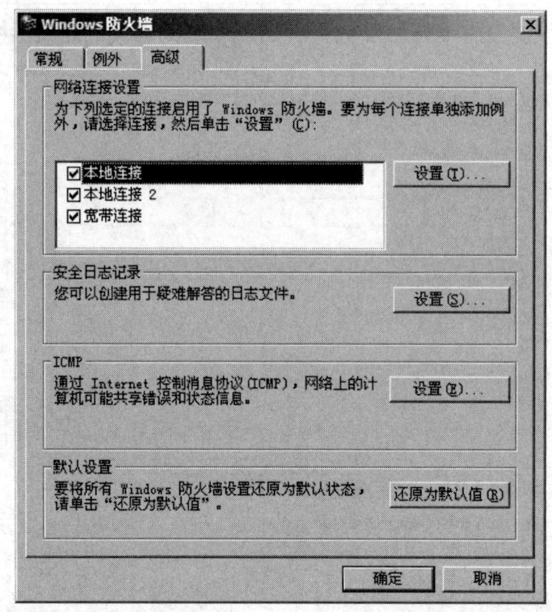

图 6.36　“高级”选项卡

网络连接设置：这里可以选择 Windows 防火墙应用到哪些连接上，也可以对某个连接进行单独配置，这样可以使应用防火墙更加灵活。

安全日志记录：新版 Windows 防火墙的日志记录与 ICF 大同小异，日志选项中的设置可以记录防火墙的跟踪记录，包括丢弃和成功的所有事项。在日志文件选项中，可以更改记录文件存放的位置，还可以手工指定日志文件的大小。系统默认的选项不记录任何拦截或成功的事项，而记录文件的大小默认为 4MB。

ICMP 设置：ICMP 允许网络上的计算机共享错误和状态信息。在 ICMP 设置对话框中选择某一项时，界面下方会显示相应的描述信息，可以根据需要进行配置。在默认状态下，所有的 ICMP 都没有打开。

默认设置：如果要将所有 Windows 防火墙设置恢复为默认状态，则可以单击右侧的“还原为默认值”按钮。

（5）实训总结

1）学习 Windows 防火墙的具体应用及配置操作。

2）通过以上实训内容，理解 Windows 防火墙与第三方防火墙软件的区别：仅就防火墙功能而言，Windows 防火墙只阻拦所有传入的未经请求的流量，对主动请求传出的流量不理会；而第三方病毒防火墙软件一般会对两个方向的访问进行监控和审核，这一点是它们之间最大的区别。如果入侵已经发生或间谍软件已经安装，并主动连接到外部网络，那么 Windows 防火墙是没有作用的。由于攻击多来自外部，如果间谍软件偷偷自动开放端口来让外部请求连接，那么 Windows 防火墙会立刻阻断连接并打开安全警告，所以普通用户不必太担心这点。

小　结

（1）网络安全的概念

网络安全是指网络系统的硬件、软件及其系统中的数据受到保护，不受偶然的或者恶意的原因而遭到破坏、更改、泄露，系统连续可靠正常运行，网络服务不中断。

网络安全从其本质上来讲就是网络中的信息安全。从广义来说，凡是涉及网络上信息的保密性、完整性、可用性、真实性和可控性的相关技术和理论都是网络安全的研究领域。

（2）网络攻击的手法

概括来说，网络攻击有四大类：服务拒绝攻击、利用型攻击、信息收集型攻击、假消息攻击。

（3）数据加密过程

数据加密的基本过程包括对称为明文的原来的可读信息进行翻译，译成密文或密码的代码形式。该过程的逆过程为解密，即将该编码信息转化为其原来的形式的过程。

（4）数字签名的作用

数字签名用来保证信息传输过程中信息的完整和提供信息发送者的身份的认证。

（5）防火墙的概念

从逻辑上来说，防火墙是一个分离器、一个限制器，也是一个分析器。它有效地监控了内部网和Internet之间的任何活动，保障了内部网络的安全。

（6）防火墙的体系结构

按体系结构可以把防火墙分为包过滤防火墙、屏蔽主机防火墙、屏蔽子网防火墙和一些防火墙结构的变体。

（7）配置防火墙的基本原则

基本原则有3个：简单实用、全面深入、内外兼顾。

（8）黑客攻击的手法

黑客攻击手法包括驱动攻击、系统漏洞、信息攻击、信息协议弱点攻击、系统管理员失误攻击。

（9）防范黑客入侵的措施

防范措施有：选用安全的口令、实施存取控制、确保数据安全、谨慎开放端口、定期分析系统日志、不断进行系统安全漏洞的升级、动态站点监控、自测系统漏洞、做好数据备份、配置好防火墙。

习　题

1. 选择题

（1）不属于防火墙的基本特点的是（　　）。

A. 能有效拦截来自外网的病毒侵袭

B. 能有效拦截内部机器之间的攻击

C. 必须位于内网与外网的唯一通道上

D. 本身具有入侵检测报警的功能

E. 防火墙的配置应该根据具体机构安全策略的不同而不同

（2）包过滤技术不可以过滤的特征是（　　）。

A. 链路层的 MAC 地址　　B. 网络层的 IP 地址

C. 传输层的 TCP/UDP 端口　　D. 应用层的电子邮件地址信息

E. 应用层的 URL 信息

（3）DES 是对称密钥加密算法，（　　）是非对称公开密钥密码算法。

A. RAS　　B. IDEA

C. HASH　　D. MD5

（4）在 DES 和 RSA 标准中，下列描述不正确的是（　　）。

A. DES 的加密密钥=解密密钥

B. RSA 的加密密钥公开，解密密钥保密

C. DES 算法公开

D. RSA 算法不公开

（5）关于包过滤系统的描述正确的是（　　）。

A. 既能识别数据包中的用户信息，又能识别数据包中的文件信息

B. 既不能识别数据包中的用户信息，又不能识别数据包中的文件信息

C. 只能识别数据包中的用户信息，不能识别数据包中的文件信息

D. 不能识别数据包中的用户信息，只能识别数据包中的文件信息

（6）在逻辑上，防火墙是（　　）。

A. 过滤器　　B. 限制器

C. 分析器　　D. 以上都对

（7）最简单的数据包过滤方式是按照（　　）进行过滤的。

A. 目的地址　　B. 源地址

C. 服务　　　　　　　　　　　D. ACK

(8) 在被屏蔽主机的体系结构中，堡垒主机位于（　　），所有的外部连接都由过滤路由器路由到其上面。

A. 内部网络　　　　　　　　　B. 周边网络

C. 外部网络　　　　　　　　　D. 自由连接

2. 填空题

(1) 计算机网络主要包含两个主要内容：__________、__________。

(2) 配置防火墙的基本原则是__________、__________、__________。

(3) 数据包过滤用在__________和__________之间，过滤系统一般是一台路由器或一台主机。

(4) 屏蔽路由器是一种根据过滤规则对数据包进行__________的路由器。

(5) 常见的黑客攻击有__________、__________、__________、__________、__________等几种类型。

3. 简答题

(1) 网络安全需要考虑哪几个方面？

(2) 网络攻击模式分为哪几大类？

(3) 画出数据加密、解密模型的示意图。

(4) 防范黑客入侵的措施有哪些？

附录　计算机网络技术实训报告

<table>
<tr><td colspan="5">计算机网络技术实训报告</td></tr>
<tr><td colspan="2">实训题目：</td><td colspan="3">学生姓名：</td></tr>
<tr><td colspan="2">实训目的：</td><td colspan="3">学生班级：</td></tr>
<tr><td colspan="2">指导教师：</td><td colspan="3">实训日期：</td></tr>
<tr><td>实训内容</td><td colspan="4"></td></tr>
<tr><td>实训方法和步骤</td><td colspan="4"></td></tr>
<tr><td>实训思考总结</td><td colspan="4"></td></tr>
<tr><td rowspan="4">课后评比</td><td>测评内容</td><td>自评</td><td>互评</td><td>教师</td></tr>
<tr><td>实训准备工作</td><td></td><td></td><td></td></tr>
<tr><td>实训操作过程与结果</td><td></td><td></td><td></td></tr>
<tr><td>思考与总结</td><td></td><td></td><td></td></tr>
</table>